U0617319

高职高专通信技术专业系列教材

宽带接入网技术项目式教程

主　编　张喜云

参　编　殷文珊　周小莉

李　铮　胡　霞

西安电子科技大学出版社

内 容 简 介

本书是一本介绍接入网概念、结构及各种接入网技术的高职高专教材,在讲述各种接入网技术的同时还介绍了与该技术相关的设备及实际应用案例。

本书内容共分为六个模块,模块一介绍接入网的基础知识;模块二介绍 IP 网络基础知识;模块三具体介绍 ADSL 接入技术;模块四介绍光纤接入技术;模块五介绍 Cable Modem 接入技术;模块六介绍无线接入技术。

本书内容新颖,层次清楚,每一个模块由相关具体的任务构成,每一项任务之后都配有实践项目活动,另外,每个模块都配有过关训练,实用性强。本书可以作为高等职业学院和高等专科学校通信技术类专业及相关专业的教材,也可作为通信专业的培训教材,并可作为广大接入网维护人员的参考书。

图书在版编目(CIP)数据

宽带接入网技术项目式教程/张喜云主编. —西安:西安电子
科技大学出版社,2015.2(2022.3 重印)
ISBN 978 - 7 - 5606 - 3573 - 6

Ⅰ. ① 宽…　Ⅱ. ① 张…　Ⅲ. ① 宽带接入网—高等职业教育—教材
Ⅳ. ① TN915.6

中国版本图书馆 CIP 数据核字(2015)第 024835 号

策划编辑　马乐惠
责任编辑　马乐惠　赵　镁
出版发行　西安电子科技大学出版社(西安市太白南路 2 号)
电　　话　(029)88202421　88201467　邮　编　710071
网　　址　www.xduph.com　　　电子邮箱　xdupfxb001@163.com
经　　销　新华书店
印刷单位　广东虎彩云印刷有限公司
版　　次　2015 年 2 月第 1 版　2022 年 3 月第 6 次印刷
开　　本　787 毫米×1092 毫米　印张　14
字　　数　329 千字
印　　数　15 001~15 600 册
定　　价　28.00 元

ISBN 978 - 7 - 5606 - 3573 - 6/TN

XDUP 3865001 - 6

* * * 如有印装问题可调换 * * *

前　言

接入网是现代通信网络的重要组成部分。随着基础电信网络容量的增加，技术水平的提高，光纤传输技术的广泛应用，特别是近几年以 IP 为代表的数据业务的快速增长，接入网的应用范围不断扩大，接入网的技术手段也不断更新。为了满足用户对电信业务多样化、个人化的需求，接入网技术也正在向 IP 化、宽带化、综合化方向发展。

为了培养适应现代通信网络技术发展的应用型、技能型高级专业人才，促进宽带业务的发展。本书编者在总结多年教学经验的基础上，结合高职高专的教学要求和特点，并结合各电信运营商的宽带 IP 城域网建设现状及下一代因特网的发展，组织了相关专业的教师编写了本书。本书概念清晰、内容丰富，着重于理论与实践的联系，重点突出实践。

通过对本书的学习与实践应用，可为今后从事数据通信设备的维护和管理，终端设备的维护、安装及业务的开通等工作打下良好的基础，实现高职毕业生零距离上岗的要求。

本书由张喜云担任主编，并负责模块四、模块五的编写和全书审稿工作，模块一、二由殷文珊编写，模块三由周小莉编写，模块六由李铮编写，各模块中的实践操作项目部分由胡霞编写。

在编写本书的过程中，得到了湖南通信职业技术学院各级领导、同事，中国电信长沙分公司各级领导的悉心指导和鼎力帮助，并参考了许多专家、学者的研究论文和专著，在此一并表示衷心的感谢。

由于通信技术发展很快加之编者水平有限，不可能将所有新技术涵盖，书中难免有错误和不妥之处，敬请广大读者指正。

张喜云

2014 年 7 月于长沙

目　　录

模块一　接入网基础

随着通信技术的迅猛发展，电信业务也向综合化、数字化、智能化、宽带化和个人化方向发展，人们对电信业务多样化的需求不断提高，如何充分利用现有的网络资源增加业务类型，提高服务质量，已成为电信专家和运营商日益关注和研究的课题，"最后一公里"解决方案则是大家最关心的焦点。因此，接入网成为网络应用和建设的重点。

【主要内容】

本模块共两个任务，包括接入网概述、接入网发展与接入业务等内容。

【重点难点】

本模块重点介绍接入网的定义、结构及接入网提供的业务。本模块的难点是接入网的定义。

任务1　接入网概述

【任务要求】

识记：接入网的定义、接入网接口。

领会：接入网的结构。

【理论知识】

1.1.1　接入网在电信网中的位置

从整个电信网的角度，可以将全网划分为公用电信网和用户驻地网（CPN）两大块，其中 CPN 属用户所有，故通常电信网仅指公用电信网部分。

公用电信网按功能划分包括传输网、交换网和接入网三部分，交换网和传输网属于核心网。从局端到用户之间的所有所用机线设备组成接入网，接入网也称为本地环路、用户网、用户环路系统。电信网基本组成模型如图 1-1 所示。

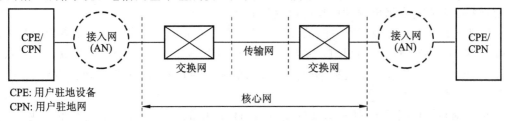

图 1-1　电信网的基本组成

最初的接入网就是将用户话机连接到电话局的交换机上,如图 1-2 所示。具体方式是:端局本地交换机的主配线架(MDF)经大线径、大对数的馈线电缆(数百至数千对)连至分路点(交接箱),从而再转向不同方向;交接箱经较小线径、较小对数的配线电缆(每组几十对)连至分线盒;分线盒通常是通过若干单对或双对的双绞线直接与用户终端处的网路接口(NI)相连,用户引入线为用户专用,NI 为网络设备和用户设备的分界点。

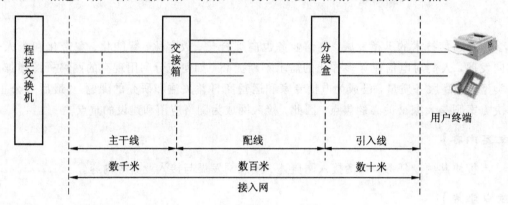

图 1-2　传统接入网结构

1.1.2　接入网的定界

根据 ITU-T 关于接入网框架建议(G.902),接入网(AN)是由业务节点接口(SNI)和相关用户网络接口(UNI)之间的一系列传送实体(如线路设施和传输设施)所组成的,它是一个为电信业务提供所需传送承载能力的实施系统。

接入网所覆盖的范围可由三个接口来定界,即网络侧经由 SNI 与业务节点相连,用户侧经由 UNI 与用户相连,管理方面则经 Q3 接口与电信管理网(TMN)相连,如图 1-3所示。

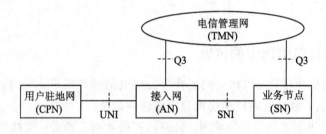

图 1-3　接入网示意图

业务节点是提供业务的实体,可提供规定业务的业务节点有本地交换机、租用线业务节点或特定配置的点播电视和广播电视业务节点等。

SNI 是接入网和业务节点之间的接口,可分为支持单一接入的 SNI 和支持综合接入的SNI。支持单一接入的标准化接口主要有提供 ISDN 基本速率(2B+D)的 V1 接口和一次群速率(30B+D)的 V3 接口;支持综合业务接入的接口目前有 V5 接口,包括 V5.1、V5.2接口。

接入网与用户间的 UNI 接口能够支持目前网络所能提供的各种接入类型和业务,接入网的发展不应限制现有的业务和接入类型。

接入网的管理应该纳入 TMN 的范畴，以便统一协调管理不同的网元。接入网的管理不但要完成接入网各功能块的管理，而且要附加完成用户线的测试和故障定位。

根据接入网框架和体制要求，接入网的重要特征可以归纳为如下几点：

（1）接入网对于所接入的业务提供承载能力，实现业务的透明传送。

（2）接入网对用户信令是透明的，除了一些用户信令格式转换外，信令和业务处理的功能依然在业务节点中。

（3）接入网的引入不应限制现有的各种接入类型和业务，接入网应通过有限的标准化的接口与业务节点相连。

（4）接入网有独立于业务节点的网络管理系统，该系统通过标准化的接口连接 TMN，TMN 实施对接入网的操作、维护和管理。

1.1.3　接入网功能结构

接入网有五个基本功能，包括用户接口功能（UPF）、业务接口功能（SPF）、核心功能（CF）、传送功能（TF）、接入网系统管理功能（AN-SMF），各种功能模块之间的关系如图 1-4 所示。

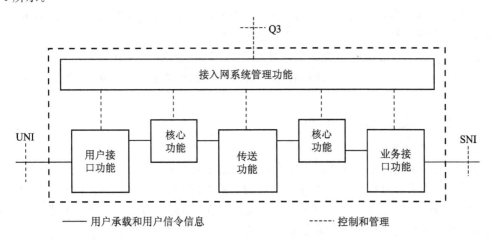

图 1-4　接入网的功能结构

1）用户接口功能（UPF）

用户接口将特定 UNI 的要求与核心功能和管理功能相适配，具体功能有：① 终结 UNI 功能；② A/D 变换和信令转换功能；③ UNI 的激活与去激活功能；④ UNI 承载通路/承载能力处理功能；⑤ UNI 的测试和用户接口的维护、管理和控制功能。

2）业务接口功能（SPF）

业务接口将特定 SNI 的要求与公用承载通路相适配，以便进行核心功能处理，并选择有关的信息用于 AN-SMF 的处理，具体功能有：① 终结 SNI 功能；② 把承载通路要求、时限管理和运行要求及时映射进核心功能；③ 特定 SNI 所需的协议映射功能；④ SNI 的测试和 SPF 的维护功能；⑤ 管理和控制功能。

3）核心功能（CF）

核心功能处于 UPF 和 SPF 之间，承担各个用户接口承载通路或业务接口承载通路的要求与公用承载通路的适配。核心功能可以分布在整个接入网内，具体功能有：① 接入承载通路处理功能；② 承载通路的集中功能；③ 信令和分组信息的复用功能；④ ATM 传送承载通路的电路模拟功能；⑤ 管理和控制功能。

4）传送功能（TF）

传送功能为接入网中不同地点之间公用承载通路的传送提供通道，同时为相关传输媒质提供适配功能，主要功能有：① 复用功能；② 交叉连接功能；③ 物理媒质功能；④ 管理功能。

5）接入网系统管理功能（AN-SMF）

通过 Q3 接口或中介设备与电信管理网接口连接，协调接入网各种功能的提供、运行和维护，具体功能有：① 配置和控制；② 业务提供的协调；③ 用户信息和性能数据收集；④ 协调 UPF 和 SN 的时限管理；⑤ 资源管理；⑥ 故障检测和指示；⑦ 安全控制。

1.1.4　接入网拓扑结构

拓扑结构是指组成网络的各个节点通过某种连接方式互连后形成的总体物理形态。

选择拓扑结构时，一般需要考虑以下几个因素：安装难易程度；重新配置难易程度，即适应性、灵活性；网络维护难易程度；系统可靠性；建设费用，即经济性。

电信网的基本结构形式主要有网型网、星型网、总线型网、环型网、树型网等五种。在核心网中常采用网型网、环型网及复合型拓扑结构。

由于接入网与核心网的性质和服务对象不同，因此接入网的拓扑结构与核心网的拓扑结构也有区别，事实上，接入网的拓扑结构对接入网的网络设计、功能配置和可靠性等有重要影响。

1. 有线接入网常用的拓扑结构

有线接入网常用的拓扑结构有如下几种：

（1）总线型结构：将涉及通信的所有点串联起来并使首末两个点开放时就形成了链型结构，当中间各个点可以有上下业务时又称为总线型结构，也称为 T 型结构，如图 1-5 所示。这种结构的特点是共享主干链路，节约线路投资，增删节点容易，彼此干扰较小。缺点是损耗积累，用户接收对主干链路的依赖性强。

（2）环型结构：将涉及通信的所有点串联起来，而且首尾相连，没有任何点开放时就形成了环型结构，如图 1-6 所示。这种结构的特点是可实现自愈，即无需外界干预，网络可在较短的时间内自动从失效故障中恢复所传业务，可靠性高。缺点是单环所挂用户数量有限，多环互通较为复杂，不适合 CATV 等分配型业务。

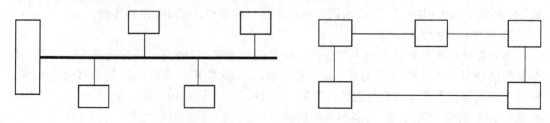

图 1-5　总线型结构　　　　　　　　图 1-6　环型结构

（3）星型结构：这种结构实际上是点对点的方式，涉及通信的所有点中有一个特殊点（即枢纽点）与其他所有点直接相连，而其余点之间不能直接相连，如图 1-7 所示。这种结构的特点是结构简单，使用维护方便，易于升级和扩容，各用户之间相对独立，保密性好，业务适应性强。缺点是所需链路代价较高，组网灵活性较差，对中央节点的可靠性要求极高。

（4）树型结构：类似于树枝形状，呈分级结构，在交接箱和分线盒处采用多个分路器，将信号逐级向下分配，最高级的端局具有很强的控制协调能力，如图1-8所示。这种结构的特点是适用于广播业务。缺点是功率损耗较大，双向通信难度较大。

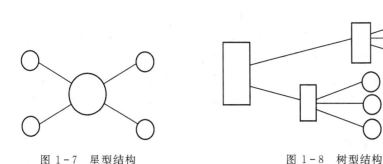

图1-7 星型结构 　　　　图1-8 树型结构

2. 无线接入网常用拓扑结构

无线接入网常用拓扑结构有两类：无中心拓扑结构和有中心拓扑结构

（1）无中心拓扑结构。在无中心拓扑结构中，一般所有站点都使用公共的无线广播信道，并采用相同的协议争用无线信道，任意两个节点之间可以直接进行通信，如图1-9所示。

这种结构的优点是组网简单，成本费用低，网络稳定性好；缺点是当站点增加时，网络服务质量会降低，网络的布局受限制。无中心拓扑结构适用于用户数较少的情况。

（2）有中心拓扑结构。在有中心拓扑结构中，需要设立中心站点，所有站点对网络的访问均由其控制，如图1-10所示。

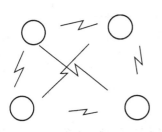 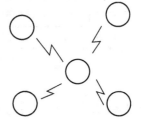

图1-9 无中心型结构 　　　　图1-10 有中心型结构

这种结构的优点是当站点增加时，网络服务质量不会急剧下降，网络的布局受限制小，扩容方便；缺点是网络的稳定性差，一旦中心站出现故障，网络就陷入瘫痪，并且中心站点的引入增加了网络成本。

1.1.5 IP接入网

1. IP接入网定界

根据 Y.1231 建议，IP接入网是指由网络实体组成的提供所需接入能力的一个实施系统，用于在一个"IP用户"和一个"IP服务者"之间提供IP业务所需的承载能力。IP接入网统一由参考点 RP 定界，如图1-11所示。

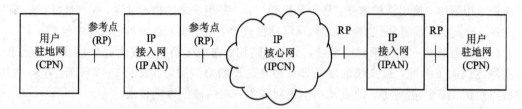

图 1-11　IP 接入网结构图

用户驻地网(CPN)位于用户驻地,可以是小型办公网络,也可以是家庭网络,可能是运营网络或非运营网络。IP 核心网络为 IP 服务提供商的网络,可以包括一个或多个 IP 服务提供商。参考点 RP 是指逻辑上的参考连接,在某种特定的网络中,其物理接口不是一一对应的。IP 网络业务是通过用户与业务提供者之间的接口,以 IP 包的形式传送数据的一种服务。

2. IP 接入网的功能模型

IP 接入网主要有三大功能:运送功能、接入功能、系统管理功能,参考模型如图 1-12 所示。

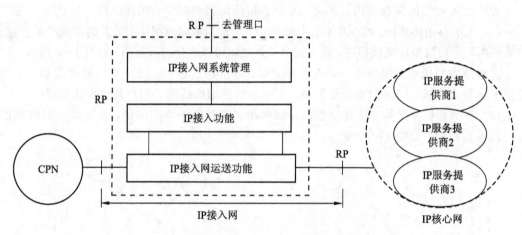

图 1-12　IP 接入网功能模型

(1) 运送功能:是指承载并传送 IP 业务;

(2) 接入功能:是指对用户接入进行控制和管理(包括 AAA、NAT、IP 地址动态分配等);

(3) 系统管理功能:是指进行系统配置、监控和管理。

3. G. 902 与 Y. 1231 比较

1) 定义角度

G. 902 定义的是 SNI 与对应 UNI 之间的承载电信业务能力的实体。

Y. 1231 定义的是 IP 用户与 IP 服务提供者之间的承载 IP 业务能力的实体。

2) 定界与接口角度

G. 902 建议由 UNI、SNI 和 Q3 接口定界。

Y. 1231 建议的接口抽象为统一的 RP 接口,更具灵活性和通用性。

3）功能角度

G.902 建议具有复用、连接、运送等功能，无交换和记费功能，不解释用户信令，UNI和 SNI 只能静态关联，用户不能动态选择 SN。

Y.1231 建议除具有复用、连接、运送的功能之外，还具有交换和记费功能，可解释用户信令，IP 用户可以自己动态的选择 IP 服务提供者。

4）接入网、核心网与业务提供者的关系

G.902 建议接入网与核心网相互独立，核心网与业务绑定，不利于更多的业务提供者参与。

Y.1231 建议接入网、核心网、业务提供者完全独立，更多的业务提供者参与；用户可以通过接入网获得更多的 IP 服务。

5）接入管理角度

G.902 建议对接入网的管理由电信管理网络实现，受制于电信网的体制；没有关于用户接入管理的功能。

Y.1231 建议具有独立且统一的 AAA 用户接入管理模式；便于运营和对用户的管理；适应于各种接入技术。

由上可见，由 Y.1231 建议定义的 IP 接入网比由 G.902 定义的接入网具有较大优势，宽带接入基于 IP 将是大趋势。

实践项目　调研目前接入网的接口使用情况

实践目的：熟悉接入网三种接口。

实践要求：各位学员通过调研、搜集网络数据等方式独立完成。

实践内容：

（1）调研接入网与用户终端之间的接口种类。

电话终端：＿＿＿＿＿＿＿＿＿＿＿＿＿＿＿＿＿＿＿＿＿＿＿＿＿＿＿＿＿＿＿＿＿＿＿

　　传输介质：＿＿＿＿＿＿＿＿＿＿＿＿＿＿＿＿＿＿＿＿＿＿＿＿＿＿＿＿＿＿＿＿

　　接口：＿＿＿＿＿＿＿＿＿＿＿＿＿＿＿＿＿＿＿＿＿＿＿＿＿＿＿＿＿＿＿＿＿＿

手机终端：＿＿＿＿＿＿＿＿＿＿＿＿＿＿＿＿＿＿＿＿＿＿＿＿＿＿＿＿＿＿＿＿＿＿

　　传输介质：＿＿＿＿＿＿＿＿＿＿＿＿＿＿＿＿＿＿＿＿＿＿＿＿＿＿＿＿＿＿＿＿

　　接口：＿＿＿＿＿＿＿＿＿＿＿＿＿＿＿＿＿＿＿＿＿＿＿＿＿＿＿＿＿＿＿＿＿＿

计算机终端：＿＿＿＿＿＿＿＿＿＿＿＿＿＿＿＿＿＿＿＿＿＿＿＿＿＿＿＿＿＿＿＿

　　传输介质：＿＿＿＿＿＿＿＿＿＿＿＿＿＿＿＿＿＿＿＿＿＿＿＿＿＿＿＿＿＿＿＿

　　接口：＿＿＿＿＿＿＿＿＿＿＿＿＿＿＿＿＿＿＿＿＿＿＿＿＿＿＿＿＿＿＿＿＿＿

电视机终端：＿＿＿＿＿＿＿＿＿＿＿＿＿＿＿＿＿＿＿＿＿＿＿＿＿＿＿＿＿＿＿＿

　　传输介质：＿＿＿＿＿＿＿＿＿＿＿＿＿＿＿＿＿＿＿＿＿＿＿＿＿＿＿＿＿＿＿＿

　　接口：＿＿＿＿＿＿＿＿＿＿＿＿＿＿＿＿＿＿＿＿＿＿＿＿＿＿＿＿＿＿＿＿＿＿

家庭网关：_____

　传输介质：_____

　接口：_____

（2）调研接入网与交换机连接时的接口使用种类。

_____

_____

_____

任务2　接入网发展

【任务要求】

识记：接入网提供的典型业务及接入网的特点；

领会：接入网的发展。

【理论知识】

1.2.1　接入网发展

接入网的概念是由英国电信于1975年首先提出的，并且在1976年开始进行了接入网组网的可行性试验，1977年在苏格兰和伦敦地区进行了较大规模的推广应用，于1978年正式提出了接入网组网概念。ITU－T参与了英国电信的前期工作，于1979年开始着手制定接入网的标准，1995年11月，第一个接入网的标准G.902出台，接入网首次作为一个独立的网络出现，它是基于电信网的接入网。同时，为了打破交换机厂家的垄断地位，ITU强制推出了接入网的规范，推动了接入网的发展。

2000年11月，第二个接入网的标准Y.1231出台，它是基于IP网的接入网，符合Internet迅猛发展的潮流，揭开了IP接入网迅速发展的序幕。

我国接入网的发展是从1995年开始的，邮电部在全国范围内进行了接入网试验，以解决有号无线和越区放号的问题，同时我国的V5接口规范也于1997正式颁布，接入网在我国开始正式发展。随着电信行业垄断市场的消失和电信网业务市场的开放，电信业务功能、接入技术的不断提高，接入网也随之不断向前发展，未来我国接入网的发展方向主要表现在以下几点：

（1）宽带接入是接入网发展的必然趋势；

（2）宽带接入基于IP将是大趋势；

（3）未来接入网必须是全业务接入网；

（4）分阶段、有步骤地向FTTH/FTTO演进，是接入网切实可行的发展方向；

（5）接入网对多种因素敏感，还没有一种绝对主导技术，采用面向多元化的接入技术，以模块式结构来构筑公共接入平台，融合多元化的接入技术，融合多种技术和业务，简化网络结构，才能适应接入网的发展。

1.2.2　接入网的特点

传统的接入网是以双绞线为主的铜缆接入网，近年来，接入网技术和接入手段不断更新，出现了铜线接入、光纤接入、无线接入并行发展的格局。电信接入网与核心网相比有非常明显的区别，具有以下特点：

（1）接入网结构变化大、网径大小不一。在结构上，核心网结构稳定、规模大、适应新业务的能力强；而接入网用户类型复杂，结构变化大、规模小，难以及时满足用户的新业务需求，由于各用户所在位置不同，造成接入网的网径大小不一。

（2）接入网支持各种不同的业务。在业务上，核心网的主要作用是比特的传送；而接入网的主要作用是实现各种业务的接入，如语音、数据、图像、多媒体等。

（3）接入网技术可选择性大、组网灵活。在技术上，核心网主要以光纤通信技术为主，传送速度高，技术可选择性小；而接入网可以选择多种技术，如铜线接入技术、光纤接入技术、无线接入技术，还可选择混合光纤同轴电缆（HFC）接入技术等。接入网可根据实际情况提供环型、星型、总线型、树型、蜂窝状等灵活多样的组网方式。

（4）接入网成本与用户有关，与业务量基本无关。各用户传输距离的不同是造成接入网成本差异的主要原因，市内用户比偏远地区用户的接入成本要低得多；核心网的总成本对业务量很敏感，而接入网成本与业务基本无关。

1.2.3　接入网提供的业务

1. 普通电话业务

接入网提供普通电话（POTS）接口，它既可支持模拟用户，又可支持用户交换机的接入，同时还支持虚拟用户交换机（Centrex）及 CID 等新业务。

2. ISDN 业务

接入网提供 ISDN BR（2B+D）和 ISDN PRI（30B+D）接口，实现 ISDN 业务。ISDN 业务接入示意图如图 1-13 所示。

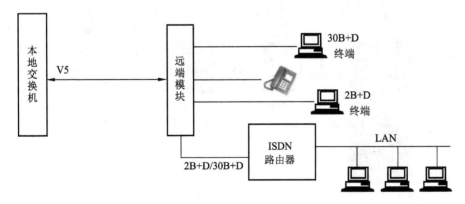

图 1-13　ISDN 业务接入示意图

3. DDN 专线业务

数字数据网络（DDN）是一个传输速率高、质量好、网络时延小和全透明的数字数据网络。在 DDN 节点机与 OLT 之间可以通过 E1 接口相连，如图 1-14(a)所示。在 DDN 节点机与 OLT 之间也可以通过 V.24 或 V.35 接口相连，如图 1-14(b)所示。

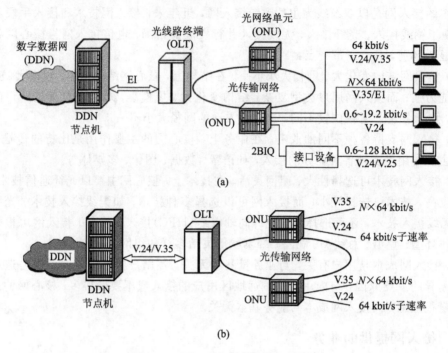

(a)

(b)

图 1-14　DDN 专线业务接入示意图

4. 有线电视(CATV)业务

随着我国有线电视业务(CATV)的迅速普及，在用户接入网中引入 CATV 业务势在必行。可通过内置式光发射模块、光接收机模块等构成一个独立的 CATV 光纤传输系统，同时还将 CATV 单元纳入集中监控和网络管理，如图 1-15 所示(其中 STB 为提供数模转换的机顶盒)。

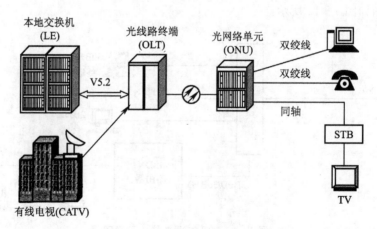

图 1-15　有线电视业务接入示意图

5. Internet 业务

(1)上网业务：这类用户是 Internet 网上为数最多的用户，通过专线方式和普通拨号方式接入 Internet 网络。目前提供的主要业务有：电子邮箱、新闻信息、远程登录、文件传输、交谈、多人聊天、浏览查询、WWW、网络文件搜索系统等。

（2）为中、小企业提供虚拟主机业务、主机托管业务。

（3）网络资源出租业务，为 ISP、ICP 提供网络资源，包括国际/国内带宽、拨号端口、主机、计费系统等，实现 VISP、VICP 等。

（4）提供面向全国范围的虚拟专用网（VPN）业务，包括 VPDN 和 IP-VPN 业务等；

（5）与社会各界合作，共同开发和提供网上银行、电子商务、政府上网、企业上网等服务。

（6）VoIP 业务：VoIP 业务是互联网上的一种应用，把语音或传真转换成数据，然后与数据一起共享同一个 IP 网络。常用的控制协议有 H.323、SIP、MEGACO 和 MGCP。VOIP 采用 ITU-T 规定的 G.711（速率 64 kbit/s）、G.723.1（速率 5.3 kbit/s 或者 6.3 kbit/s）、G.729A（速率 8 kbit/s）编码方案。在一个基本的 VoIP 架构之中，大致包含四个基本元素：

① 媒体网关：主要扮演将语音讯号转换成为 IP 封包的角色。

② 媒体网关控制器：又称为 Gate Keeper 或 Call Server，主要负责管理信号传输与转换的工作。

③ 语音服务器：主要提供电话不通、占线或忙线时的语音响应服务。

④ 信令网关：主要工作是在交换过程中进行相关控制，以决定通话建立与否，以及提供相关应用的增值服务。

（7）IPTV 业务：在 IP 网络上传送包含电视、视频、文本、图形和数据等，并提供服务质量/服务感受（QoS/QoE）保证，具有交互性和可管理的多媒体业务。IPTV 业务的用户接入方式可以采用 ADSL、LAN、FTTH、Wireless 等，家庭终端为机顶盒、电视机，典型业务有直播、点播、时移、信息服务、互动业务（游戏）等。

实践项目　调研周边用户接入业务种类及使用情况

实践目的：熟悉目前常用的接入业务种类。

实践要求：各位学员通过调研、搜集网络数据等方式独立完成。

实践内容：

（1）调研接入业务种类：

家庭用户的接入业务种类 _____

学生所用的接入业务种类 _____

某个中小企业的接入业务种类 _____

（2）调研业务使用情况：

互联网业务使用情况（用户数）_____

移动电话业务使用情况（用户数）_____

电视业务使用情况（用户数）_____

IPTV 业务使用情况（用户数）_____

～～～～～～ 过 关 训 练 ～～～～～～

1. 填空题

(1) G.902 标准定义的接入网所覆盖的范围可由（　　　）个接口来定界，即网络侧经由（　　　）接口与业务节点相连，用户侧经由（　　　）接口与用户相连，管理方面则经由（　　　）接口与电信管理网相连。

(2) 接入网有五个基本功能，包括（　　　　　）、（　　　　　）、（　　　　　）、（　　　　　）、（　　　　　）。

(3) 选择网络拓扑结构时，一般需要考虑以下几个因素：（　　　　　）、（　　　　　）、（　　　　　）、（　　　　　）。

(4) IP 接入网主要有三大功能：（　　　）功能、（　　　）功能、（　　　）功能。

(5) 目前接入网提供的主要接入业务有（　　　）、（　　　）、（　　　）、（　　　）等。

2. 判断题

(1) 接入网对于所接入的业务提供承载能力，实现业务的透明传送。（　　　）

(2) 接入网通过 Q3 接口接入到电信管理网，实施对电信接入网的管理。（　　　）

(3) G.902 建议具有复用、连接、运送、交换和记费功能。（　　　）

(4) 接入网成本与用户位置及业务量有关。（　　　）

(5) IP 接入网具有独立且统一的 AAA 用户接入管理模式。（　　　）

3. 选择题

(1) 接入网位于本地程控交换机(LE)和用户驻地网之间，它由（　　　）来定界的。

A. RP　　　　　B. Q3、UNI、SNI　　　　C. UNI、SNI　　　　D. SNI、RP、UNI、Q3

(2) 接入网的拓扑结构包括（　　　）。

A. 星型结构和双星型结构　　　　　　B. 总线型结构

C. 环型结构　　　　　　　　　　　　D. 树型结构

(3) 下列网络结构中，网络生存性最好的是（　　　）。

A. 环型　　　B. 线型　　　　　　C. 星型　　　　　　D. 树型

(4) 宽带业务的接入方式有两种类型，即（　　　）。

A. 有线接入　　B. 无线接入　　　C. 交换接入　　　D. 网络接入

(5) 接入网提供的接入业务不包括（　　　）。

A. 普通电话业务　　　　　　　B. 有线电视(CATV)业务

C. Internet 业务　　　　　　　D. 分组交换数据业务

E. 驻地网管理

模块二　IP网络基础

在宽带数据通信网发展的今天，对于信息共享和信息传递应用的迫切需求，IP网络技术已经渗透到数据通信技术的各个层次，或者说，现今的数据通信技术已经与IP网络技术密不可分。因此，本模块是学习接入网的必备基础知识。

【主要内容】

本模块共分五个任务，具体包括OSI参考模型、TCP/IP模型、IP地址、交换机、路由器等。

【重点难点】

重点是TCP/IP模型、IP地址、交换机；难点是OSI参考模型、路由器。

任务1　协议模型

【任务要求】

识记：OSI参考模型、TCP/IP协议模型等分层情况，各层常用协议；

领会：OSI七层模型各层的功能、TCP/IP协议模型各层数据包结构及TCP/IP工作流程。

【理论知识】

2.1.1　OSI参考模型

自20世纪60年代计算机网络问世以来，得到了飞速发展。国际上各大厂商为了在数据通信网络领域占据主导地位，顺应信息化潮流，纷纷推出了各自的网络架构体系和标准，如IBM公司的SNA、Novell的IPX/SPX协议、Apple公司的AppleTalk协议、DEC公司的网络体系结构(DNA)，以及广泛流行的TCP/IP协议。同时，这些厂商针对自己的协议生产出了不同的硬件和软件。这些厂商的共同努力无疑促进了网络技术的快速发展和网络设备种类的迅速增长。

但由于多种协议的并存，使得网络变得越来越复杂，而且厂商之间的网络设备大部分不能兼容，很难进行通信。为了解决网络之间的兼容性问题，帮助各个厂商生产出可兼容的网络设备，国际标准化组织ISO于1984年提出了OSI-RM(Open System Interconnection Reference Model，开放系统互连参考模型)，OSI参考模型很快成为计算机网络通信的基础模型。

OSI 参考模型定义了开放系统的层次结构、层次之间的相互关系及各层所包含的可能的服务内容,如图 2-1 所示。

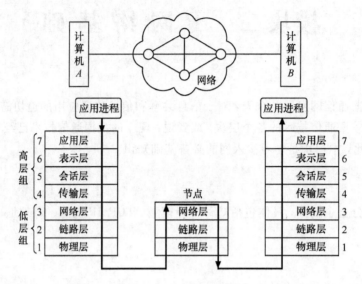

图 2-1　OSI 分层结构

OSI 参考模型采用分层结构化技术,将整个网络的通信功能分为 7 层。由低层至高层分别是:物理层、数据链路层、网络层、传输层、会话层、表示层、应用层。每一层都有特定的功能,并且下一层为上一层提供服务。其分层原则为:根据不同功能进行抽象的分层,每层都可以实现一个明确的功能,每层功能的制定都有利于明确网络协议的国际标准,层次明确避免了各层的功能混乱。

分层的好处是利用层次结构可以把开放系统的信息交换问题分解到不同的层中,各层可以根据需要独立进行修改或扩充功能,同时,有利于各个不同制造厂家的设备互连,也有利于我们学习、理解数据通信网络。

在 OSI 参考模型中,各层的数据并不是从一端的第 N 层直接送到另一端的,而是第 N 层的数据在垂直的层次中自上而下地逐层传递直至物理层,在物理层的两个端点进行物理通信,我们把这种通信称为实通信。而对等层由于通信并不是直接进行的,因而称为虚拟通信。

1. 层次结构的功能

OSI 参考模型中不同层完成不同的功能,各层相互配合通过标准的接口进行通信。

应用层、表示层和会话层合在一起常称为高层或应用层,其功能通常是由应用程序软件实现的;物理层、数据链路层、网络层、传输层合在一起常称为数据流层,其功能大部分是通过软硬件结合共同实现的。

(1)应用层。应用层是 OSI 体系结构中的最高层,是直接面向用户以满足不同需求的,是利用网络资源,唯一向应用程序直接提供服务的层。应用层主要由用户终端的应用软件构成,如我们常见的 Telnet、FTP、SNMP 等协议都属于应用层的协议。

(2)表示层。表示层主要解决用户信息的语法表示问题,它向上对应用层提供服务。表示层的功能是对信息格式和编码起转换作用,例如将 ASCII 码转换成为 EBCDIC 码等。

此外,对传送的信息进行加密与解密也是表示层的任务之一。

(3)会话层。会话层的任务就是提供一种有效的方法,以组织并协商两个表示层进程之间的会话,并管理他们之间的数据交换。会话层的主要功能是按照在应用进程之间的原则,按照正确的顺序发/收数据,进行各种形态的对话,其中包括对对方是否有权参加会话的身份核实,并且在选择功能方面取得一致,如选全双工还是选半双工通信。

(4)传输层。传输层可以为主机应用程序提供端到端的可靠或不可靠的通讯服务。传输层对上层屏蔽下层网络的细节,保证通信的质量,消除通信过程中产生的错误,进行流量控制,以及对分散到达的数据包顺序进行重新排序等。

传输层的功能包括:① 分割上层应用程序产生的数据;② 在应用主机程序之间建立端到端的连接;③ 进行流量控制;④ 提供可靠或不可靠的服务;⑤ 提供面向连接与面向非连接的服务。

(5)网络层。网络层是负责处理子网之间的寻址和路由工作的。功能包括:建立和拆除网络连接;提供路由功能,构造互联网络;定义点到点寻址(逻辑上——Net ID+Host ID);服务选择和流量控制。

(6)数据链路层。数据链路层是 OSI 参考模型的第二层,它以物理层为基础,向网络层提供可靠的服务。数据链路层的主要功能包括:

① 数据链路层主要负责数据链路的建立、维持和拆除,并在两个相邻节点的线路上,将网络层送下来的信息包组成帧传送,每一帧包括数据和一些必要的控制信息。

② 数据链路层的作用包括:定义物理源地址和物理目的地址。在实际的通讯过程中依靠数据链路层地址在设备间进行寻址。数据链路层的地址在局域网中是 MAC(媒体访问控制)地址,在不同的广域网链路层协议中采用不同的地址,如在 Frame Relay 中的数据链路层地址为 DLCI(数据链路连接标识符)。

③ 定义网络拓扑结构。网络的拓扑结构是由数据链路层定义的,如以太网的总线拓扑结构,交换式以太网的星型拓扑结构,令牌环的环型拓扑结构,FDDI 的双环拓扑结构等。

④ 数据链路层通常还定义帧的顺序控制、流量控制,以及面向连接或面向非连接的通讯类型。

(7)物理层。物理层是 OSI 参考模型的第一层,也是最低层。在这一层中规定的既不是物理媒介,也不是物理设备,而是物理设备和物理媒介相连接时一些描述的方法和规定。物理层功能是提供比特流传输。物理层提供用于建立、保持和断开物理接口的条件,以保证比特流的透明传输。

物理层协议主要规定了计算机或终端(DTE)与通信设备(DCE)之间的接口标准,包含接口的机械、电气、功能与规程四个方面的特性。物理层还定义了媒介类型、连接头类型和信号类型。

2. 层间通信

OSI 参考模型的每一层都与对方的对等层之间有相应的协议(逻辑上的),在物理上它们之间信息的交换又必须通过它下一层提供的服务才能完成,直到物理层。

OSI 参考模型的不同层协议之间是互相独立的,实现方法是下一层在向上一层提供信息之前(如链路层在前面和后面)增加新的协议控制信息,一般数据传送示意图如图 2-2 所示。

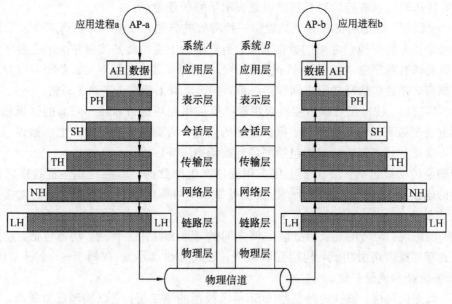

AH: 应用层头　　PH: 表示层头　　SH: 会话层头　　TH: 传输层头
NH: 网络层头　　LH: 链路层头　　LH: 链路层尾

图 2-2　OSI 参考模型的数据传送示意图

2.1.2　TCP/IP 协议参考模型

TCP/IP 协议参考模型与 OSI 参考模型类似，分为四个层次：应用层、传输层、网际层和网络接口层。TCP/IP 与 OSI 的比较图如图 2-3 所示。

TELNET: 远程登录　　　　　FTP: 文件传输协议
SMTP: 简单邮件传送协议　　TCP: 传输控制协议
UDP: 用户数据协议　　　　　IP: 互联网络协议

图 2-3　OSI 与 TCP/IP 结构的对比

1. 各层常用协议

1）应用层

应用层定义了应用程序使用互联网的协议，相关的进程/应用协议充当了用户接口，提供在主机之间传输数据的应用。应用层常用协议如下：

FTP（文件传输协议）：允许用户在本地主机和远程主机之间传输文件。

TELNET（远程登录）：为远程客户提供登录到服务器主机上的服务。

SMTP（简单邮件传输协议）：通过 Internet 交换电子邮件的标准协议。用于 Internet 上的电子邮件服务器之间，或允许电子邮件客户向服务器发送邮件。

POP（邮局协议）：定义用户邮件客户机软件和电子邮件服务器之间的简单接口。用于将邮件从服务器下载到客户机，并允许用户管理邮箱。

HTTP（超文本传输协议）：是在 WWW 上进行交换的基础。

DNS（域名系统）：定义 Internet 名称的机构，以及定义名称与 IP 地址的联系。

DHCP（动态主机配置协议）：用于将 TCP/IP 地址和其他相关信息自动分配给客户机。

SNMP（简单网络管理协议）：对基于 TCP/IP 的网络设备的过程和管理信息数据库进行定义。

2）传输层

传输层为两个用户进程之间建立、管理和拆除可靠而又有效的端到端连接。传输协议的选择根据数据传输方式而定，常用的协议如下：

TCP（传输控制协议）：为应用程序提供可靠的通信连接。适用于一次传输大批数据的情况，并适用于要求得到响应的应用程序。

UDP（用户数据报协议）：提供了无连接通信，且不提供可靠传输的保证。适用于一次传输少量数据，可靠性则由应用层来负责的情形。

3）网际层

网际层定义了互联网中传输的数据报格式，以及应用路由选择协议将数据通过一个或多个路由器发送到目的站的转发机制。常用协议有：

IP（网际协议）：一种无连接协议，主要负责主机和网络之间数据包的寻址和路由。

ARP（地址解析协议）：用于将网络中的协议地址（当前网络中大多是 IP 地址）解析为相同物理网络上的主机的硬件地址（MAC 地址）。

RARP（逆向地址解析协议）：用于将本地的主机硬件地址（MAC 地址）解析为网络中的协议地址。

ICMP（Internet 控制报文协议）：主要被用来与其他主机或路由器交换错误报文和其他重要信息。尽管 ICMP 主要被 IP 使用，但应用程序也有可能访问它，如我们在后面将要介绍的两个诊断工具 Ping 和 Traceroute，都使用了 ICMP。

IGMP（Internet 组管理协议）：负责管理多播组成员关系，它把连接到网络上的主机成员关系状态信息传送给多播路由器。

RIP（Router Information Protocol，路由器信息协议）：定期向其他路由器发送完整路由表的距离向量的路由发现协议（RFC 1723）。

OSPF（Open Shortest Path First，开放式最短路径优先协议）：各个路由器定期向其他路由器广播自己的链路状态的路由发现协议（RFC 1245、1246、1247、1253）。

BGP（Border Gateway Protocol，边界网关协议）：用来连接 Internet 上的独立系统的路由选择协议。

4）网络接口层

该层定义了将 IP 数据组成正确帧的协议和在网络中传输帧的协议。该层同时接收来自网络物理层的数据帧，并转换为 IP 数据报交给网际层。网络接口层常用的连网协议有：局域网可采用 IEEE802.3 以太网协议、802.5 令牌网协议，广域网可采用 PPP 协议、帧中继、X.25 等。各层协议之间的对应关系如图 2-4 所示。

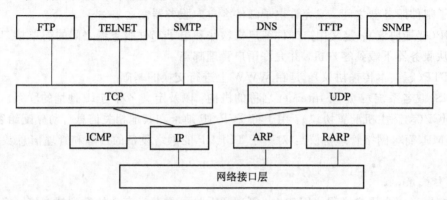

图 2-4　TCP/IP 协议簇

2. 各层数据封装格式

1) TCP 数据报格式

TCP 数据报的基本格式如图 2-5 所示。

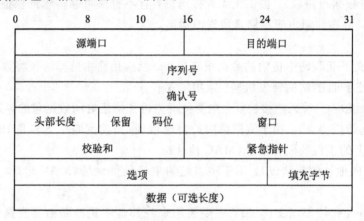

图 2-5　TCP 数据报格式

端口号用来标识互相通信的应用程序，服务器一般都是通过端口号(1～1023)来识别应用程序的。

TCP 段中各字段的定义为：

源端口：呼叫端口的号，16 位二进制码；

目的端口：被叫端口的号，16 位二进制码；

序列号：用于确保数据到达的正确顺序，32 位二进制码；

确认号：用来确认接收到的数据，包含所期待的下一个 TCP 字段的编号；

头部长度：报头的字数(字长为 32 位)；

保留：设置为 0，以备将来使用；

码位：指出段的目的与内容；

窗口：接收方能接收的字节数；

校验和：报头和数据字段的校验和，目的是确定段到达时是否发生错误；

紧急指针：指出紧急数据的位置；

选项：用于提供 TCP 的增强功能；

数据：上层协议数据。

2）UDP 数据报格式

UDP 是一个简单的面向数据报的传输层协议，进程的每个输出操作都正好产生一个 UDP 数据报，并组装成一份待发送的 IP 数据报。UDP 不提供可靠性，它把应用程序传给 IP 层的数据发送出去，但是并不保证它们能到达目的地。

UDP 和 TCP 在首部中都有覆盖它们首部和数据的校验和。UDP 的校验和是可选的，而 TCP 的校验和是必需的。UDP 报文格式如图 2-6 所示。

图 2-6　UDP 报文格式

3）IP 数据报格式

IP 数据报格式如图 2-7 所示，报头为 24 字节。

图 2-7　IP 数据报格式

IP 数据报中各字段的定义如下：

版本：长度为 4 bit，指示所使用的 IP 协议版本。目前的 IP 协议版本为 IPv4，将来可使用 IPv6。

头标长：长度为 4 bit，指示以字（字长为 32 bit）为单位的报头长度。

服务类型：长度为 8 bit，规定了数据报的处理方式。

总长度：长度为 16 bit，指示整个 IP 数据报的长度（包括报头和数据区），以字节为单位，IP 数据报最长可达 $2^{16}-1$ 个字节。

标识：长度为 16 bit，标识分组属于哪个数据报，以便重组数据报。

标志：长度为 2 bit，值为 0 表示片未完（指该片不是原数据报的最后一片），值为 1 表示不分片（指数据报不能被分片）。

片偏移：长度为 14 bit，指示本片数据在原始数据报数据区中的偏移量。

生成时间：字段长度为 8 bit，用于设置本数据报的最大生存时间，以秒为单位。一旦生存时间小于或等于 0 时，则删除该数据报，应答出错信息。它防止了数据报无休止地要求互联网搜寻不存在的目的地。

协议：长度为 8 bit，指示产生该数据报内传送的第四层协议，大多数 IP 传输层用的是 TCP，实质上表示为数据区数据的格式。

头标校验和：长度为 16 bit，用于确保数据报头数据的完整性。

源 IP 地址和目的 IP 地址：源 IP 地址字段和目的 IP 地址字段各占 32 bit，表示 IP 数据报的发送者和接收者。

选项：长度为 24 bit，用于网络测试、调试、保密及其他。

数据区：为上层 TCP 协议或 UDP 协议数据段信息。

4）以太网封装帧格式

绝大多数局域网的组建都是采用 IEEE802.3 标准(CSMA/CD)局域网技术，以太网帧是数据链路层最常见的数据封装格式。以太网帧结构如图 2-8 所示。

目的地址和源地址：各占 6 个字节(48 bits)，它们是指网卡的物理地址，即 MAC 地址，具有唯一性。

类型：帧类型或协议类型是指数据包的高级协议，如 0x0806 表示 ARP 协议，0x0800 表示 IP 协议等。

数据：类型字段以后就是数据，以太帧规定数据长度在 46～1500 字节范围内，不足 46 字节的空间插入填充(pad)字节。数据区为 IP 数据包的内容。

CRC：用于循环冗余码校验(校验和)。

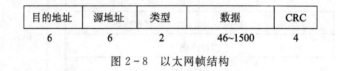

目的地址	源地址	类型	数据	CRC
6	6	2	46~1500	4

图 2-8　以太网帧结构

2.1.3　TCP/IP 工作原理

下面以采用 TCP/IP 协议传送文件为例，说明 TCP/IP 的工作原理，其中应用层传输文件采用文件传输协议(FTP)。TCP/IP 封装过程如图 2-9 所示。

TCP/IP 协议的工作流程如下：

(1) 在源主机上，应用层将一串应用数据流传送给传输层。

(2) 传输层将应用层的数据流截成分组，并加上 TCP 报头形成 TCP 段，送交网络层。

(3) 网络层给 TCP 段加上包括源、目的主机 IP 地址的 IP 报头，生成一个 IP 数据包，并将 IP 数据包送交链路层。

(4) 链路层在其 MAC 帧的数据部分装上 IP 数据包，再加上源、目的主机的 MAC 地址和帧头，并根据其目的 MAC 地址，将 MAC 帧发往目的主机或 IP 路由器。

(5) 在目的主机，链路层将 MAC 帧的帧头去掉，并将 IP 数据包送交网络层。

(6) 网络层检查 IP 报头，如果报头中校验和与计算结果不一致，则丢弃该 IP 数据包，若校验和与计算结果一致，则去掉 IP 报头，将 TCP 段送交传输层。

(7) 传输层检查顺序号，判断是否是正确的 TCP 分组，然后检查 TCP 报头数据。若正确，则向源主机发确认信息，若不正确或丢包，则向源主机要求重发信息。

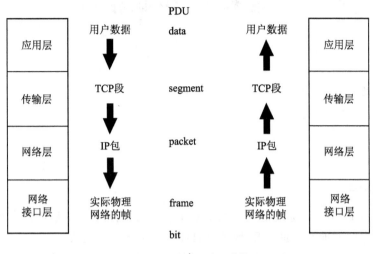

图 2-9　TCP/IP 封装过程

（8）在目的主机，传输层去掉 TCP 报头，将排好顺序的分组组成应用数据流送给应用程序。这样目的主机接收到的来自源主机的字节流，就像是直接接收来自源主机的字节流一样。

实践项目　TCP/IP 协议应用

实践目的：熟悉 OSI 协议和 TCP/IP 协议。

实践要求：各位学员通过调研、搜集网络数据等方式独立完成。

实践内容：

（1）调研常用的通信设备属于 OSI 参考模型的哪一层。

集线器：＿＿＿＿＿＿＿＿＿＿＿＿＿＿＿＿＿＿＿＿＿＿＿＿＿＿＿＿＿＿＿＿

交换机：＿＿＿＿＿＿＿＿＿＿＿＿＿＿＿＿＿＿＿＿＿＿＿＿＿＿＿＿＿＿＿＿

路由器：＿＿＿＿＿＿＿＿＿＿＿＿＿＿＿＿＿＿＿＿＿＿＿＿＿＿＿＿＿＿＿＿

（2）常用的应用程序对应的端口号情况。

FTP：＿＿＿＿＿＿＿＿＿＿＿＿＿＿＿＿＿＿＿＿＿＿＿＿＿＿＿＿＿＿＿＿

TELNET：＿＿＿＿＿＿＿＿＿＿＿＿＿＿＿＿＿＿＿＿＿＿＿＿＿＿＿＿＿＿

SMTP：＿＿＿＿＿＿＿＿＿＿＿＿＿＿＿＿＿＿＿＿＿＿＿＿＿＿＿＿＿＿＿

POP：＿＿＿＿＿＿＿＿＿＿＿＿＿＿＿＿＿＿＿＿＿＿＿＿＿＿＿＿＿＿＿＿

HTTP：＿＿＿＿＿＿＿＿＿＿＿＿＿＿＿＿＿＿＿＿＿＿＿＿＿＿＿＿＿＿＿

DNS：＿＿＿＿＿＿＿＿＿＿＿＿＿＿＿＿＿＿＿＿＿＿＿＿＿＿＿＿＿＿＿＿

DHCP：＿＿＿＿＿＿＿＿＿＿＿＿＿＿＿＿＿＿＿＿＿＿＿＿＿＿＿＿＿＿＿

SNMP：＿＿＿＿＿＿＿＿＿＿＿＿＿＿＿＿＿＿＿＿＿＿＿＿＿＿＿＿＿＿＿

任务 2　IP 地 址

【任务要求】

识记：IP 地址结构、IP 地址分类、子网掩码。

领会：子网划分。

【理论知识】

2.2.1　IP 地址

IP(Internet Protocol)地址是人们在 Internet 上为了区分数以亿计的主机而给每台主机分配的一个专门的地址，通过 IP 地址就可以访问到每一台主机。

目前在 Internet 中使用的是 IPv4 的地址结构，即 IP 地址是一个 32 位的二进制地址，由四部分数字组成，每部分数字对应于 8 位二进制数字，各部分之间用小数点分开，为便于记忆，用点分十进制记法，如某一台主机的 IP 地址为 211.152.65.112。

2.2.2　IP 地址分类

IP 地址由两部分组成，一部分表示网络号，另一部分表示主机号。

为适应不同大小的网络，一般将 IP 地址划分成 A、B、C、D、E 五类。其中，A 类、B 类和 C 类是最常用的，如图 2-10 所示。

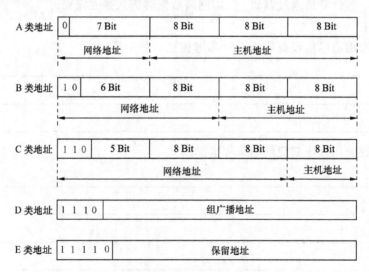

图 2-10　IP 地址分类

1. A 类地址

A 类地址最高位为 0，第一个字节表示网络号，其余三个字节表示主机号，总共允许有 $2^7-2=126$ 个网络，每个网络最多容纳的主机数为 $2^{24}-2=16\ 777\ 214$ 台。A 类地址适合分配给规模特别大的网络使用。

2. B 类地址

B 类地址高两位总被置为二进制的 10,用第一、二字节表示网络地址,后两个字节为主机地址。允许有 $2^{14}-2=16\ 382$ 个网络,每个网络最多容纳的主机数为 $2^{16}-2=65\ 534$ 台。B 类地址适合在中等规模和大规模的网络中使用。

3. C 类地址

C 类地址高三位被置为二进制的 110,用前三字节表示网络的地址,最后一字节表示主机地址。允许大约 200 万个网络,每个网络最多容纳的主机数为 $2^8-2=254$ 台。C 类地址常用于中小型的网络。

4. D 类地址

用于多路广播组地址,高四位总被置为 1110。

5. E 类地址

E 类地址的高五位总被置为 11110,保留给将来使用。

2.2.3 IP 的寻址规则

1. 网络寻址规则

(1)网络地址必须唯一。

(2)网络标识不能以数字 127 开头,因为在 A 类地址中,数字 127 保留给内部回送函数。

(3)网络标识和主机标识不能为全"1",全"1"时作为受限的广播地址。

(4)网络标识和主机标识不能为全"0",全"0"表示该地址是本地主机,不能传送。

2. 主机寻址规则

(1)主机标识在同一网络内必须是唯一的。

(2)主机标识的各个位不能都为"1",如果所有位都为"1",则该机地址是广播地址。

(3)主机标识的各个位不能都为"0",如果各个位都为"0",则表示"只有这个网络",而这个网络上没有任何主机。

注:A 类地址提供的网络号是 1~126,共 126 个,而不是 0~127。原因是:网络字段全 0 的 IP 地址是个保留地址,意为"本网络";网络字段为 127 保留作为本地软件环回测试使用。

2.2.4 IP 地址注意事项

1. IP 地址分为固定 IP 地址和动态 IP 地址

固定 IP 地址,也可称为静态 IP 地址,是长期固定分配给一台计算机使用的 IP 地址,一般是特殊的服务器才拥有固定 IP 地址。

动态 IP 地址是因为 IP 地址资源非常短缺,通过电话拨号上网或普通宽带上网用户一般不具备固定 IP 地址,而是由 ISP 通过 DHCP 协议(动态主机配置协议,Dynamic Host Configure Protocol)动态地分配一个暂时的 IP 地址。普通人一般不需要去了解动态 IP 地址,这些都是计算机系统自动分配完成的。

2. IP 地址分为公有 IP 地址和私有 IP 地址

公有 IP 地址（Public address，也可称为公网地址）由 Internet NIC（Internet Network Information Center，因特网信息中心）负责。这些 IP 地址分配给注册并向 Internet NIC 提出申请的组织机构。通过它可直接访问因特网，它是广域网范畴内的。

私有 IP 地址（Private address，也可称为专网地址）属于非注册地址，专门为组织机构内部使用，它是局域网范畴内的，出了所在的局域网是无法访问因特网的。

留用的内部私有地址目前主要有以下几类：

（1）A 类：10.0.0.0～10.255.255.255。

（2）B 类：172.16.0.0～172.31.255.255。

（3）C 类：192.168.0.0～192.168.255.255。

3. MAC 地址与 IP 地址的关系

MAC（Media Access Control，介质访问控制）地址是识别 LAN（局域网）节点的标识。网卡的物理地址通常是由网卡生产厂家烧入网卡的 EPROM（一种闪存芯片，通常可以通过程序擦写），它存储的是传输数据时真正赖以标识发出数据的电脑和接收数据的主机地址。也就是说，在网络底层的物理传输过程中，是通过物理地址来识别主机的，它一般也是全球唯一的。比如，著名的以太网卡，其物理地址是 48 bit（比特位）的整数，如：44-45-53-54-00-00，以机器可读的方式存入主机接口中。以太网地址管理机构（IEEE）将以太网地址，也就是 48 比特的不同组合，分为若干独立的连续地址组，生产以太网网卡的厂家就购买其中一组，具体生产时，逐个将唯一地址赋予以太网卡。

形象的说，MAC 地址就如同我们身份证上的身份证号码，具有全球唯一性。而 IP 地址相当于主机的逻辑地址，它指明了主机在网络当中的哪个方向，而对主机地址的精确定位最终还要依靠 MAC 地址。

2.2.5 子网掩码

为了提高 IP 地址的使用效率，一个网络可以划分为多个子网：采用借位的方式，从主机最高位开始借位变为新的子网位，剩余部分仍为主机位。这使得 IP 地址的结构分为三部分：网络位、子网位和主机位，如图 2-11 所示。

图 2-11　IP 地址结构

掩码定义规则：地址长度仍然为 32 位，网络位与子网位对应的二进制代码为 1，主机位（借位不算）对应的二进制代码为 0。

子网掩码与 IP 地址结合使用，可以区分出一个网络地址的网络号和主机号。

例如：有一个 C 类地址为 192.9.200.13，其缺省的子网掩码为 255.255.255.0，则它的网络号和主机号可按如下方法得到：

（1）将 IP 地址 192.9.200.13 转换为二进制：

　　　11000000 00001001 11001000 00001101

（2）将子网掩码 255.255.255.0 转换为二进制：

11111111 11111111 11111111 00000000

（3）将两个二进制数逻辑与（AND）运算后得出的结果即为网络部分

　　　　　11000000 00001001 11001000 00001101

AND　　11111111 11111111 11111111 00000000

───────────────────────────────────

　　　　　11000000 00001001 11001000 00000000

结果为192.9.200.0，即网络号为192.9.200.0。

（4）将子网掩码反取再与IP地址逻辑与（AND）后得到的结果即为主机部分

　　　　　11000000 00001001 11001000 00001101

AND　　00000000 00000000 00000000 11111111

───────────────────────────────────

　　　　　00000000 00000000 00000000 00001101

结果为0.0.0.13，即主机号为13。

2.2.6　子网划分

一般对于如何规划子网，主要有下面两种情况：第一，给定一个网络，整个网络地址可知，需要将其划分为若干个小的子网；第二，全新网络，自由设计，需要自己指定整个网络地址。后者多了一个根据主机数目确定主网络地址的过程，其他一样。下面结合相应实例，对这两种划分进行分析。

例：学院新建4个机房，每个房间有25台机器，给定一个网络地址空间192.168.10.0，现在需要将其划分为4个子网。

分析：192.168.10.0是一个C类的IP地址，标准掩码为255.255.255.0，我们有：

IP：　　11000000 10101000 00001010 00000000

掩码：　11111111 11111111 11111111 00000000

1. 借位选择

要划分为4个子网必然要向最后的8位主机号借位，那借几位呢？

我们来看要求：4个机房，每个房间有25台机器，那就是需要4个子网，每个子网下面最少25台主机。

另外，还需考虑扩展性，一般机房能容纳机器数量是固定的，建设好之后向机房增加机器的情况较少，但增加新机房（新子网）的情况较多。（当然对于我们这题，考虑主机或子网最后的结果都是相同的，但如果要组建较大规模网络的时候，这点要特别注意。）

通常依据子网内最大主机数来确定借几位。

使用公式 $2^n - 2 \geqslant$ 最大主机数，我们有 $2^n - 2 \geqslant 25$；$2^5 - 2 = 30 \geqslant 25$。所以主机位数 $n = 5$，相对应的子网需要借3位，具体如下。

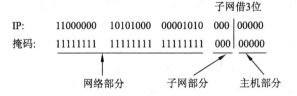

2. 子网号选择

确定了子网部分，后面就简单了。前面IP地址的网络部分不变，看最后的这8位。

```
子网掩码    11111111  11111111  11111111  111  00000
IP          11000000  10101000  00001010  000  00000
                                               001
                                               010
子网地址空间得到6个可用子网地址              011
（全为0或1的地址不可使用）                    100
                                               101
                                               110
                                               111
```

从式中得到 6 个可用的子网地址，全部转换为点分十进制表示为：

11000000. 10101000. 00001010. 00100000 = 192. 168. 10. 32

11000000. 10101000. 00001010. 01000000 = 192. 168. 10. 64

11000000. 10101000. 00001010. 01100000 = 192. 168. 10. 96

11000000. 10101000. 00001010. 10000000 = 192. 168. 10. 128

11000000. 10101000. 00001010. 10100000 = 192. 168. 10. 160

11000000. 10101000. 00001010. 11000000 = 192. 168. 10. 192

子网掩码：11111111. 11111111. 11111111. 11100000 = 255. 255. 255. 224。

3. 子网的主机地址

注意在一个网络中主机地址全为 0 的 IP 是网络地址，全为 1 的 IP 是网络广播地址，不可用。所以我们的子网地址和子网主机地址如下：

子网 1：192. 168. 10. 32 掩码：255. 255. 255. 224

主机 IP：192. 168. 10. 33～62

子网 2：192. 168. 10. 64 掩码：255. 255. 255. 224

主机 IP：192. 168. 10. 65～94

子网 3：192. 168. 10. 96 掩码：255. 255. 255. 224

主机 IP：192. 168. 10. 97～126

子网 4：192. 168. 10. 128 掩码：255. 255. 255. 224

主机 IP：192. 168. 10. 129～158

子网 5：192. 168. 10. 160 掩码：255. 255. 255. 224

主机 IP：192. 168. 10. 161～190

子网 6：192. 168. 10. 192 掩码：255. 255. 255. 224

主机 IP：192. 168. 10. 193～222

如此，我们只要取出前面的 4 个子网就可以完成此题目了。

对于全新的网络，需要自己来指定整个网络地址时，这就需要先考虑选择 A 类、B 类或 C 类 IP 的问题，若像上例中的网络地址空间 192. 168. 10. 0 不给定，任由自己选择，在这时，就要注意地址浪费的问题。例如，我们如果选择 A 类地址，就有 24 位的主机位来随便借位，这当然可以，但那就会浪费 N 多的地址了。在局域网内基本上可以随便设置，但在广域网里可没有这么大的地址来给你分配，所以从开始就要养成个好的习惯。那如何选择呢？

和划分子网的时候一样，通过公式计算 $(2^n - 2)$，我们知道划分的子网越多浪费的地址就越多。每次划分子网一般都有两个子网的地址要浪费掉(子网部分全为 0 或全为 1)。因此,如果我们需要建设一个拥有 4 个子网,每个子网内有 25 台主机的网络,那我们一共需要有(4+2)×(25+2)个 IP 数的网络来划分。

而(4+2)×(25+2)=162,一个 C 类地址的网络可以拥有 254 的主机地址,所以我们选择 C 类的地址来作为整个网络的网络号。

如果现在我们有 6 个机房,每个机房里有 50 台主机呢?(6+2)×(50+2)=416,显然,这需要用到 B 类地址的网络了。

后面划分子网的步骤和上面就一样了。C 类 IP 地址子网划分如表 2-1 所示,B 类 IP 地址子网划分如表 2-2 所示,A 类 IP 地址子网划分如表 2-3 所示。

表 2-1 C 类 IP 地址子网划分表

借用位数	子网掩码	子网数	每个子网的主机数
2	255.255.255.192	2	62
3	255.255.255.224	6	30
4	255.255.255.240	14	14
5	255.255.255.248	30	6
6	255.255.255.252	62	2

表 2-2 B 类 IP 地址子网划分表

借用位数	子网掩码	子网数	每个子网的主机数
2	255.255.192.0	2	16382
3	255.255.224.0	6	8190
4	255.255.240.0	14	4094
5	255.255.248.0	30	2046
6	255.255.252.0	62	1022
7	255.255.254.0	126	510
8	255.255.255.0	254	254

表 2-3 A 类 IP 地址子网划分表

借用位数	子网掩码	子网数	每个子网的主机数
2	255.192.0.0	2	4194302
3	255.224.0.0	6	2097150
4	255.240.0.0	14	1048574
5	255.248.0.0	30	524286
6	255.252.0.0	62	262142
7	255.254.0.0	126	131070
8	255.255.0.0	254	65534

注意:这里我们讨论的是一般情况,目前已经有部分路由器支持主机位全为 0 或全为 1 的子网,如 IP 为 192.168.10.0,掩码为 255.255.248.0 这样的表示方法。但这些不在我

们讨论范围之内。

实践项目　查看个人电脑中相关的地址信息

（1）PC 机如何查看 IP 地址。

① 命令行。

开始—运行—输入 cmd 回车—ipconfig，然后找到要看到的网卡及 IP 地址等信息，如图 2-12 所示。

图 2-12　命令行查看 PC 机 IP 地址信息

② 图形界面。

A WindowsXP：右键点击网上邻居—属性—查看此连接状态。

B Win7 和 Win8：单击任务栏网络连接图标—打开网络和共享中心—更改适配器设置，选择要查看 IP 地址的网卡，右键点击该网卡—在状态中即可看到 IP 地址信息，如图 2-13 所示。

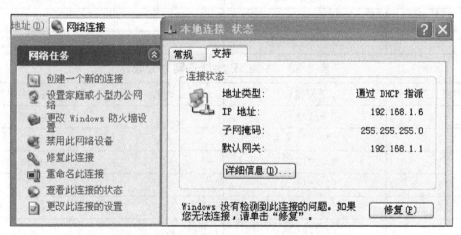

图 2-13　图形界面方式查看 PC 机 IP 地址信息

（2）PC 机如何查看 MAC 地址。

如图 2-13 所示，点详细信息，其中的实际地址即为本机的 MAC 地址。

（3）PC机获取IP地址方式。

① 静态配置IP地址：右键点击本地连接→属性→双击"Internet协议（TCP/IP)"→属性→使用下面的IP地址(S)，把IP地址信息输入到相应位置，如图2-14所示。

② 动态配置IP地址：如图2-14所示，选择自动获取IP地址和自动获得DNS服务器地址即可。

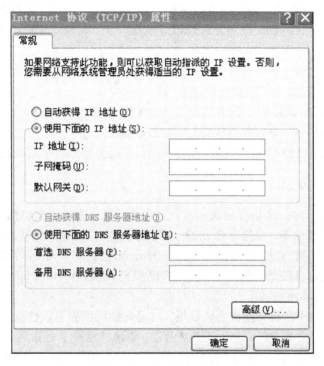

图2-14 配置IP地址窗口

任务3 以太网交换机

【任务要求】

识记：交换机的作用、VLAN的概念、VLAN的划分、VLAN链路类型；
领会：IEEE 802.1Q帧结构、DHCP概念。

【理论知识】

2.3.1 交换机的作用

在以太网中，交换机起到数据报文转发的作用。它把从某个端口接收到的数据报文从其他端口转发出去，除了连接同种类型的网络之外，还可以在不同类型的网络之间起到互联作用。

集线器工作在物理层，被称为HUB。由于不能区分数据报文的来源和目的，所以集线器将某个端口收到的比特流原封不动地发送到所有其他端口上，这种转发方式就是最简单的信道共享式广播。采用集线器连接的网络的全部节点都处于同一个广播域之中，因此，这种网络很容易产生广播风暴。

交换机主要工作在数据链路层，最大的功能在于能有效地抑制广播风暴的产生。这主要是因为交换机是基于 MAC 地址进行交换的，通过分析 MAC 帧的帧头信息（源 MAC 地址、目的 MAC 地址、MAC 帧长等），取得目的 MAC 地址后，查找交换机中存储的 MAC 地址表（与 MAC 地址相对应的交换机的端口号），确认有此 MAC 地址的网卡连接在交换机的哪个端口上，然后将数据报文发送到相应的端口上，交换机 MAC 地址表的过滤操作流程如下。

（1）交换机在收到一个数据帧后，会首先去解析该数据帧的目的 MAC 地址。

（2）查询 MAC 地址表，根据查询结果判断如何操作。

（3）如果在 MAC 地址表中没有目的 MAC 地址对应的项，那么交换机就会向所有的其他端口发送查询信息，等到收到应答后，发送数据帧。

（4）如果该地址已经存在于 MAC 地址表中，它就会按照表中的地址进行转发。

2.3.2　交换机的分类

按照交换机工作的 OSI 模型层次划分，交换机可以分为二层交换机、三层交换机。

二层交换机是最简单，也是最便宜的一种交换机，它的端口有 8 口、16 口、32 口等。二层交换机采用了三种方式转发数据报文：一种是直通方式，一种是存储-转发方式，还有一种是自由分段式。二层交换机具有 VLAN（虚拟局域网，Virtual LAN）的功能，它的每个 VLAN 拥有自己的冲突域。

三层交换机相对于二层交换机要更高级。三层交换机根据检查数据报文中的 IP 目的地址来决定转发数据报文的方向，它类似于路由器，创建并维护了一张路由表，根据路由表将数据报文转发到目的地。由于利用了交换机的快速交换结构，所以可以实现"一次路由，多次交换"。相对于普通的路由器来说，三层交换机能比普通路由器更快地转发数据报文。

2.3.3　交换机 VLAN 配置

1. VLAN 概念

VLAN（Virtual Local Area Network）又称虚拟局域网，是指在交换局域网的基础上，采用网络管理软件构建的可跨越不同网段、不同网络的端到端的逻辑网络。一个 VLAN 组成一个逻辑子网，即一个逻辑广播域，它可以覆盖多个网络设备，允许处于不同地理位置的网络用户加入到一个逻辑子网中。

2. VLAN 的优点

使用 VLAN 具有以下优点：

（1）控制广播风暴；

（2）提高网络整体的安全性；

（3）网络管理简单；

（4）易于维护。

3. VLAN 的划分

一般我们可采用四种方式在交换机上完成将计算机分配到 VLAN 的过程。

1) 基于端口划分 VLAN

这种划分 VLAN 的方法是根据以太网交换机的端口来划分的。其优点是定义 VLAN 成员时非常简单,只要将所有的端口都指定一下就可以了。如果有多个交换机的话,同一 VLAN 可以跨越数个以太网交换机。其缺点是如果 VLAN A 的用户离开了原来的端口,到了一个新的交换机的某个端口,那么就必须重新配置这个端口。

2) 基于 MAC 地址划分 VLAN

这种划分 VLAN 的方法是根据每个主机的 MAC 地址来划分的,即对所有主机都根据它的 MAC 地址配置主机属于哪个 VLAN 来进行划分的。每个交换机维护一张 VLAN 映射表,这个 VLAN 映射表记录着 MAC 地址和 VLAN 的对应关系。这种划分 VLAN 的方法的最大优点就是当用户物理位置移动时,即从一个交换机换到其他的交换机时,VLAN 不用重新配置,所以,可以认为这种根据 MAC 地址的划分方法是基于用户的 VLAN。

这种划分方法的缺点是初始化时,所有的用户都必须进行配置,如果用户很多,配置的工作量很大。此外这种划分方法也导致了交换机执行效率的降低,因为在每一个交换机的端口都可能存在很多个 VLAN 组的成员,这样就无法限制广播包。另外,对于使用笔记本电脑的用户来说,他们的网卡可能经常更换,这样,VLAN 就必须不停地配置。

3) 基于协议划分 VLAN

这种情况是根据二层数据帧中协议字段进行 VLAN 的划分。如果一个物理网络中既有 Ethernet II 又有 LLC 等多种数据帧通信的时候,可以采用这种 VLAN 的划分方法,目前一个 VLAN 可以配置多种协议类型划分。

4) 基于 IP 子网划分 VLAN

基于 IP 子网的 VLAN 是指根据报文中的 IP 地址决定报文属于哪个 VLAN,同一个 IP 子网的所有报文同属于同一个 VLAN,这样可以将同一个 IP 子网中的用户划分在一个 VLAN 内。

利用 IP 子网定义 VLAN 有以下两点优势:

(1) 这种方式可以按传输协议划分网段。这对于希望针对具体的应用服务来组织用户的网络管理者来说是非常有利的。

(2) 用户可以在网络内部自由移动而不用重新配置自己的工作站,尤其是使用 TCP/IP 的用户。

这种方法的缺点就是效率低,因为检查每一个数据包的网络层地址是很费时的。同时由于一个端口也可能存在多个 VLAN 的成员,对广播报文无法有效的抑制。

4. VLAN 帧格式

IEEE 802.1Q 定义了 VLAN 帧格式,为识别帧属于哪个 VLAN 提供了一个标准的方法。IEEE 802.1Q 的帧结构示意图如图 2-15 所示。

我们看到 IEEE802.1Q 帧是在普通以太网帧的基础上,在源 MAC 地址和类型字段之间插入了一个四字节的 TAG 字段,这就是 IEEE802.1Q 的标签头。

这四字节的 IEEE802.1Q 标签头包含了两个字节的标签协议标识(TPID)和两个字节的标签控制信息(TCI)。

TPID 是 IEEE 定义的新的类型,表明这是一个加了 802.1Q 标签的帧。TPID 包含了一个固定的值 0x8100。

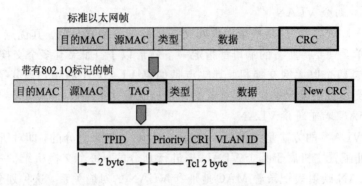

图 2-15　IEEE 802.1Q 帧结构示意图

TCI 包含的是帧的控制信息，它包含了下面的一些元素：

① Priority：这三位指明帧的优先级，一共有八种优先级，即 0～7，IEEE 802.1P 标准使用这三位信息。

② Canonical Format Indicator(CFI)：CFI 值为 0 说明是规范格式，值为 1 说明是非规范格式。它被用在令牌环/源路由 FDDI 介质访问方法中，用来指示封装帧中所带地址的比特秩序信息。

③ VLAN ID：指明 VLAN 的 ID，12 位二进制码，一共 4094 个，每个支持 IEEE802.1Q 协议的交换机发送出来的数据包都会包含这个域，以指明自己属于哪一个 VLAN。

5. VLAN 链路类型

VLAN 中有三种链路类型：Access、Trunk、Hybrid，下面我们分别介绍这三种链路类型的工作原理和方式。

1) 接入(Access)链路

用于连接主机和交换机的链路就是接入(Access)链路。通常情况下主机并不需要知道自己属于哪些 VLAN，主机的硬件也不一定支持带有 VLAN 标记的帧。主机要求发送和接收的帧都是没有打上标记的帧，所以，Access 链路接收和发送的都是标准的以太网帧。Access 链路的示意图如图 2-16 所示。

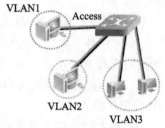

图 2-16　Access 链路示意图

Access 链路属于某一个特定的端口，这个端口属于一个并且只能是一个 VLAN。这个端口不能直接接收其它 VLAN 的信息，也不能直接向其它 VLAN 发送信息。不同 VLAN 的信息必须通过三层路由处理才能转发到这个端口上。

Access 链路概念总结如下：

(1) Access 链路一般是指网络设备与主机之间的链路；

(2) 一个 Access 端口只属于一个 VLAN；

(3) Access 端口发送不带标签的报文；

(4) 缺省所有端口都包含在 VLAN 1 中，且都是 Access 类型。

2) 干道(Trunk)链路

干道(Trunk)链路是可以承载多个不同 VLAN 数据的链路。干道链路通常用于交换机间的互连，或者用于交换机和路由器之间的连接。

　　数据帧在干道链路上传输的时候，交换机必须用一种方法来识别数据帧是属于哪个 VLAN 的。IEEE 802.1Q 定义了 VLAN 帧格式，所有在干道链路上传输的帧都是打上标记的帧（Tagged Frame）。通过这些标记，交换机就可以确定哪些帧分别属于哪个 VLAN。Trunk 链路示意图如图 2-17 所示。

图 2-17　Trunk 链路示意图

　　和接入链路不同，干道链路是用来在不同的设备之间（如交换机和路由器之间、交换机和交换机之间）承载 VLAN 数据的，因此干道链路是不属于任何一个具体的 VLAN 的。通过配置，干道链路可以承载所有的 VLAN 数据，也可以配置为只能传输指定 VLAN 的数据。

　　干道链路虽然不属于任何一个具体的 VLAN，但是必须给干道链路配置一个 PVID（Port VLAN ID）。当不论因为什么原因，Trunk 链路上出现了没有带标记的帧时，交换机就给这个帧增加带有 PVID 的 VLAN 标记，然后进行处理。

　　对于多数用户来说，手工配置太麻烦了。一个规模比较大的网络可能包含多个 VLAN，而且网络的配置也会随时发生变化，导致根据网络的拓扑结构逐个为交换机配置 Trunk 端口过于复杂。这个问题可以由 GVRP 协议来解决，GVRP 协议可根据网络情况动态配置干道链路。

　　Trunk 链路的概念总结如下：

　　（1）Trunk 链路一般是指网络设备与网络设备之间的链路；

　　（2）一个 Trunk 端口可以属于多个 VLAN；

　　（3）Trunk 端口通过发送带标签的报文来区别某一数据包属于哪一 VLAN；

　　（4）标签遵守 IEEE802.1Q 协议标准。

　　图 2-18 表示为一个局域网环境，网络中有两台交换机，并且配置了多个 VLAN。主机和交换机之间的链路是接入链路，交换机之间通过干道链路互相连接。

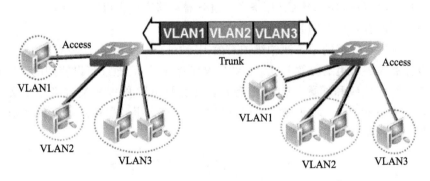

图 2-18　VLAN 中的 Access 链路和 Trunk 链路

　　对于主机来说，它是不需要知道 VLAN 的存在的。主机发出的报文都是标准以太网的报文，交换机接收到这样的报文之后，根据配置规则（如端口信息）判断出报文所属 VLAN

进行处理。如果报文需要通过另外一台交换机发送，则该报文必须通过互联干道链路传输到另外一台交换机上。为了保证其它交换机正确处理报文的 VLAN 信息，在互联干道链路上发送的报文都带上了 VLAN 标记。在交换机最终确定报文发送端口后，将报文发送给主机之前，必须将 VLAN 的标记从以太网帧中删除，这样主机接收到的报文都是不带 VLAN 标记的以太网帧。

所以，一般情况下，互联干道链路上传送的都是带有 VLAN 信息的数据帧，接入链路上传送的都是标准的以太网帧。这样做的最终结果是，网络中配置的 VLAN 可以被所有的交换机正确处理，而主机不需要了解 VLAN 信息。

3）Hybrid 链路

英文 Hybrid 是"混合的"意思，在这里，Hybrid 端口可以用于交换机之间连接，也可以用于连接用户的计算机。

Hybrid 模式的端口可以汇聚多个 VLAN，是否打标签由用户自由指定，可以接收和发送多个 VLAN 报文，可以剥离多个 VLAN 的标签。

Hybrid 端口与 Trunk 端口的不同之处在于：

（1）Hybrid 端口可以允许多个 VLAN 的报文不打标签。

（2）Trunk 端口只允许缺省 VLAN 的报文不打标签。

（3）在同一个交换机上 Hybrid 端口和 Trunk 端口不能并存。

2.3.4　DHCP 配置

DHCP（动态主机配置协议）是一个在网络中自动为终端主机分配 IP 地址的协议。DH-CP 提供了一种动态指定 IP 地址和配置参数的机制，其多用于大型网络环境和配置比较困难的地方。DHCP 服务器自动为客户机指定 IP 地址，指定的配置参数有些和 IP 协议并不相关，但它的配置参数使得网络上的计算机通信变得方便且容易实现了。DHCP 使 IP 地址可以租用，对于许多拥有多台计算机的大型网络来说，每台计算机拥有一个 IP 地址有时可能是不必要的。租期从 1 min 到 100 年不定，当租期到了的时候，服务器可以把这个 IP 地址分配给别的机器使用。客户也可以请求使用自己喜欢的网络地址及相应的配置参数。

DHCP 使用客户端/服务器模型。网络管理员建立一个或多个维护 TCP/IP 的配置信息，并将其提供给客户端的 DHCP 服务器。服务器数据库包含以下信息：

（1）网络上所有客户端的有效配置参数。

（2）在指派到客户端的地址池中维护有效 IP 地址，以及用于手动指派的保留地址。

（3）服务器提供的租约持续时间。租约定义了指派的 IP 地址可以使用的时间长度。

通过在网络上安装和配置 DHCP 服务器，启动 DHCP 的客户端就可在每次启动并加入网络时动态地获得其 IP 地址和相关配置参数。DHCP 服务器以地址租约的形式将该配置提供给发出请求的客户端。

实践项目一　交换机 VLAN 配置

实践目的：掌握交换机 VLAN 的配置和使用。

实践设备：低端交换机两台、PC 机 4 台、网线 5 条。

实践要求：在操作过程中，能灵活使用指令。

实践内容：

（1）拓扑结构如图 2-19 所示。

交换机 A 和交换机 B 通过端口 16 相连，交换机 A 的端口 1 与交换机 B 的端口 2 是 VLAN2 的成员，交换机 A 的端口 2 与交换机 B 的端口 4 是 VLAN3 的成员。以思科二层交换机为例，介绍 VLAN 的配置情况。

　　Switch(config-if)＃switchport mode trunk　//设置端口类型为 Trunk，接交换机

　　Switch(config-if)＃switchport trunk allowed vlan all　//将设置为 Trunk 类型的以太端口划分给
　　　　　　　　　　　　　　　　　　　　　　　　　　　　所有的 VLAN

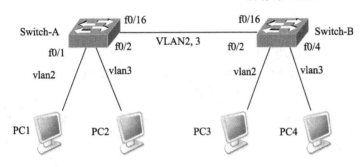

图 2-19　交换机 VLAN 配置

（2）配置步骤。

① Switch-A 相关配置：

　　Switch＞language chin　　　　　　　　　　//中英文的切换

　　Switch＞enable　　　　　　　　　　　　　//用户视图

　　Switch＃conf t　　　　　　　　　　　　　//系统视图

　　Switch(config)＃vlan 2　　　　　　　　　//创建 VLAN 并进入 VLAN

　　Switch(config)＃vlan 3

　　Switch(config-vlan)＃exit　　　　　　　　//退出 VLAN

　　Switch(config)＃interface f0/1　　　　　　//进入 f0/1 端口

　　Switch(config-if)＃switchport mode access　//设置端口类型为 access，接电脑

　　Switch(config-if)＃switchport access vlan 2　//将设置为 ACC 类型的以太端口

　　Switch(config)＃interface f0/2　　　　　　//进入 f0/2 端口

　　Switch(config-if)＃switchport mode access　//设置端口类型为 access，接电脑

　　Switch(config-if)＃switchport access vlan 3　//将设置为 ACC 类型的以太端口

　　Switch(config)＃interface f0/16　　　　　//进入 f0/16 端口

　　Switch(config-if)＃switchport mode trunk　//设置端口类型为 Trunk，接交换机

　　Switch(config-if)＃switchport trunk allowed vlan all　　//将设置为 Trunk 类型的以太端口
　　　　　　　　　　　　　　　　　　　　　　　　　　　划分给所有的 VLAN

② Switch-B 相关配置：

　　Switch(config)＃vlan 2

　　Switch(config)＃vlan 3

　　Switch(config-vlan)＃exit

　　Switch(config)＃interface f0/2

Switch(config-if)♯switchport mode access

Switch(config-if)♯switchport access vlan 2

Switch(config)♯interface f0/4

Switch(config-if)♯switchport mode access

Switch(config-if)♯switchport access vlan 3

Switch(config)♯interface f0/16

Switch(config-if)♯switchport mode trunk

Switch(config-if)♯switchport trunk allowed vlan all

（3）验证方法：

① PC-1 和 PC-3 能互通；

② PC-2 和 PC-4 能能互通；

③ PC-1 和 PC-4 不能互通，PC-2 和 PC-3 不能互通。

（4）实验结论：

同一 VLAN 下的设备可以互通，不同 vlan 下的设备不能互通；通过 Trunk 端口可以传递多个 VLAN 信息。

实践项目二　交换机 VLAN 接口 IP 地址配置

实践目的：掌握交换机的 VLAN 接口 TELNET 的配置。

实践设备：华为低端交换机 S2000、PC、网线。

实践要求：在操作过程中，掌握 VLAN 接口的动态和静态 IP 配置流程及指令，能灵活的使用指令。

实践内容：

（1）VLAN 接口静态 IP 地址配置。

① 拓扑结构如图 2-20 所示。

图 2-20　交换机 VLAN 接口静态 IP 地址配置网络结构图

② 配置环境参数。

· S2000 为二层交换机；

· PC1 连接到 S2000 的以太网端口 E0/10，属于 VLAN10；

· PC2 连接到 S2000 的以太网端口 E0/20，属于 VLAN20；

• S2000 的 VLAN 接口 10 的 IP 地址为 61.1.1.1/24，S2000 的 VLAN 接口 20 的 IP 地址为 62.1.1.1/24，分别作为 PC1 和 PC2 的网关。

③ 组网需求。PC1 和 PC2 可以通过 S2000 进行互通。

④ 数据配置步骤。VLAN 接口静态 IP 地址配置流程：创建 VLAN 接口，并配置 IP 地址。

S2000 相关配置：

    [S2000]vlan 10　　　　　　　　　　// 创建（进入）VLAN10

    [S2000-vlan10]port Ethernet 0/0　　// 将 E0/10 加入到 VLAN10

    [S2000]interface Vlan-interface 10　// 创建（进入）VLAN 接口 10

    [S2000-Vlan-interface10]ip address 61.1.1.1 255.255.255.0　// 为 VLAN 接口 10 配置 IP 地址

    [S2000]vlan 20　　　　　　　　　　// 创建（进入）VLAN20

    [S2000-vlan20]port Ethernet 0/2　　// 将 E0/20 加入到 VLAN20

    [S2000]interface Vlan-interface 20　// 创建（进入）VLAN 接口 20

    [S2000-Vlan-interface20]ip address 62.1.1.1 255.255.255.0　// 为 VLAN 接口 20 配置 IP 地址

补充说明：交换机的 VLAN 虚接口承载在物理端口之上，即某 VLAN 所包含的物理端口 UP 之后，该 VLAN 虚接口才会 UP。

对于三层交换机，可以为多个 VLAN 接口配置 IP 地址，而且默认情况下各个 VLAN 接口之间可以访问；对于二层交换机来说，为 VLAN 接口配置的 IP 地址只能用于管理。

⑤ 实验测试。测试 PC1 和 PC2 可以通过 S2000 进行互通。

（2）VLAN 接口动态获取 IP 地址配置。

① 拓扑结构如图 2-21 所示。

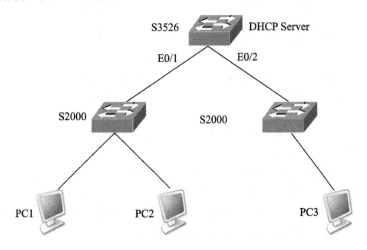

图 2-21　VLAN 接口动态获取 IP 地址配置

② 配置环境参数。

• S2000 为二层交换机，管理 VLAN 为 VLAN10；

• S2000 的以太网端口 E0/10 为 Trunk 端口，连接到 S3526，同时 S3526 提供 DHCP Server 功能。

③ 组网需求。S2000 的 VLAN 接口 10 动态获取 IP 地址。

④ 数据配置步骤。VLAN 接口动态获取 IP 地址配置流程：在 VLAN 接口上配置动态获取 IP 地址。

S2000 相关配置：

```
[S2000]vlan 10                                    //创建(进入)VLAN 10
[S2000]interface Vlan-interface 10                //创建(进入)VLAN10 的虚接口
[S2000-Vlan-interface10]ip address dhcp-alloc     //配置 IP 地址获取
[S2000-Ethernet0/1]port link-type trunk           //将 E0/10 端口设为 Trunk
[S2000-Ethernet0/1]port trunk permit vlan all     //允许所有的 vlan 通过。
```

补充说明：虽然交换机的 VLAN 接口动态获取了 IP 地址，但是不能获得网关地址，因此还需要在交换机上手工添加静态默认路由。

⑤ 实验测试。测试 VLAN10 获取的接口 IP 地址是多少。

<h3 style="text-align:center">实践项目三　TELNET 远程管理交换机配置</h3>

实践目的：掌握交换机的 TELNET 配置。

实践设备：华为低端交换机 S3526 和 S2403、PC、网线。

实践要求：在操作过程中，TELNET 的配置流程及指令，能灵活的使用指令。

实践内容：

（1）拓扑结构如图 2-22 所示。

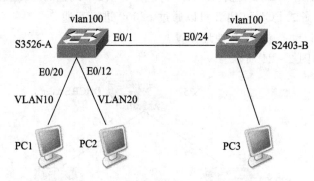

图 2-22　TELNET 远程管理交换机配置

① 配置环境参数。

• PC1 机固定 IP 地址 10.10.10.10/24，连接到三层交换机 S3526-A 的 VLAN10，PC1 网关地址为 S3526-A 的 VLAN10，接口地址 10.10.10.1/24。

• PC2 机固定 IP 地址 61.10.18.100/24，连接到三层交换机 S3526-A 的 VLAN20，PC2 网关地址为 S3526-A 的 VLAN20，接口地址 61.10.18.1/24。

• S3526-A 与二层交换机 S2403-B 使用 VLAN100 互连，S3526-A 的 VLAN100 接口地址为 192.168.100.1/24，S2403-B 的 VLAN100 接口地址为 192.168.100.2/24。

• S3526-A 通过以太网口 E0/1 和 S2403-B 的 E0/24 互连。

② 组网需求。

• S3526-A 只允许 10.10.10.0/24 网段地址的 PC TELNET 访问。

• S2403-B 允许其他任意网段的地址 TELNET 访问。

（2）数据配置步骤。

TELNET 远程管理交换机配置流程：

如果一台 PC 想远程 TELNET 到一台设备上，首先要保证二者之间能够正常通信。S3526-A 为三层交换机，可以有多个三层虚接口，它的管理 VLAN 可以是任意一个具有三层接口并配置了 IP 地址的 VLAN。

S2403-B 为二层交换机，只有一个二层虚接口，它的管理 VLAN 是对应三层虚接口并配置了 IP 地址的 VLAN。

交换机缺省的 TELNET 认证模式是密码认证，如果没有在交换机上配置口令，当 TELNET 登录交换机时，系统会出现"password required，but none set."的提示。

① S3526-A 相关配置：

```
[S3526-A]vlan 10
[S3526-A-Vlan10]port Ethernet 0/20        //将连接 PC 的 E0/20 加入 VLAN10
[S3526-A]interface VLAN-interface 10  //创建(进入)VLAN10 的虚接口
[S3526-A-Vlan-interface10]ip addr 10.10.10.1 255.255.255.0
                                          //为 VLAN 接口 10 配置 IP 地址
[S3526-A]vlan 20
[S3526-A-Vlan10]port E0/12
[S3526-A]interface VLAN-interface 20
[S3526-A-Vlan-interface20]ip addr 61.10.18.1 255.255.255.0
[S3526-A]vlan 100
[S3526-A]interface VLAN-interface 100
[S3526-A-Vlan-interface100]ip addr 192.168.100.1 255.255.255.0
[S3526-A]interface Ethernet 0/1                    //进入端口 E0/1
[S3526-A-Ethernet 0/1]port link-type trunk         //将其配置为 TRUNK 端口
[S3526-A-Ethernet 0/1]port trunk permit vlan 100   //允许 VLAN100 通过。
```

② S2403-B 相关配置：

```
[S2403-B]vlan 100
[S3526-B]interface VLAN-interface 100
[S2403-B-Vlan-interface100]ip addr 192.168.100.2 255.255.255.0
[S2403-B]interface Ethernet 0/24
[S2403-B-Ethernet0/24]port link-type trunk
[S2403-B-Ethernet0/24]port trunk permit vlan 100
```

若二层交换机被其他网段设备管理，需要增加一条默认路由。

```
[S2403-B]ip route-static 0.0.0.0 0.0.0.0 192.168.100.1
```

③ TELNET 密码验证配置：

只需输入 password 即可登陆交换机。

```
[S3526-A]user-interface vty 0 4                    //进入用户界面视图
[S3526-A-ui-vty0-4]authentication-mode password    //设置认证方式为密码验证方式
[S3526-A-ui-vty0-4]set authentication password simple 123   //设置登陆验证的 password 为
                                                   明文密码"123"
[S3526-A-ui-vty0-4]user privilege level 3//配置登陆用户的级别为最高级别 3(缺省为级别 1)
```

在交换机上也可增加 super password，如配置级别为 3 的用户的 super password 为明文密码"super3"

　　　　［S3526-A］super password level 3 simple super3。

缺省情况下，从 VTY 用户界面登录后的级别为 1 级，无法对设备进行配置操作。必须要将用户的权限设置为最高级别 3，才可以进入系统视图并进行配置操作。低级别用户登陆交换机后，需输入 super password 改变自己的级别。

④ TELNET 本地用户名和密码验证配置：

需要输入 username 和 password 才可以登陆交换机。

　　　　［S3526-A］user-interface vty 0 4　　　　　　　　//进入用户界面视图

　　　　［S3526-A-ui-vty0-4］authentication-mode scheme　　//配置本地或远端用户名和口令认证

　　　　［S3526-A］local-user huawei　　　　　　　　//配置本地 TELNET 用户，用户名为"huawei"

　　　　［S3526-A-user-huawei］password simple 123456　//密码为"123456"

　　　　［S3526-A-user-huawei］service-type telnet level 3 //级别 3（缺省为级别 1）

　　　　［S3526-A］super password level 3 simple super3 //在交换机上增加 super password 。

⑤ TELNET 访问控制配置：

• 配置访问控制规则只允许 10.10.10.0/24 网段登录。

　　　　［S3526-A］acl number 90

　　　　［S3526-A-acl-basic-90］rule deny source any

　　　　［S3526-A-acl-basic-90］rule permit source 10.10.10.0 0.0.0.255

• 配置只允许符合 ACL6000 的 IP 地址登录交换机。

　　　　［S3526-A-ui-vty0-4］acl 90 inbound

（3）实验测试。

① 交换机能否用密码登陆（帐号和密码）方式进行 TELNET 登陆。

② 验证主机地址是 61.10.18.100/24 的 PC 能否登陆 S3526。

实践项目四　交换机 Trunk 端口配置

实践目的：掌握交换机 Trunk 端口配置。

实践设备：华为低端交换机 S2403 和 S3526、PC、网线。

实践要求：在操作过程中，掌握 Trunk 端口配置流程及指令，能够灵活的使用指令。

实践内容：

（1）网络组网结构及组网说明。

① 网络拓扑结构如图 2 - 23 所示。

② 配置环境参数：

PC1 的 IP 地址为 61.1.1.0/241/240/24；

PC2 的 IP 地址为 62.1.1.0/242/240/24；

PC3 的 IP 地址为 62.1.1.0/243/240/24；

PC4 的 IP 地址为 61.1.1.0/244/240/24；

PC5 的 IP 地址为 62.1.1.0/245/240/24。

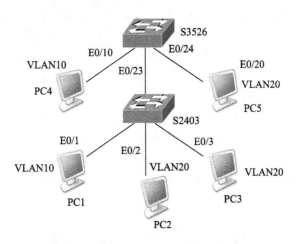

图 2-23　交换机 Trunk 端口应用配置图

　　PC1、PC2 和 PC3 分别连接到交换机 S2403 的端口 E0/1、E0/2 和 E0/3，端口分属于 VLAN10 和 20；PC4 和 PC5 分别连接在交换机 S3526 的端口 E0/10、E0/20，端口分别属于 VLAN10 和 20。

　　S2403 通过端口 E0/23，连接到 S3526 的端口 E0/24；S2403 的端口 E0/23 和 S3526 的端口 E0/24 均是 Trunk 端口，而且允许 VLAN10 和 VLAN20 通过。

　　③ 组网需求。

　　• S2403 与 S3526 之间相同 VLAN 的 PC 之间可以互访。

　　• S2403 与 S3526 之间不同 VLAN 的 PC 之间禁止互访。

　　（2）数据配置步骤。

交换机 Trunk 端口配置流程：

将端口配置为 Trunk 端口来完成在不同交换机之间通传 VLAN，达到属于相同 VLAN 的 PC 机，跨交换机进行二层访问，或者不同 VLAN 的 PC 机跨交换机进行三层访问的目的。

　　① S2403 相关配置：

　　• 创建（进入）VLAN10，将 E0/1 加入到 VLAN10。

```
[S2403]vlan 10
[S2403-vlan10]port Ethernet 0/1
```

　　• 创建（进入）VLAN20，将 E0/2、E0/3 加入到 VLAN20。

```
[S2403]vlan 20
[S2403-vlan20]port Ethernet 0/2
[S2403-vlan20]port Ethernet 0/3
```

　　• 将端口 E0/23 配置为 Trunk 端口，并允许 VLAN10 和 VLAN20 通过。

```
[S2403]interface E0/23
[S2403-Ethernet0/23]port link-type trunk
[S2403-Ethernet0/23]port trunk permit vlan 10 20
```

　　② S3526 相关配置：

```
[S3526]vlan 10                              // 创建（进入）VLAN10；
```

　　　　[S3526-vlan10]port Ethernet 0/10　　　 // 将 E0/10 加入到 VLAN10；

　　　　[S3526]vlan 20　　　　　　　　　　　 // 创建（进入）VLAN20；

　　　　[S3526-vlan20]port Ethernet 0/20　　　 // 将 E0/20 加入到 VLAN20，并允许 VLAN10

　　　　　　　　　　　　　　　　　　　　　　　　　 和 VLAN20 通过；

　　　　[S3526]interface GigabitEthernet 0/24　// 进入端口；

　　　　[S3526-Ethernet0/24]port link-type trunk　// 将端口 E0/24 配置为 Trunk 端口。

　　　　[S3526-Ethernet0/24]port trunk permit vlan 10 20

（3）实验测试。

① 测试 PC1 和 PC2 可以互通；PC2 和 PC3 – PC5 可以互通。

② 测试 PC1 和 PC5 不能互通。

任务 4　路　由　器

　　路由是指把数据从一个地方传送到另一个地方的动作和行为。而路由器就是执行这种动作和行为的机器，是一种连接多个网络或网段的网络设备。它能将不同网络或网段之间的数据信息进行"翻译"，以使它们能够相互"读懂"对方的数据，从而构成一个更大的网络。

【任务要求】

　　识记：路由器的工作原理。

　　领会：路由器的配置思路及配置命令。

【理论知识】

2.4.1　路由器的工作原理

　　路由器工作在 OSI 模型中的第三层，即网络层。路由器利用网络层定义的"逻辑"上的网络地址（IP 地址）来区别不同的网络，实现网络的互联和隔离，保持各个网络的独立性。路由器不转发广播信息，而把广播信息限制在各自的网络内部。发送到其他网络的数据包先被送到路由器，再由路由器转发出去。

　　目前 TCP/IP 网络中，路由器不仅负责对 IP 分组的转发，还要负责与别的路由器进行联络，共同确定路由选择和维护路由表。

　　路由动作包括两项基本内容：寻径和转发。寻径即判定到达目的地的最佳路径，由路由选择算法来实现。转发即指沿着寻径好的最佳路径传送信息分组。路由器首先在路由表中查找，判明是否知道如何将分组发送到下一个站点（路由器或主机）。如果路由器不知道如何发送分组，通常将该分组丢弃；否则，就会根据路由表的相应表项将分组发送到下一个站点。路由器的工作原理如图 2 - 24 所示。

　　假定用户 A 需要向用户 B 发送信息，并假定它们的 IP 地址分别为 192.168.0.23 和 192.168.0.33。用户 A 向用户 B 发送信息时，路由器需要执行以下过程。

　　① 用户 A 将用户 B 的地址 192.168.0.33 连同数据信息以数据帧的形式发送给路

由器 1。

② 路由器 1 收到工作站 A 的数据帧后，先从报头中取出地址 192.168.0.33，并根据路由表计算出发往用户 B 的最佳路径，并将数据帧发往路由器 5。

③ 路由器 5 同样取出目的地址，发现 192.168.0.33 就在该路由器所连接的网段上，于是将该数据帧直接交给用户 B。

④ 用户 B 收到了用户 A 的数据帧。一个由路由器参与工作的通信过程至此完成。

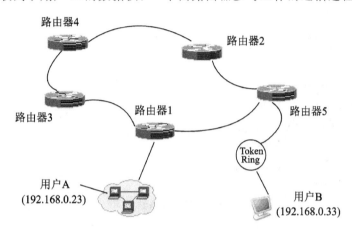

图 2-24 路由器的工作原理

2.4.2 路由器的基本功能

路由器的基本功能就是路由的作用，通俗地讲就是向导作用，主要用来为数据包的转发指明方向。路由器的路由功能包含以下几个基本方面：

(1) 在网际间接收节点发来的数据包，根据数据包中的源地址和目的地址，对照自己缓存中的路由表，把数据包直接转发到目的节点。这是路由器最主要也是最基本的功能。

(2) 为网际间通信选择最合理的路由。

(3) 拆分和包装数据包。

(4) 不同协议网络之间的连接。

(5) 目前许多路由器都具有防火墙功能(可配置独立 IP 地址的网管型路由器)，能够起到基本的防火墙作用，也就是能够屏蔽内部网络的 IP 地址，自由设定 IP 地址和通信端口过滤。

2.4.3 路由器配置

以思科的交换机和路由器为例介绍相关配置命令。各数据规划见图 2-25 中所标注，用户 PC 机需要访问服务器。

其中交换机的配置与前面介绍的相同。需要创建 VLAN10，配置端口模式，并透传 VLAN。在业务路由器 SR 上需要创建 VLAN10 和 VLAN21，配置端口 IP 地址和掩码、配置端口 VLAN 模式，以及配置到 PC 及服务器的路由。其中，入口 IP 地址为 PC 机的网关地址。在路由器上主要配置端口 IP 地址以及掩码和配置到服务器和 PC 的路由。

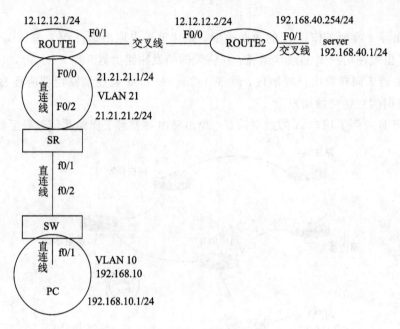

图 2-25   网络结构

参考配置如下。

SW 上的配置：

```
Switch>enable
Switch#conf   t
Switch(config)#vlan   10
Switch(config-if)#name   PC
Switch(config-if)#exit
Switch(config)#interface   f0/1
Switch(config-if)#switchport   mode   access
Switch(config-if)#switchport   access   vlan   10
Switch(config-if)#exit
Switch(config)#interface   f0/2
Switch(config-if)#switchport   mode   trunk
Switch(config-if)#switchport   trunk   allowed   vlan   all
```

SR 上的配置：

```
Switch>enable
Switch#conf    t
Switch(config)#vlan   10
Switch(config-vlan)#exit
Switch(config)#interface   vlan   10
Switch(config-if)#ip address   192.168.10.1   255.255.255.0
Switch(config-if)#no shutdown
Switch(config-if)#exit
Switch(config)#vlan   21
```

Switch(config-vlan)♯exit

Switch(config)♯interface　vlan　21

Switch(config-if)♯ip address　21.21.21.2　255.255.255.0

Switch(config-if)♯no shutdown

Switch(config-if)♯exit

Switch(config)♯interface　f0/1

Switch（config-if）♯switchport trunk encapsulation dot1q　//设置 Trunk 为 IEEE 802.1Q 帧

Switch(config-if)♯switchport　mode　trunk

Switch(config-if)♯switchport　trunk　allowed　vlan　all

Switch(config-if)♯exit

Switch(config)♯interface　f0/2

Switch(config-if)♯switchport　mode　access

Switch(config-if)♯switchport　access　vlan 21

Switch(config-if)♯exit

Switch(config)♯ip route　12.12.12.0　255.255.255.0　21.21.21.1

Switch(config)♯ip route　192.168.40.0　255.255.255.0　21.21.21.1

R1(ROUTE1)上的配置：

Switch＞enable

Switch♯conf　t

Router(config)♯interface　f0/0

Router(config-if)♯ip address　21.21.21.1　255.255.255.0

Router(config-if)♯no shutdown

Router(config-if)♯exit

Router(config)♯interface　f0/1

Router(config-if)♯ip address　12.12.12.1　255.255.255.0

Router(config-if)♯no shutdown

Router(config-if)♯exit

Router(config)♯ip route　192.168.10.0　255.255.255.0　21.21.21.2

Router(config)♯ip route　192.168.40.0　255.255.255.0　12.12.12.2

R2(ROUTE2)上的配置：

Switch＞enable

Switch♯conf　t

Router(config)♯interface　f0/0

Router(config-if)♯ip address　12.12.12.2　255.255.255.0

Router(config-if)♯no shutdown

Router(config-if)♯exit

Router(config)♯interface　f0/1

Router(config-if)♯ip address　192.168.40.254　255.255.255.0

Router(config-if)♯no shutdown

Router(config-if)♯exit

Router(config)♯ip route　192.168.10.0　255.255.255.0　12.12.12.1

Router(config)♯ip route　21.21.21.0　255.255.255.0　12.12.12.1

注意：不同结构图要改相关参数。PC 和 SERVER 上只要设置所在网段的 IP 就可以了，测试 PC 和 SERVER 互通。

2.4.4　NAT 服务配置

1. NAT 概念

网络地址转换（Network Address Translation，NAT）是将一个地址域映射到另一个地址域的技术，它是路由器的一个重要的功能。因此 NAT 允许一个机构内部的主机无需拥有注册的 Internet 地址，也可与公共域中的主机进行通信，从而缓解 IPv4 地址空间耗尽的问题。

从本质上讲，NAT 是一种地址映射方法，是指将 IP 地址从一个地址空间映射到另一个地址空间，并提供透明的路由。

NAT 是一种和专用网、虚拟专用网 VPN 有关的技术，它允许一个企业网使用一组私有地址作为企业网内部连接用。而企业使用一个或者少量的 Internet 有效访问地址和外界沟通，而且其内部使用私有地址的设备均可以通过 NAT 接入 Internet。

2. NAT 的特征

无论何种形式的 NAT 的实现，都必须具有以下特征：

（1）透明的地址分配，即外部地址的分配不需要用户的干预，在用户建立会话时，NAT 按照系统管理员的配置自动分配外部网络 IP 地址，进行地址映射。

（2）透明的路由，即用户不必知道 NAT 是否存在。NAT 能自动地对用户的通信数据报进行透明的地址翻译和正确路由，已存在的应用程序不需要做任何修改。

（3）ICMP 错误数据报翻译。因为引发 ICMP 错误消息的数据报 IP 地址、端口号等要作为 ICMP 错误消息的载荷返回给数据报的发送者，使该数据报的发送者能定位引起 IC-MP 错误消息的计算机和进程。ICMP 载荷内的 IP 地址等信息是在原始数据报经过 NAT 时被 NAT 转换过的，此时必须重新转换 ICMP 错误消息中的 IP 地址等信息，才能正确定位引起错误的计算机以及引起错误的进程。

3. NAT 的实现

（1）首先，了解 NAT 的两个术语。

内部本地地址（Inside local address）：是指内部网络中设备使用的 IP 地址，它用于企业内网的建立和通信。

内部合法地址（Inside global address）：是指需要申请才可取得的 IP 地址，作为企业的对外 IP，可以在互联网上正常通信。其他内部本地地址通过转换成内部合法地址之后才能够访问 Internet。

（2）NAT 的实现。

通过 NAT 路由器的所有输出分组，把分组中的源地址都转换为 NAT 服务器 Internet 地址（NAT 内部合法地址）；通过 NAT 路由器的所有输入分组，把分组中的目的地址即 NAT 服务器的 Internet 地址都转换为适当的企业内部网私有地址。

上述实现是在 NAT 网关（例如一台运行有 NAT 软件的路由器）上创建一张地址转换表，然后 NAT 网关取出进入和外出数据报的地址查询转换表，如果查到匹配的转换项，则相应地更换源地址（外出）或目的地址（进入），并重新填写相应的 IP 头部区域。

实践项目 交换机和路由器的配置

实践目的：掌握思科交换机和路由器的配置。

实践设备：思科交换机2950T和3560、思科路由器2811、PC、网线。

实践要求：能灵活的使用配置命令。

网络拓扑结构如图2-26所示，完成相关配置，使用户PC机可以访问服务器。

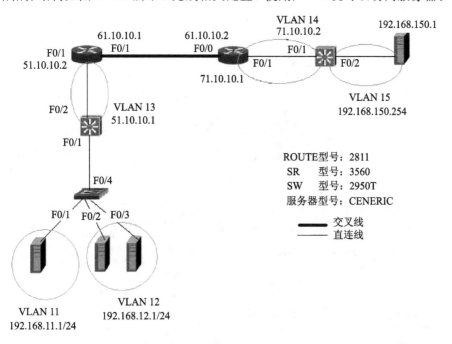

图2-26 网络拓扑结构图

任务5 IP城域网

【任务要求】

识记：IP城域网的网络结构。

领会：IP城域网提供的业务。

【理论知识】

随着电信竞争的日趋加剧，传统电话业务逐步进入微利时代，而以Internet为代表的数据业务却按指数增长，数据通信量占网络业务量的比例越来越高。为了适应这一发展趋势，宽带城域网已成为目前我国电信建设的一个重点。早期的城域网采用ATM技术，现在的城域网大多数采用的是IP技术，通过充分利用现有网络资源，全面提供DDN、FR、IP业务，实现语音、数据、图像的有机融合。在IP城域网中，需要为个人用户和大客户提供包括宽带上网、专线接入、数据互连、VPN等在内的各种业务，为此需要组建一个高品质的运营网络。

2.5.1 宽带 IP 城域网的网络结构

1. 网络结构

宽带城域网从逻辑上采用分层的建网思路，这样可使网络结构明晰，各层功能实体之间的作用定位清楚，接口开放、标准。根据网络规模不同，传统的宽带城域网可分为核心层、汇接层和接入层，如图 2-27 所示。

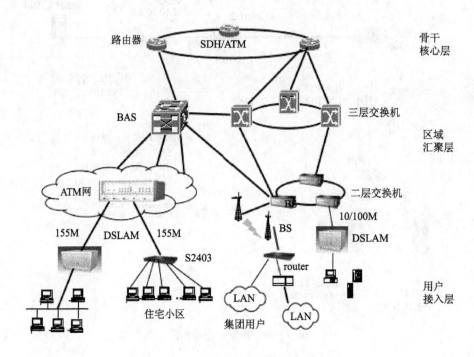

图 2-27　宽带 IP 城域网传统结构图

（1）核心层：是指将多个边缘汇聚层连接起来，为汇聚层网络（各业务汇聚节点）提供数据的高速业务承载和交换通道，同时实现和国家骨干网互联，提供城市的高速 IP 数据出口。核心层网络结构重点考虑可靠性、可扩展性和开放性。核心层节点的数量，大城市一般控制在 3～6 个之间，其他城市一般控制在 2～4 个之间。

核心节点原则上采用网状连接。考虑到 IP 网络的安全，一般每个 IP 宽带城域网络应选择两个核心节点与 CHINANET 骨干网络路由器实现连接。

（2）汇聚层：主要功能是给各业务接入节点提供业务的汇聚、管理和分发，将接入层的业务流汇聚到城域网骨干层。汇接节点设备完成诸如 PVC 的合并和交换，L2TP、IPsec 等各类隧道的终结和交换流分类，对用户进行鉴权、认证、计费管理，以及多 ISP 选择等智能业务处理机制。在汇聚层的边缘需要部署 BAS 设备，由 BAS 对接入用户进行认证和业务权限控制，为 Radius 计费系统提供时长、流量等计费依据。

汇聚层节点的数量和位置应根据光纤和业务开展状况选定。在光纤可以保证的情况下，应保证每个汇聚层节点与两个核心节点相连。

（3）接入层：采用 WLAN、HFC、Lanswitch、xDSL、xPON 等多种不同接入方式，将

PC、IP STB、ePhone、IAD 等多种终端设备接入 IP 城域网络，实现宽带接入，进行带宽和业务分配，为用户提供 Internet 互联、语音、视频等业务。接入节点设备完成多业务的复用和传输，并且利用光纤、双绞线和同轴电缆等连接用户。

一般情况下，核心层和汇聚层可合为一层称为汇聚层(有些情况可将汇聚层与接入层合并)，这样有利于扩大接入层的服务范围，降低宽带城域网的建设成本。而对于大中型 IP 城域网来说，核心层和汇聚层的节点数量多，网络规模大，往往采用典型的核心层、汇聚层和接入层三层结构。其中，接入层到汇聚层之间采用静态路由方式，汇聚层到核心层之间采用 OSPF 协议，核心层以上为 BGP 协议。

2. 宽带 IP 城域网实例介绍

下面介绍一种宽带 IP 城域网的实例解决方案，如图 2-28 所示。

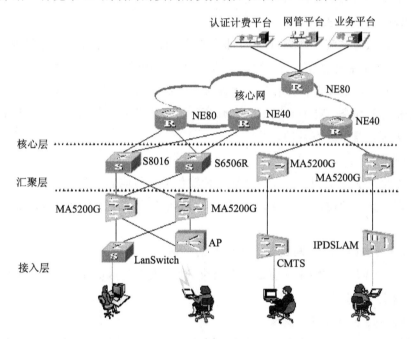

图 2-28 宽带 IP 城域网传统结构图

按照 IP 城域接入网络、IP 城域骨干网络、运营支撑系统的安全可靠性设计要求，提供安全可靠的 IP 城域网解决方案，它包括核心层 NE80 第五代路由器，汇聚层 NE40 通用交换路由器、S8016、S6506R 等第二代三层交换机，以及接入层 MA5200 系列的 BAS (Broadband Access Server，宽带接入服务器)。

其中，ADSL 用户入网由 IPDSLAM 设备可通过 155M 的 ATM 中继或千兆以太网口直连或级连至 BAS。DSLAM 设备主要有华为的 MA5100/MA5600、中兴的 8210/8220、BISC 的 XpressLINK，以及诺基亚的 D500 等。

以太网方式由楼道交换机通过 100M 光纤连接至园区交换机，再由园区交换机通过 1000M 光纤连接至汇聚层设备。以太网园区设备主要有：Cisco 3550、3524、2950；华为 MA5200，2403H。以太网楼道设备主要有 Cisco 1924、2950 和华为 2403F、2403H。

2.5.2 宽带 IP 城域网的业务应用

1) 宽带上网

结合各种宽带接入技术的成熟和普及，可以向用户提供以 xDSL、Cable、HFC、无线（Wireless）等多种上网选择，也使跨越城域网的局域网（LAN）互连成为可能，用户接入的宽带化使网上各种宽带业务最终被用户接受。主要是 10/100M 以太网到桌面的方式。

2) 视频点播（VOD）、MP3 音乐、网上游戏

随着人们生活水平和质量的提高，生活节奏和竞争的加剧，对音乐和影音节目的需求日益增长，希望通过游戏来放松自己，如何做到足不出户就能尽收各种节目，这也是宽带网所能带给人们的最接近生活的享受之一。

3) 远程教育、远程医疗

多媒体远程教育系统以视频/音频工业的最复杂的压缩和传送技术为基础，采用标准 RTP 协议并且把高品质的视频/音频和 HTML 页面紧密结合，可实现视频、音频、图像和文字教学材料在网上的实时同步传输。远程医疗是指使用远程通信技术和计算机多媒体技术提供医疗信息和服务。对于偏远地区和师资、医疗技术力量薄弱的地区，远程教育、远程医疗的开展无疑是十分有益的。

4) 会议电视

会议电视就是利用电视技术和设备通过传输信道在两地或多个地点进行开会的一种通信手段。宽带城域网的建设为电视会议提供了可靠的网络平台，电视会议在企业中的应用越来越多。

5) 虚拟专用网（VPN）、局域网（LAN）到局域网（LAN）的互连

虚拟专用网（VPN）的需求一直是各类企业，尤其是跨地区的企业所急需的，城域网的宽带化为此提供了网络保证。

6) 端口出租、主机托管、虚拟 ISP

对于网络运营商来说，对各类 ISP 和 ICP 提供多样化的服务和灵活的网络资源组合，是取得效益增长的一个有效途径。

实践项目　了解目前各运营商 IP 城域网的网络结构

实践目的：熟悉 IP 城域网的网络结构。

实践要求：各位学员通过调研、搜集网络数据等方式独立完成。

实践内容：

(1) 电信：＿＿＿＿＿＿＿＿＿＿＿＿＿＿＿＿＿＿＿＿＿＿＿＿

(2) 联通：＿＿＿＿＿＿＿＿＿＿＿＿＿＿＿＿＿＿＿＿＿＿＿＿

(3) 移动：＿＿＿＿＿＿＿＿＿＿＿＿＿＿＿＿＿＿＿＿＿＿＿＿

(4) 广电：＿＿＿＿＿＿＿＿＿＿＿＿＿＿＿＿＿＿＿＿＿＿＿＿

～～～～～ 过 关 训 练 ～～～～～

1. 选择题

(1) OSI 参考模型共分为 7 层，其中数据链路层是第(　　)层。

A. 2　　　　　　　B. 3　　　　　　　C. 4　　　　　　　D. 5

(2) OSI(开放系统互联)参考模型的最低层是(　　)。

A. 传输层　　　　B. 网络层　　　　C. 物理层　　　　D. 应用层

(3) (　　)协议用于发现设备的硬件地址。

A. RARP　　　　B. ARP　　　　　C. IP　　　　　　D. ICMP

(4) DNS 的作用是(　　)。

A. 为客户机分配 IP 地址　　　　　　B. 访问 HTTP 的应用程序

C. 将计算机名翻译为 IP 地址　　　　D. 将 MAC 地址翻译为 IP 地址

(5) 192.168.1.0/28 的子网掩码是(　　)。

A. 255.255.255.0　　　　　　　　　B. −255.255.255.128

C. 255.255.255.192　　　　　　　　D. 255.255.255.240

(6) 201.1.0.0/21 网段的广播地址是(　　)。

A. 201.1.7.255　　　　　　　　　　B. 201.1.0.255

C. 201.1.1.255　　　　　　　　　　D. 201.0.0.255

(7) HUB 应用在(　　)。

A. 物理层　　　　B. 数据链路层　　　C. 网络层　　　　D. 应用层

(8) 一个 HUB 可以看做是一个(　　)。

A. 冲突域　　　　B. 管理域　　　　C. 自治域

(9) 使用 VLAN 具有以下优点(　　)。

A. 控制广播风暴　　　　　　　　　　B. 提高网络整体的安全性

C. 网络管理简单　　　　　　　　　　D. 易于维护

(10) 用一个 VLAN 的 24 口交换机对网络分段，产生(　　)个冲突域，(　　)个广播域？

A. 1，24　　　　　B. 24，1　　　　　C. 1，1　　　　　D. 24，24

(11) 当交换机的一个端口收到一帧，帧的目标地址无法识别，也不在 MAC 表中，交换机将采取哪个动作？(　　)

A. 从第一个可用的链路转发出去　　　B. 丢弃帧

C. 把帧通过所有端口泛洪出去　　　　D. 向发送帧站点回送一个询问信息

(12) 下面关于 VLAN 的描述中，不正确的是(　　)。

A. VLAN 把交换机划分成多个逻辑上独立的交换机

B. 主干链路(TRUNK)可以提供多个 VLAN 之间的公共通信

C. 由于包含了多个交换机，所以 VLAN 扩大了冲突域

D. 一个 VLAN 可以跨越交换机

(13) 城域网分为(　　)三个层次

A. 核心层　　　　B. 汇聚层　　　　C. 接入层　　　　D. 骨干层

2．判断题

（1）HUB 和交换机一样，都是工作在数据链路层的设备。（　　）

（2）IP 报文每经过一个网络设备，包括 Hub、Lan Switch 和路由器，TTL 值都会被减去一定的数值。（　　）

（3）一台主机只能有唯一的一个 IP 地址。（　　）

（4）为了降低引起环路的概率，整个组网使用中不要使用 VLAN 1。（　　）

（5）以太网数据帧的最小长度必须大于 48 字节。（　　）

模块三　ADSL 接入技术

ADSL(非对称数字用户环路)是 xDSL 系列中比较成熟、应用最广泛的一种接入技术。xDSL 技术是指采用不同调制方式将数据信息送到普通电话铜线上实现高速传输的技术,数据业务与电话业务共享同一电话线,采用频分复用技术实现数据/语音的同时传输。ADSL是一种上行和下行传输速率不对称的技术,在一条电话线上,从电信网络提供商到用户的下行速率可以达到 1.5 Mb/s 至 8 Mb/s,而反方向的上行速率则为 160 kb/s 至 640 kb/s,同时,在同一根电话线上还可以提供语音电话服务。ADSL 最大传输距离为 5.5 km,并随着速率的提高而相应减少,主要适用于用户远程通信、中央办公室连接。以上特性使得 ADSL 技术将成为网上冲浪、视频点播和远程局域网的理想方式,因为对于大部分 Internet 和 Intranet 应用,用户下载的数据量远大于上载量。ADSL 技术的优势是其以标准形式出现,只需使用一对电话线路,传输距离长,其不足之处为传输速率和距离相互制约。

【主要内容】

本模块共分五个任务,包括 ADSL 系统模型、ADSL 设备认知、ADSL 关键技术与应用、ADSL 安装与维护、ADSL2＋技术等。

【重点难点】

重点介绍 ADSL 系统组成、ADSL 关键技术、ADSL 设备、安装与维护等,难点是 ADSL 关键技术。

任务 1　ADSL 系统模型

【任务要求】

识记:ADSL 系统组成、ADSL 接入方式;
领会:ADSL 的承载通道。

【理论知识】

3.1.1　ADSL 概述

ADSL(非对称数字用户环路)是 1989 年由贝尔通信研究公司提出的,当时提出 ADSL 的应用目标是 VOD 市场,但随着技术的发展,ADSL 技术逐渐应用于高速接入 Internet 浏览领域。使用 ADSL 技术,就可以通过一条电话线,用比普通 Modem 快 100 倍的速度浏览 Internet,通过网络学习、娱乐、购物,享受到先进的数据服务,如视频会议、视频点播、网上电视等的乐趣。ADSL 具有两个基本特征：一是 POTS 与数字数据(DATA)传输共享一条线路，数字传输业务包括数字语音、视频数据；二是上行带宽小于下行带宽。

国际电信联盟(ITU)通过了 G. dmt 等一系列 ADSL 的协议标准。除了最早的 ANSIT1. 41 标准外，还有 G. Lite、ITU - T G922. 2、G. dmt、G. handshake 等。这些标准的技术规范能确保不同厂家的 ADSL Modem 产品具有良好的兼容性，为业务提供者和设备提供商开发产品提供了必要的条件。目前 ADSL 技术的国际标准主要是 ITU - T 的 G. 992. 1(全速 ADSL)和 G. 992. 2(G. Lite)。G. 992. 1 协议是在 ANST1. 413 协议的基础上发展起来的全速 ADSL 协议。G. Lite 是基于标准的低速且无分离器的简易型 ADSL 协议。

3.1.2　ADSL 系统模型

ADSL 接入系统的基本结构由局端设备和用户端设备组成，局端设备包括在中心机房的 ADSL Modem(即 ATU - C 局端收发模块)和局端分离器。用户端设备包括用户 ADSL Modem(即 ATU - R 用户端收发模块)和 POTS 分离器。目前 ADSL 系统有两种传送模式，一种是基于 ATM 传送方式的 ADSL 系统，另一种是基于 IP 和 Ethernet 包传送方式的 ADSL 系统。对于第一种方式的 ADSL 系统，局端设备一般通过 34 Mb/s 或 155 Mb/s 的 ATM 接口和 ATM 交换机相连；对于第二种方式的 ADSL 系统，局端设备一般通过 100 Base-T 或 10 Base-T 的接口与路由器或接入服务器相连。ADSL 接入模型如图 3-1 所示。

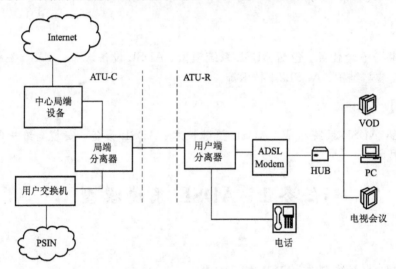

图 3-1　ADSL 接入系统模型

ADSL Modem 包括局端 ADSL Modem (即 ATU - C)和用户端 ADSL Modem (即 ATU - R)，其功能是对用户的数据包进行调制和解调，并提供数据传输接口。局端通常是将多个 ATU-C 模块集成在 DSLAM 设备中的一张线路卡内成为 ATU-C 局端卡，不同的局端卡与网管卡可以同时插入到 DSLAM 接入平台上。DSLAM 的功能是接纳所有的 DSL 线路，汇聚流量，相当于一个二层交换机。它从多重 DSL 连接中收取信号，将其转换到一条高速线上，并以高速接口接入高速数据网，能与多种数据网相连，接口速率支持 155 Mb/s 和 100 Mb/s，用以支持视频、广播电视、快速因特网接入及其他高价值应用。

现存的用户环路主要由 UTP(非屏蔽双绞线)组成。UTP 对信号的衰减主要与传输距离和信号的频率有关,如果信号传输超过一定距离,信号的传输质量将难以保证。同时,线路上的桥接抽头也将加速对信号的衰减。因此,线路衰减是影响 ADSL 性能的主要因素。因为家庭电话线路未做专业的预埋,或分机过多,成为影响线路的主要环节。为减少室内部分对线路的影响,一般要求使用分离器。这样,在使用电话时,就不会因为高频信号的干扰而影响语音质量,也不会因为在上网打电话时,由于语音信号的串入影响上网的速度。为了使得语音信号和数据信号能同时在一条双绞线上传输,在双绞线的两端都需要有一个信号分离器。

信号分离器是用来将电话线路中的高频数字信号和低频语音信号分离的设备。它一般有三个端口,由一个双向低通滤波器和一个双向高通滤波器组合而成,如图 3-2 所示。

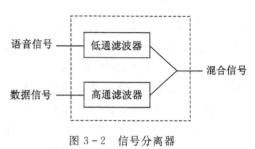

图 3-2　信号分离器

信号分离器在一个方向上组合两种信号,而在另一个方向上则将这两种信号分离。其中低通滤波器用于传输语音信号,抑制数据信号传输的干扰;高通滤波器用于传输数据信号,抑制语音信号传输的干扰。

ADSL 工作模式分两种情况:第一种,ADSL 工作在全速率模式(FULL RATE),由于电话的瞬变杂音(如摘挂机)会干扰 ADSL 的运作。为了防止这类情况发生,必须加装一个小型外置式分离器;第二种,ADSL 工作在 G. Lite 模式,虽然最大传输速率会降低,但可以省掉用户分离器设备。

3.1.3　ADSL 系统的承载信道

所谓 ADSL 系统的承载信道,是指由 ADSL 系统透明传送的载有承载业务的特定速率的用户数据信道,由相应的子载波信道构成。ADSL 承载信道速率的安排可以是任何 32 kb/s 的整数倍的组合。ADSL 子信道的速率必须与它传送的承载信道匹配。

ADSL 中最多可有四个完全独立的下行单工承载信道和三个双工承载信道。其中三个双工承载信道可以交替地配置成独立的单向单工承载信道,两个方向(上行和下行)承载信道的速率并不需要匹配。实际应用中,这些双工承载信道一般用于上行方向传输。

ADSL 系统最多可以同时传送七个承载信道,每个承载信道的数据速率均可通过程序定为 32 kb/s 的整数倍的任意组合。ADSL 系统定义了四个独立的下行单工承载信道 AS0～AS3 和 3 个双向双工承载信道 LS0～LS3。其中 AS0 子信道、LS0 控制信道的要求必须支持,AS1、AS2、AS3 和 LS1、LS2 为可选信道。ADSL 也允许不是 32 kb/s 整数倍的速率,但受到 ADSL 同步开销的限制,"多余的"部分是在 ADSL 帧的帧头共享部分传送的。

AS0 支持的速率:$n_0 \times 2048$ kb/s,$n_0 = 0$、1、2、3 或 4;

AS1 支持的速率:$n_1 \times 2048$ kb/s,$n_1 = 0$、1、2 或 3;

AS2 支持的速率:$n_2 \times 2048$ kb/s,$n_2 = 0$、1 或 2;

AS3 支持的速率:$n_3 \times 2048$ kb/s,$n_3 = 0$ 或 1;

LS0 支持的速率:64 kb/s 或 160 kb/s;

LS1 支持的速率:160 kb/s;

LS2 支持的速率:384 kb/s 或 576 kb/s。

3.1.4　ADSL 接入方式

选择合适的 ADSL 接入方式不仅是 ISP 运营商要面对的问题，对于用户而言，在选择时亦需对此有所了解，以便能尽量选择更适合于自己的 ADSL 宽带接入方式。根据设备的具体配置以及业务类型，ADSL 接入 Internet 主要有专线接入、PPPoA 接入、PPPoE 接入、路由接入及 Ethernet 局域网虚拟拨号接入等方式。

1. 专线接入

专线接入是类似于数据专线的接入方式。用户连接和配置好 ADSL Modem 后，在自己的 PC 的网络设置里设置好相应的 TCP/IP 协议及网络参数（IP 和掩码、网关等都由局端事先分配好），开机后，用户端和局端会自动建立起一条链路。ADSL 专线接入是以固定分配 IP 地址和自动连接等为特点类似于专线接入的方式，一般应用在需求较高的网吧、大中型企业宽带应用中，其费用相比虚拟拨号方式一般更高，所以个人用户一般很少考虑采用。

在专线接入方式中，用户的 PC 机可以通过 10Base－T 以太网口和 ADSL-Modem 相连，采用固定分配 IP 地址，且 ADSL－Modem 支持 RFC1483－Bridge。DSLAM 设备先接到 ATM 交换机，ATM 交换机再接到具有 ATM 接口的路由器上，最后通过这个路由器连接到公网。数据传输的具体方法是：

（1）通过 DSLAM 和 ATM 交换机建立 ADSL Modem 到路由器的 PVC 通路；

（2）用户计算机设置为运营商分配的固定 IP 地址；

（3）ADSL Modem 设置为桥接方式，采用 RFC1483-Bridge 将以太网打包到 ATM 信元中；

（4）DSLAM 和 ATM 交换机透明传输 ATM 信元；

（5）路由器端接收 RFC1483－Bridge 和以太网包，取出 IP 包，然后将数据转发到公网。

2. PPPoA 接入

PPPoA（PPP over ATM）接入方式中，PPP 呼叫可以由客户端 PC 发起，也可以由 ADSL－Modem 发起，需要有宽带服务器支持。由 PC 终端直接发起 PPP 呼叫，用户侧 ATM25 网卡在收到上层的 PPP 包后，根据 RFC2364 封装标准对 PPP 包进行 AAL5 层封装处理形成 ATM 信元流。ATM 信元透过 ADSL Modem 传送到网络侧的宽带接入服务器上，完成授权、认证、分配 IP 地址和计费等一系列 PPP 接入过程。当 PPP 呼叫由 ADSL－Modem 发起时，ADSL－Modem 需支持 PPPoA，用户 PC 不必安装客户端软件和 ATM 网卡，可以通过 10Base－T 以太网口和 ATU－R 相连。DSLAM 先接到 ATM 交换机，ATM 交换机接到宽带接入服务器，再连接到公网。ATU－R 在接收到来自客户端的数据时，会向宽带接入服务器发起 PPP 呼叫；宽带接入服务器在接收到 PPP 呼叫后，可以对 ATU－R 进行合法性确认，然后向 ATU－R 分配 IP 地址；ATU－R 通过 NAT（地址转换）功能允许用户 PC 接入。通过 DSLAM 和 ATM 交换机在 ATU－R 和宽带接入服务器之间只建立 PVC 连接，此时 ADSL－Modem 实际起到了 PPP 代理的作用。可见，这种方式的客户端 PC 并没有进行 PPP 的认证，也没有通过 PPP 协议从而接入服务器获得 IP 地址，而是通过静态分配获得 IP 地址。从客户端看，PPPoA 方式和专线接入方式没有区别。因此，实际中很少使用。

3. PPPoE 接入

PPPoE(PPP over Ethernet)接入目前已成为 ADSL 虚拟拨号的主流,并有自己的一套网络协议来实现账号验证、IP 分配等工作。在实际应用上,PPPoE 利用以太网络的工作机理,将 ADSL Modem 的 10M 接口与内部以太网络互联,在 ADSL Modem 中采用 RFC1483 的桥接封装方式对终端发出的 PPP 包进行 LLC/SNAP 封装后,通过连接两端的 PVC 在 ADSL Modem 与网络侧的宽带接入服务器之间建立连接,实现 PPP 的动态接入。PPPoE 接入利用在网络侧和 ADSL Modem 之间的一条 PVC 连接就可以完成以太网络上多用户的共同接入,实用方便,组网方式简单,大大降低了网络的复杂程度,所以成为了当前 ADSL 宽带接入的主流。目前的虚拟拨号接入都是基于 PPPoE 协议的。

PPPoE 和 PPPoA 都是虚拟拨号的方式。PPPoE 是基于 Ethernet 的 PPP 协议,而 PPPoA 是基于 ATM 的 PPP 协议。使用 PPPoE 方式接入时,需要用专门的 PPPoE 拨号软件,连接到 ISP 的拨号服务器进行拨号,输入账号和密码后,获得动态分配的 IP,接入 Internet。PPPoA 和 PPPoE 的主要区别在于发起 PPP 连接的设备不同,PPPoE 由用户的以太网卡发起,适合普通用户,PPPoA 由 ATM 专用设备(一般价格在数千元以上)或 ADSL Modem 发起,相对于 PPPoE 可以说没有优势,ADSL 连接很少采用这种方式。

1) PPPoE 协议的工作原理

PPPoE 协议的工作流程包含发现和会话两个阶段,发现阶段是无状态的,目的是获得 PPPoE 终结端(在局端的 ADSL 设备上)的以太网 MAC 地址,并建立一个唯一的 PPPoESESSION_ID。发现阶段结束后,就进入标准的 PPP 会话阶段。

当一个主机想开始一个 PPPoE 会话时,它必须首先进行发现阶段,以识别局端的以太网 MAC 地址,并建立一个 PPPoESESSION_ID。在发现阶段,基于网络的拓扑,主机可以发现多个接入集中器,然后允许用户选择一个。当发现阶段成功完成,主机和选择的接入集中器就都有了它们在以太网上建立 PPP 连接的信息。直到 PPP 会话建立,发现阶段需一直保持无状态的 Client/Server(客户/服务器)模式。一旦 PPP 会话建立,主机和接入集中器就都必须为 PPP 虚拟接口分配资源。

PPPoE 协议会话的发现和会话两个阶段具体进程如下:

(1) 发现(Discovery)阶段。

在发现阶段中用户主机以广播方式寻找所连接的所有接入集线器(或交换机),并获得其以太网 MAC 地址。然后选择需要连接的主机,并确定所要建立的 PPP 会话识别标号。发现阶段有四个步骤,当此阶段完成,通信的两端都知道 PPPoESESSION_ID 和对端的以太网地址,他们一起唯一定义 PPPoE 会话。这四个步骤如下:

第一步:主机广播发起一个分组(PADI),分组的目的地址为以太网的广播地址 0xffffff,CODE(代码)字段值为 0x09,SESSION_ID(会话 ID)字段值为 0x0000。PADI 包必须至少包含一个服务名称类型的标签(标签类型字段值为 0x0101),向接入集中器提出所要求提供的服务。

第二步:接入集中器收到在服务范围内的 PADI 包分组,发送 PPPoE 有效发现提供包(PADO)分组,以响应请求。其中 CODE 字段值为 0x07 ,SESSION_ID 字段值仍为 0x0000。PADO 分组必须包含一个接入集中器名称类型的标签(标签类型字段值为

0x0102)，以及一个或多个服务名称类型标签，表明可向主机提供的服务种类。

第三步：主机在可能收到的多个 PADO 分组中选择一个合适的 PADO 分组，然后向所选择的接入集中器发送 PPPoE 有效发现请求分组(PADR)。其中 CODE 字段为 0x19，SESSION_ID 字段值仍为 0x0000。PADR 分组必须包含一个服务名称类型标签，确定向接入集线器(或交换机)请求的服务种类。当主机在指定的时间内没有接收到 PADO 时，它应该重新发送它的 PADI 分组，并且加倍等待时间，这个过程会被重复多次。

第四步：接入集中器收到 PADR 包后准备开始 PPP 会话，它发送一个 PPPoE 有效发现会话确认(PADS)分组。其中 CODE 字段值为 0x65，SESSION_ID 字段值为接入集中器所产生的一个唯一的 PPPoE 会话标识号码。PADS 分组也必须包含一个接入集中器名称类型的标签确认向主机提供的服务。当主机收到 PADS 包确认后，双方就进入 PPP 会话阶段。

(2) PPP 会话阶段。

用户主机与接入集中器根据在发现阶段所协商的 PPP 会话连接参数进行 PPP 会话。一旦 PPPoE 会话开始，PPP 数据就可以以任何其它的 PPP 封装形式发送。所有的以太网帧都是单播的。PPPoE 会话的 SESSION_ID 一定不能改变，并且必须是发现阶段分配的值。

PPPoE 还有一个 PADT 分组，它可以在会话建立后的任何时候发送，来终止 PPPoE 会话，也就是会话释放。它可以由主机或者接入集中器发送。当对方接收到一个 PADT 分组时，就不再允许使用这个会话来发送 PPP 业务。PADT 包不需要任何标签，其 CODE 字段值为 0xa7，SESSION_ID 字段值为需要终止的 PPP 会话的会话标识号码。在发送或接收 PADT 后，即使正常的 PPP 终止分组也不必发送，因为 PPP 对端应该使用 PPP 协议自身来终止 PPPoE 会话，但是当 PPP 不能使用时，可以使用 PADT。以上各个阶段的会话流程如图 3-3 所述。

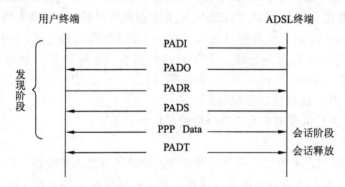

图 3-3　PPPoE 会话建立流程

2) PPPoE 的帧格式

对应于上节介绍的两个 PPPoE 协议会话的两个阶段，PPPoE 帧格式也包括两种类型：发现阶段的以太网帧中的类型字段值为 0x8863；PPP 会话阶段的以太网帧中的类型字段值为 0x8864，均已得到 IEEE 的认可。PPPoE 分组帧结构如图 3-4 所示。

4 bit/s	4 bit/s	8 bit/s	16 bit/s	16 bit/s
VER	TYPE	CODE	SESSION-ID	LENGTH

图 3-4　PPPoE 分组帧结构

PPPoE 分组中的版本（VER）字段和类型（TYPE）字段长度均为 4 比特，在当前版本 PPPoE 建议中这两个字段值都固定为 0x1；代码（CODE）字段长度为 8 比特，根据两阶段中各种数据包的不同其功能值也不同。在 PPP 会话阶段 CODE 字段值为 0x00，发现阶段中的各步骤的各种数据分组格式参见前面介绍；版本标识号码（SESSION_ID）字段长度为 16 比特，在一个给定的 PPP 会话过程中它的值是固定不变的，其中值 0xffffff 为保留值；长度（LENGTH）字段为 16 比特长，指示 PPPoE 净荷长度。发现阶段 PPPoE 载荷可以为空或由多个标记（TAG）组成，每个标记都是 TLV（类型–长度–值）的结构。PPP 会话阶段 PPPoE 载荷为标准的点对点协议包。

4. 路由接入

路由接入（ADSL ROUTER）需要 ADSL - Modem 具有路由功能，安装配置较复杂，但可以节省客户端接入投资。这种方式可以简单地理解为专线＋路由器，因此这种方式特别适合局域网用户接入。在 ADSL - Modem 和宽带接入服务器或接入路由器之间建立 PVC 连接，需先在 ADSL - Modem 上配置 1483 - Bridge 和网络地址，再配置局域网 IP 地址就可上网。

由于组网方案的不同，ADSL ROUTER 有桥接模式和路由模式两种工作模式。

ADSL ROUTER 桥接模式叫做 RFC1483 桥接。RFC1483 仿真了以太网的桥接功能，它在数据链路层上对网络层的数据包进行 LLC/SNAP 的封装。在 ADSL Modem 中完成对以太网帧的 RFC1483 ATM 封装后，通过用户端和局端网络的 PVC 永久虚电路完成数据包的透明传输。此种接入方式是 ADSL 宽带接入的最基本形式，也成为其它接入方式的基础，一般的 ADSL ROUTER 出厂也默认在桥接方式下。在纯桥接模式下，ADSL ROUTER 只是一个普通网桥，其功能较简单，通常需要一个代理服务器或网关设备将局域网中的通信汇聚起来再连接到外部网络上，还需在代理服务器或网关设备上运行 PPPoE 拨号软件。桥接方式可以由局方分配固定 IP，也可以配合拨号软件设置为自动获取，或是在 PC 端设置分配固定 IP 的需要。

ADSL ROUTER 路由模式一般指的是 ADSL ROUTER 在"ROUTER ENABLE（路由使能）"的工作模式下，所具有的 PPPoE 拨号、NAT、RIP - 1 等少量路由功能。在路由模式下，ADSL ROUTER 是一个独立的准系统，它自己 PPPoE 拨号并做 NAT，成为一台独立的网关，不需要一台机器专门来开机并设置共享上网功能从而为其他人做网关，或不需要宽带路由器来做网关，直接与局域网交换机连接就可以共享上网了。ADSL ROUTER 路由模式，可以省去代理服务器和拨号软件或宽带路由器。但是，由于硬件条件的限制，ADSL 路由能力只适用于仅有几台电脑的共享应用，如家庭、宿舍等超小型网络。而对于企业动辄几十台，甚至上百台的应用状况，ADSL 路由就难以胜任了。在企业环境下，在 ADSL 运行在路由模式下，可能会出现一些问题，如频繁出现 ADSL 链路断开重连、ADSL 死机、须重启等。

总的来说：若是家庭及 SOHO 型微小组网，建议采用路由工作模式；若是网吧、学校、企业、社区等大型组网，建议采用桥接模式，用宽带路由器来执行 PPPoE 虚拟拨号和路由功能。

5. Ethernet 局域网虚拟拨号接入

ADSL 局域网（LAN）接入只是 ISP 在 ADSL 虚拟拨号和专线接入方式下对 ADSL 接入方式的一种拓展。ADSL 实现局域网的接入可通过以下三种方法实现。

一是在服务器上增加一块 10 兆或 10/100 兆自适应的网卡，把 ADSL Modem 用 Modem附送的网线连接在这块网卡上，这时服务器上应该有两块网卡，一块连接 ADSL Modem，另一块连接局域网。只要在这台电脑上安装设置好代理服务器软件，如 Windows ICS、Sygate、Wingate 等软件，就可以共享上网。

二是采用专线方式，为局域网上的每台计算机向电话局申请一个 IP 地址，这种方法的好处是无须设置一台专用的代理服务网关，缺陷是费用较高。

三是启动一些以太网接口 ADSL 所具备的路由功能，然后用连接 ADSL Modem 的网线直接接在交换机的 UP-LINK 端口上通过交换机共享上网。这种方法的好处是局域网计算机的数目不受限制，只需多加一台交换机即可。

实践项目　调研本地 ADSL 使用情况

实践目的：熟悉 ADSL 网络结构。

实践要求：分组收集资料，独立写出调研报告。

调研内容：

（1）了解 ADSL 的组网情况，需要哪些材料或设备。

（2）了解目前 ADSL 接入方式中的铜线传输距离。

（3）了解 ADSL 的接入方式。

（4）xDSL 技术除了有 ADSL，还有哪些？

任务 2　ADSL 关键技术与应用

【任务要求】

识记：ADSL 复用技术种类、ADSL 调制技术种类；

领会：ADSL 复用及调制原理。

【理论知识】

3.2.1　ADSL 复用技术

为了建立多个信道，在同一对双绞线上实现语音信号和数据信号混合双向传输，与 ISDN 单纯划分独占信道不同的是，ADSL 采用频分多路复用（FDM）技术或回波消除 （Echo Cancellation，EC）技术实现在电话线上分隔有效带宽，从而产生多路信道，使频带得到复用，因此可用带宽大大增加。ADSL 采用的这两种复用技术都是将双绞线 $0 \sim 4$ kHz 的频带用来传输电话信号。而对剩余频带的处理，两种技术则各有不同。

FDM 技术将双绞线剩余频带划分为两个互不相交的频带，其中一个频带作为数据下行通道，另一个频带作为数据上行通道。下行通道由一个或多个高速信道加入一个或多个低速信道以时分多址复用方式组成，上行通道由相应的低速信道以时分复用方式组成。

EC 技术将双绞线剩余频带划分为两个相互重叠的频带，分别用于上行通道和下行通道，重叠的频带通过本地回波消除器将其分开。此项技术来源于 V. 32 和 V. 34。目前使用最多的还是 FDM 技术。

频率越低，滤波器越难设计，因此上行通道的开始频率一般都选在 25 kHz，带宽约为 135 kHz。在 FDM 技术中，下行通道的开始频率一般在 240 kHz，带宽则由线路特性、调制方式和传输速率决定。EC 技术由于上、下行通道频带重叠，使下行通道可利用频带增宽，大大提高了下行通道的性能。但这也增加了系统的复杂性，提高了价格。一般在使用 DMT 调制技术的系统时才运用 EC 技术。FDM 与 EC 的复用示意图如图 3-5 和 3-6 所示。

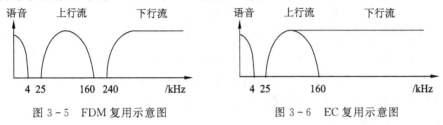

图 3-5　FDM 复用示意图　　　　　　　　图 3-6　EC 复用示意图

3.2.2　ADSL 调制技术

ADSL 是高速率数字通信领域的前沿技术，它之所以能利用现已广泛铺设的铜双绞线传输高达 8 Mb/s 的数据，关键在于其核心编码调制技术。目前，ADSL 产品中广泛采用的线路编码调制技术有三种：QAM、CAP、DMT。其中 DMT 调制技术已被 ITU-T 采用，定为 ADSL 的标准方式。虽然 ITU-T 建议在全速 ADSL 中采用 DMT 调制，但 CAP/QAM 调制同样可以达到所需的速率。尤其在 ITU-T G.992.2，即 G.lite 中，下行带宽可达 1.5 Mb/s，比全速 ADSL 的 9 Mb/s 速率低了许多，但调制方式仍选用 DMT，可能是考虑到要与全速 ADSL 兼容，便于今后升级。很显然，这时采用相对简单的 CAP/QAM 调制是更经济实用的方法，下面介绍这三种调制技术。

1. QAM 调制技术

正交幅度调制（Quadrature Amplitude Modulation，QAM）是幅度调制和相位调制的结合，又称正交双边带调制，是将两路独立的基带波形分别对两个相互正交的同频载波进行抑制载波的双边带调制，得到两路已调信号叠加起来的过程。这种调制方式具有较高的频谱效率。QAM 调制系统原理框图如图 3-7 所示。

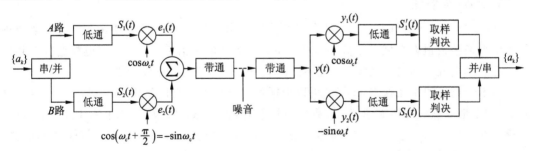

图 3-7　QAM 调制系统原理框图

A 路的基带信号 $S_1(t)$ 与载波 $\cos\omega_c t$ 相乘，形成抑制载波的双边带调幅信号：

$$e_1(t) = S_1(t)\cos\omega_c t \qquad (3-1)$$

B 路的基带信号 $S_2(t)$ 与载波相乘，形成另一路抑制载波的双边带调幅信号：

$$e_2(t) = -S_2(t)\sin\omega_c t \qquad (3-2)$$

两路合成的输出信号为

$$e(t) = e_1(t) + e_2(t) = S_1(t)\cos\omega_c t - S_2(t)\sin\omega_c t \qquad (3-3)$$

在发送端，发送数据流经过串/并转换被分成 A、B 两路(速率各为原来的 1/2)，分别与一对正交调制分量相乘(即调制)，求和后经数模变换由发送滤波器输出。在接收端，双绞线送来的信号经过接收滤波器、模数变换后送至解调器，载波的正交性允许解调器对两路比特信息分别解调、取样判决，再经并/串转换后合路输出原始的比特数据流。

与其他调制技术相比，QAM 具有能充分利用带宽、抗噪声能力强等优点。QAM 用于 ADSL 的主要问题是如何适应性能差异较大的不同电话线路。为了获得较理想的工作特性，接收端需要一个与发送端具有相同的频谱和相位特性的输入信号用于译码，一般均采用自适应均衡器来补偿传输过程中信号产生的失真，这造成了系统的复杂性。

2. CAP 调制技术

CPA 调制技术源于 QAM，是 QAM 的一个变种，与 QAM 的区别是其采用了数字化处理。其基本原理是将输入信号的 1/2 速率码流分别送入两个正交的、具有等幅特性，但相位相差 π/2 的数字横向带通滤波器，两者相加后，通过一个数模(D/A)转换器向线路发送信号。CAP 解调时使用软判决技术，并利用均衡器对线路芯径等变化进行适配。CAP 产生的频谱形状与 QAM 相同。

CAP 编码是二维冗余线性调制码，功率谱是带通型，上限是 180 kHz，低频截止频率低于 20 kHz。CAP 受低频能量丰富的脉冲噪声及高频的近端串扰等的干扰程度较小，但主要技术难点是要克服低频近端串扰对信号的干扰，一般可通过使用近端串音抵消器或近端串音均衡器来解决这一问题。

CAP - ADSL 采用 0~4 kHz 传送语音，25~160 kHz 作为上行信道，240~1104 kHz 作为下行信道。为了适应不同的电话线路信道，CAP 调制系统使用了五种调制速率，为 3~8 b/Hz，最低速率时使用的线路频带为 613 kHz，最高速率时使用的线路频带为 1.494 MHz。系统在初始化时根据线路状况，自动选择传输速率。CAP 相对 QAM 而言，实现起来更容易、更方便、更灵活。

3. DMT 调制技术

DMT 即离散多音调制，是一种多载波调制技术，它采用 256QAM 调制，其基本原理是将整个通信信道在频域上划分为若干独立的、等宽的子信道，每个子信道根据各自频带的中心频率选取不同的载波频率，在不同的载波上分别进行 QAM 调制。

由于子信道间相互独立，DMT 可以根据各个子信道的瞬时特性(如信噪比、噪声、衰减等)动态地调整数据传输速率。在频率特性较好(低衰减、低噪声、高信噪比)的子信道，传输速率高些，一般为 10 比特/符号或更多；在频率特性较差的子信道，传输速率低些，一般为 4 比特/符号或更少。当有单频干扰时，可将被干扰的子信道关闭，而不会影响其它子信道的工作。

ANSI 的 ADSL 标准是将频带(0~1.104 MHz)划分为 256 个子信道，每个子信道的带宽是 4.3125 kHz，符号速率是 4000bauds，每个子信道在一个码元内每次可以分配 1~15 比特，因此，子信道的最高码速率可以达到 60 kb/s。其中 1♯子信道(0~4 kHz)用于传输语音，低频一部分子信道用于传输上行数据(除 16♯子信道外)，其余子信道用于传输下行数据(除 64♯ 子信道外)。上行调制频点在 69 kHz，下行调制频点在 276 kHz。因此，大多数 DMT 系统只使用 248 个子信道来传输信息。DMT 调制的功率谱图和基本结构如图 3-8 和 3-9 所示。

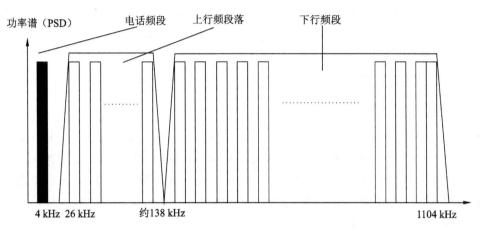

图 3-8　ADSL 的 DMT 功率谱图(FDM 方式)

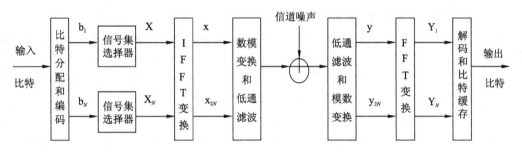

图 3-9　DMT 调制基本结构图

图 3-9 只是 DMT 调制的基本结构图，实际 ADSL 设备在进行信号处理时还采用了前向纠错、载波排序、比特交织、网格编码等技术，使传输时抗干扰能力更强。

DMT 的工作过程是，在发送端，根据预先求出的每个子信道可以分配的比特数，将输入信息拆分为大小不等的比特块，分别注入相应的子信道，进行 QAM 调制编码，形成 N 个 QAM 子字符(N 为实际使用的子信道数)；然后经加复共轭处理，映像为 N 个 DMT 复数子字符；再利用 $2N$ 点 IFFT 变换(快速傅立叶逆变换)，将频域中 N 个复数子字符变换成 $2N$ 个时域样值，最后经并串变换、数模变换和发送滤波后送入信道。接收端进行相反的变换，对抽样后的 $2N$ 个时域样值进行 $2N$ 点 FFT 变换，得到频域内的 N 个复数子字符，经去复共轭处理、译码后恢复成原始输入比特流。

与 QAM、CAP 相比，DMT 还具有以下优点：

(1) 传输容量大。理论上，DMT 系统的上下行传输速率可达 2 Mb/s 和 15 Mb/s。

(2) 频带利用率高。DMT 动态分配资料的技术可使频带的平均传送率大大提高。

(3) 抗宽带冲激脉冲干扰能力强。由于 DMT 是多载波并行传输，每个子信道的符号速率非常低，符号周期较长，可以抵抗宽带的冲激脉冲干扰(通常来自雷电、静电、汽车、电器等)。

(4) 抗窄带射频干扰能力强。在 DMT 方式下，如果线路中出现窄带射频干扰，可以直接关闭被干扰覆盖的几个子信道，系统传输性能不会受到太大影响。

（5）可实现动态分配带宽。DMT 技术将总的传输频带分成了大量子信道，这就可以根据特定业务的带宽需求，灵活地选取子信道的数目，达到按需分配带宽的目的。

DMT 技术除具有上述优点外，还存在一些问题，如 DMT 对某个子信道的比特率进行调整时，会对相邻的子信道产生干扰；实现技术复杂、时延长、启动时间长，不利于对时延敏感的业务传输；线路的驱动功率大，线路间串扰大等。为得到广泛的应用，应努力解决DMT 存在的问题，充分发挥其优势。

3.2.3　ADSL 接入技术应用

ADSL 最初是被预见用于视频点播服务，而高速 Internet 接入的需要成为 ADSL 发展的主要驱动因素。作为利用现有的铜线基础设施向用户提供经济有效的宽带接入的一种解决方案，ADSL 接入可以支持 TCP/IP 或 ATM over ADSL 两种方式，它不仅仅是一种能够将网页快速下载到用户 PC 机的方式，也是为家庭、学校、企业用户和政府机构提供各种新的宽带服务的整个网络体系的一部分。

ADSL 技术可应用在 Internet 访问、远程 LAN 访问、远程学习、远程金融服务、家庭银行、网络信息、新闻服务、在线图书馆、远程电子购物、VOD 视频点播（电影/电视节目点播）、交互式视频游戏等方面。另外，利用 ADSL 技术将高速数据连接到家庭、小型企业以及远程办公室，为网络服务提供商开创了更多的新商业机会，如 Internet 连接服务、分支机构的连接、远程通信服务和内容发送服务等。同时，ADSL 的另一大好处是使"在家中办工"成为可能。利用 ADSL 的高带宽，职员可以坐在家中办公，上司可以在家中召开网上视频会议，这将大大降低办公室的设备开支，从而极大地节约成本。

对于家庭用户来说，ADSL 的典型业务应用类型包括：高速 Internet 接入、视频点播、网上游戏、交互电视、网上购物等宽带多媒体服务。

对于商业用户来说，ADSL 的典型业务应用类型包括：局域网共享、信息服务、远程办公、电视会议、虚拟私有网络等应用。

对于公益事业来说，ADSL 还可以实现高速远程教学、远程医疗、视频会议的即时传送，达到以前所不能及的效果。ADSL 接入是目前应用最广泛的有线宽带接入技术，其应用在我们工作和生活的各个领域。

目前典型 ADSL 技术应用有三种：个人用户接入 Internet、局域网接入 Internet、企业与下属单位之间局域网互联。下面分别介绍这三种接入技术。

1. 个人用户接入 Internet

个人用户使用现有的普通用户电话线，可简单采用 ADSL 技术接入宽带通信网络，网络结构如图 3-10 所示。

用户计算机终端一般配置普通以太网卡，以太网卡和 ADSL 调制解调器之间采用屏蔽或非屏蔽双绞线通过 RJ45 插头连接即可。为保证用户数据传输不受语音信号的干扰，通常需要在 ADSL 调制解调器之前加装数据/语音分离器。根据 ITU-T G.992.1 和G.992.2建议，对用户端的数据/语音分离器的要求也稍有不同。ITU-T G.992.1建议用户端数据/语音分离器在对连接用户计算机终端的数据通道前加装高通滤波器，在对连接用户语音终端的语音通道前加装低通滤波器；ITU-T G.992.2建议用户端数据/语音分离器在对连接用户计算机终端的数据通道前加装高通滤波器，与 ITU-T G.992.1 建议相同，但在对连接用户语音终端的语音通道前低通滤波器的加装，是可选的，可加装也可不加装。

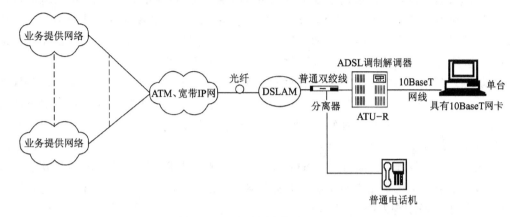

图 3-10　个人用户接入 Internet

一般情况下，分离器和 ADSL 调制解调器由电话局租给用户，用户如果不再使用 ADSL 业务，则由局方收回。ADSL 调制解调器以后的连接为用户终端设备，如 10Base-T 网卡、网线等，由用户自理。

这种个人用户接入 Internet 方式，其突出优点是上网、打电话两不误，且 24 小时在线，接入速度比普通拨号上网用户快 200 倍。

2. 局域网接入 Internet

不仅仅个人用户可以使用 ADSL 享受 Internet 接入和网上视频点播等宽带多媒体服务，局域网用户也可以使用 ADSL 大量传输文件，协同完成工作。

对于局域网用户的 ADSL 安装来说，如果客户端的 ADSL 调制解调器具有路由、防火墙的功能，就可以通过代理服务器接入、专线接入或路由器接入这三种方法中的任何一种方式接入 Internet，而不需要添加任何代理服务器或路由器。这样局域网用户的 ADSL 安装与个人用户没有很大的区别，只需要再多加一个集线器，用直连网线将集线器与 ADSL 调制解调器连接起来就可以了。其结构如图 3-11 所示。

这种接入方式，其优点在于：使用一条电话线路、一个 ADSL 设备和一个 Internet 帐号就能将整个局域网中的所有 PC 机连接到 Internet 上同时浏览网页和 E-mail。这样不但可以大大节约上网所需花的费用，而且比 ISDN 支持的用户要多很多。

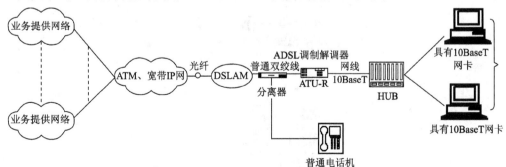

图 3-11　局域网接入 Internet

3. 企业与下属单位之间局域网互联

所谓的"网络互联"，是指通过虚拟或实际的专线将分布在不同地方的局域网进行互联，目前最常用的专线手段是 DDN、ISDN 和卫星等。ADSL 能够有效地代替专线，适用于分支机构的互联。大多数计算机的应用，都是非对称式通信，如文件访问、E-mail 终端访问等。这使得 ADSL 技术成为连接远程分支机构和总部的最合适的技术。

局域网之间采用 ADSL 技术进行互联是一种比较复杂的技术，同时，又是一种非常实用的技术。ADSL 接入可采用常连的专线，也可采用虚拟专线，能够使得一些小型企业将不同地方的局域网以一种比较便宜、方便的方式连接起来。

相对于传统意义上的数据专线 DDN 和帧中继 FR 方式互联，电信局端要加装相应的用户接入设备，线路费用要高得多。当然，局域网 ADSL 技术互联应用提供的服务质量也不能够和传统意义上的数据专线 DDN 和帧中继 FR 方式相比。企业与下属单位之间局域网 ADSL 技术互联结构如图 3-12 所示。

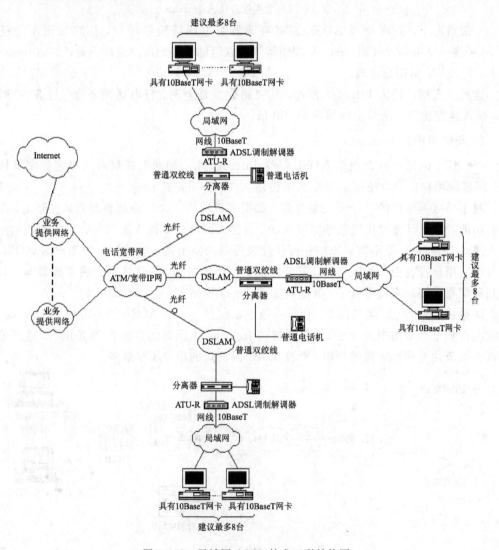

图 3-12　局域网 ADSL 技术互联结构图

这种应用方式,其优点在于:当一个企业的个别局域网离中心机房较远的时候,可以利用 ADSL 技术将这个局域网接入到整个网络中来。这样可以提供相互之间的高速数据传输,而且比租用专线的费用低很多。

实践项目 ADSL 调制技术应用

实践目的:熟悉 ADSL 调制技术应用情况。

实践要求:各位学员通过调研、搜集网络数据等方式独立完成。

实践内容:

(1) 收集不同调制方式的优缺点。

(2) 调研目前常用的 ADSL Modem 采用哪种调制技术。

任务3 ADSL 设备认知

【任务要求】

识记:ADSL 设备板卡名称和安装位置,各指标灯的含义;

领会:ADSL 相关设备功能。

【理论知识】

3.3.1 DSLAM 设备

数字用户线接入复用器(DSLAM)是 xDSL 的局端设备,主要分为基于 ATM 内核的 DSLAM 和基于 IP 内核的 DSLAM。由于根据宽带网络的提升要求,会将所有 ATM 内核的 DSLAM 全部退网,因此这里我们仅介绍 IP 内核的 DSLAM。目前在网的主流 IP 内核 DSLAM 设备有华为 MA5600、中兴 FSAP9800 等,下面以华为 MA5600 为例认识 DSLAM 设备。

MA5600 是由华为公司自主研发的 DSLAM 设备,具有可运营、可管理、高密度、灵活组网等特点。MA5600 对外提供丰富的业务接入手段,系统集成度高、业务接口丰富、组网灵活,既可满足住宅用户宽带上网、网络游戏、视频点播的需求,也可满足商业用户视频会议、企业互联、VPN(Virtual Private Network)、分组语音等高 QoS(Quality of Service)业务需求。

MA5600 业务框有 16 个槽位。其中 0~6,9~15 槽位插业务板,7、8 槽位插主控板,面板图如图 3－13 所示。

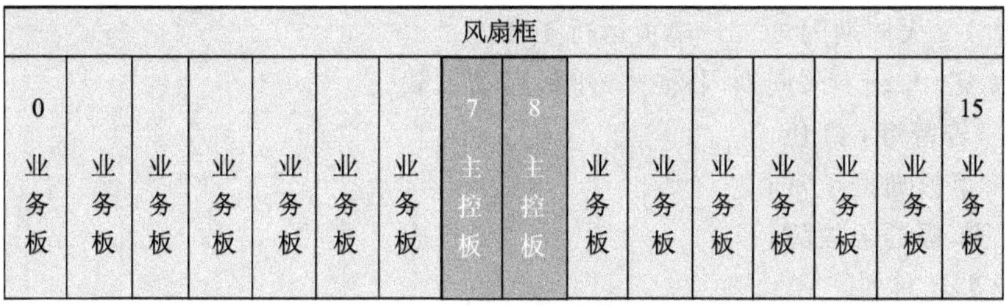

风扇框															
0							7	8							15
业务板	业务板	业务板	业务板	业务板	业务板	业务板	主控板	主控板	业务板	业务板	业务板	业务板	业务板	业务板	业务板

图 3－13 MA5600 机框面板图

主控板为 SCUB，业务板主要是提供 ADSL2＋接口的 ADGE/ADGG 和 ADEE 两种。单板外观如图 3-14 所示，单板功能介绍如表 3-1 所示。

表 3-1　MA5600 主要单板功能介绍

单板类别	简　称	全　称	功 能 描 述
主控板	SCUB	超级控制单元板	完成 MA5600 单板的控制、汇聚、处理各种宽带业务。可配两块，具有主备备份功能。支持热插拔
业务板	ADGE/ADGG	32 路 ADSL2＋业务接入板	内置分离器，支持 ADSL2＋over POTS，采用 GE 总线，支持线路保护，支持热拔插
业务板	ADEE	64 路 ADSL2＋业务接入板	内置分离器，支持 ADSL2＋over POTS，采用 GE 总线，支持线路保护，支持热拔插

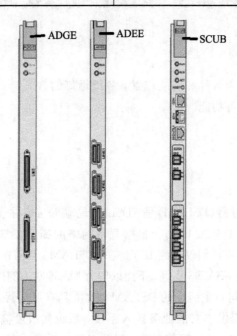

图 3-14　MA5600 主要单板外观图

告警指示灯：

（1）ADGE/ADGG、ADEE 单板：

RUN：运行状态指示灯，绿色。

1 s 亮/1 s 灭周期闪烁——单板运行正常；

0.25 s 亮/0.25 s 灭周期闪烁——单板启动加载。

ALM：告警灯，红色。

灭——单板通信正常；

亮——单板通信故障。

（2）SCUB 单板。

RUN：运行状态指示灯，绿色。

1 s 亮/1 s 灭周期闪烁——单板运行正常；

0.25 s 亮/0.25 s 灭周期闪烁——单板启动加载。

ALM：告警灯，红色

灭——单板正常；

亮——业务通道检测失败。

ACT：主备状态指示灯

亮——单板主用；

灭——单板备用

3.3.2 用户端 ADSL Modem

1. ADSL Modem 的分类

常见的 ADSL Modem 分为外置式 ADSL 网络 Modem、ADSL 路由器、内置式 ADSL 网络接口卡及 USB 四种类型。

（1）外置式 ADSL Modem：该种 Modem 通过以太网接口与计算机终端相连，可用于单台计算机、局域网或 SOHO 与广域网的连接。其特点是：用户安装使用较为方便，无需软件安装即能实现上网，升级方便，自主开发软件，安全可靠，但价格稍贵。其技术指标如表 3-2 所示。

（2）ADSL 路由器：也是外置式 Modem，但是其具备路由处理的网关功能，通过以太网接口与计算机终端相连，可用于局域网或 SOHO 与广域网的相连。其特点是安全可靠，升级方便，具备代理服务及安全网关等功能，价格稍高，适用于企事业单位局域网或特殊家庭的小网与广域网的连接。其技术指标如表 3-2 所示。

（3）内置 PCI 接口式 ADSL Modem：这种 Modem 适用于普通家庭用户上网或单个计算机上网。其特点是即插即用，用户无需技术支持即可安装、设置和监控网卡性能，经济实用，占用系统资源少，功耗低，上网快。其技术指标如表 3-3 所示。

（4）USB 接口的 ADSL Modem：这种 Modem 具有 USB 接口通用的优点，安装方便，支持热插拔，接口速度快，驱动程序安装简单和无须外置电源等特点。当用户主机机箱内部设备较多，已无多余 PCI 插槽时，可考虑 USB 的 ADSL Modem。

表 3-2 外置式 ADSL 系统 Modem 技术指标

标准（ADSL 模式）	ANSI T1.413，ITU-T G992.1(Gdmt)，ITU-T G992.2(G.lite)
传输协议	RFC2364/RFC2516；PPPoA/PPPoE，RFC1577；IP&ARPOA，RFC1483；MPOA
性能	下行速率：最高 8 Mb/s，上行速率：最高 800kb/s
ATM 特性	支持 ATM PVC 模式 8 bit PVI 和 16 bitVCI
接口	10Base-T 接口
接入方式	专线方式、拨号方式
传输距离	最远可达 19 000 英尺

表 3 - 3　内置式 ADSL 系统 Modem 技术指标

标准（ADSL 模式）	ANSI T1.413，ITU - T G992.1(Gdmt)，ITU - T G992.2(G.lite)
传输协议	RFC2364/RFC2516：PPPoA/PPPoE，RFC1577：IP&ARPOA，RFC1483：MPOA
性能	下行速率：最高 8 Mb/s，上行速率：最高 800kb/s
ATM 特性	支持 ATM PVC 模式 8 bit PVI 和 16 bitVCI
接口	兼容 PCI 2.2 规范
接入方式	专线方式、拨号方式
传输距离	最远可达 20 000 英尺

2. ADSL Modem 选择

ADSL Modem 的选购可以从如下几个方面考虑：

（1）要看选择的是哪一种接口：现在的接口方式有以太网、USB 和 PCI 三种。USB、PCI 适用于家庭用户，性价比好，小巧、方便、实用；外置以太网口的只适用于企业和办公室的局域网，它可以带多台机器进行上网。有的以太网接口的 ADSL Modem 同时具有桥接和路由的功能，这样就可以省掉一个路由器，外置以太网口带路由功能的 ADSL 支持 DHCP、NAT、RIP 等路由功能，还有自己的 IP POOL 可以给局域内的用户自动分配 IP，方便网络的搭建，从而给企业节约了成本。

（2）要看所提供安装软件的优劣：虽然中国电信大力推广 ADSL，而且 ADSL 在装配和使用中都很方便，但这并不等于说 ADSL 在推广中就毫无障碍了。由于它的设置比较复杂，因此厂商提供安装软件的好坏将决定了你是否能够顺利地安装上 ADSL Modem。

（3）要看支持何种协议：ADSL Modem 上网拨号方式有三种，即专线方式（静态 IP）、PPPoA、PPPoE。一般普通用户，多是用 PPPoE、PPPoA 虚拟拨号的方式来上网的。现在一般的 ADSL Modem 厂家只给 PPPoA 的外置拨号软件，没有 PPPoE 的软件，给一些用户带来了不便；而具有内置 PPPoE、PPPoA 拨号器的 ADSL Modem，只要把用户名和密码添加到里面，就会自动拨号，省去了用户的许多麻烦。

（4）要看是否附带分离器：由于 ADSL 走的信道与普通 Modem 不同，利用电话介质但不占用电话线，因此需要一个分离器。

3. ADSL Modem 在日常使用中的注意事项

ADSL Modem 应该远离电源线和大功率电子设备，如功放设备，大功率音箱等，特别是微波炉；尽量不要将它直接连接在电话分机及其他设备上，如传真机上；要接分机可以通过分离器的"Phone"端口来连接；最好不要在炎热的天气长时间使用 ADSL Modem，以防止 ADSL Modem 因过热而发生故障及烧毁；定期拔下连接 ADSL Modem 的电源线、网线、分离器及电话线（接线盒），对它们进行检查，看有无接触不良、有无损坏等情况。

3.3.3　BAS

宽带接入服务器 BAS 是一种设置在网络汇聚层的用户接入服务设备，可以智能化地实现用户的汇聚、认证、计费等服务，还可以根据用户的需要，方便地提供多种 IP 增值业务。它位于骨干网的边缘层，作为用户接入网和骨干网之间的网关，对用户接入进行处理，把来自于多用户或多条虚通道的业务集中至一个连向 ISP 或公司网络的虚通道，连接 163 骨干网。同时，它也执行协议转换的功能，使数据以正确的格式转发至主数据网络。宽带接入服务器处理所有的缓冲、流量控制和封装功能，与 RADIUS 服务器配合对用户进行认证、鉴权等工作。

1. 宽带接入服务器五大功能模块

宽带接入服务器按功能分有五大功能模块：接入功能模块、通信协议处理模块、网络安全模块、业务管理模块和网络管理模块等。

1）接入功能模块

接入功能模块包括用户侧的接口模块和网络侧的接口模块。

（1）宽带接入服务器在用户侧有以下功能接口：

① ATM 接口：主要指与 xDSL 接入设备的接口，功能是终结或中继 xDSL 用户的 PPP 连接。xDSL 接口的物理层接口应支持 STM-1 接口。

② 10/100BaseT 以太网接口：主要指与 Cabel Modem 接入的 CMTS 的接口，功能是终结 Cabel Modem 用户的 PPP 连接。以太网口也可以和 PSTN/ISDN 拨号用户的远程接入服务器相连，转发拨号用户的 IP 数据流。

③ E1/T1/DS3 接口：主要是与 FR 复接设备、远程接入服务器及无线接入的局端设备相连的接口，功能是将 FR 用户的 PVC/专线连接在宽带接入服务器处终结；或将 PSTN/ISDN 拨号用户的远程接入服务器的 IP 数据流中继到宽带接入服务器，然后通过宽带接入服务器将 IP 数据流转发到 IP 业务网中去；或将移动数据用户的 PPP 连接在宽带接入服务器处终结或中继。

（2）宽带接入服务器在网络侧有以下功能接口：

① ATM 接口：主要是将用户接入到 ATM 骨干网中去，至少应支持 STM-1、STM-4接口。

② POTS 接口：主要是将用户接入到 IP 骨干网中去，至少应支持 STM-1、STM-4接口。

③ 千兆比以太网接口：至少应支持 1000Base-Sx/1000Base-Lx/1000BaseT 接口的一种，主要是将用户接入到 IP 骨干网中去。

④ FR 接口：主要是将用户接入到 FR 网中去，一般为 E1 接口和 V.35 接口。

⑤ WDM 接口：是用户接入到 IP 骨干网的一种可选方式。

2）通信协议处理模块

通信协议处理模块包括用户侧通信协议（如 FR UNI、PPPoA/PPPoE、LAN、RFC1483）和网络侧通信协议（如 TCP/IP、L2TP、IP 网络安全协议 IPSec、接入认证协议、网管协议、LAN 协议 IEEE8023.3z、IPoverSDH/IPoverWDM）等处理模块。宽带接入服务器面向不同类型的接入设备，是一种能提供端到端宽带连接的新型网络路由设备，终结或中继来自用户的各种连接，包括基于 PPP 的会话和采用不同封装形式的 PVC 连接。

3）网络安全模块

网络安全模块包括 IP VPN 模块和防火墙模块。

① IP VPN 模块：支持基于 IPSec 方式在 IP 网络上生成安全隧道，为用户提供在 IP

网络或 Internet 上建立安全的点对点连接。宽带接入服务器应具备开启和终结 IP 隧道的功能，支持公共密钥系统认证。

②防火墙模块：防火墙功能可以采用 IP Filter 和 IP Pool 两种方式提供。IP Filter 方式是指宽带接入服务器提供 IP 包的过滤功能，向不同权限的用户提供不同层次的 IP 包过滤功能，实现不同的用户有不同的接入能力。IP Pool 方式是指根据用户的授权从不同的 IP Pool 中读取 IP 地址给相应的用户，作为用户的主叫 IP 地址，在相应的路由器中设定对不同主叫 IP 地址的不同 IP 包的过滤能力，从而实现不同用户有不同的接入能力。

4）业务管理模块

业务管理模块包括网络接入认证与授权模块、计费模块和统计模块。

宽带接入服务器由于接入的用户种类不同，用户的业务需求也不同，要求其能对不同的用户连接采取不同的集中接入认证与授权、计费、信息统计等策略，如 xDSL 用户可采取虚拟拨号方式进行类似接入服务器中的拨号用户的 AAA 服务，对 FR/DDN 用户可采用端口出租，收月租的方式进行计费服务。

5）网络管理模块

网络管理模块包括网管代理功能模块、Telnet 服务器功能模块和设备监控功能模块。通过这三种模块，可对宽带接入服务器进行配置、控制和管理。

宽带接入服务器接受 IP/ATM 业务网网管的管理，通过内置网管代理功能模块实现与网管的通信、采集系统的信息并维护 MIB 库，如网管对用户 PPP 呼叫次数、PPP 呼叫不能连接次数、用户访问的平均时长、用户访问的平均费用、闲时概率、忙时概率、日均用户曲线、月均用户曲线设备元素、故障概率、无法拆线次数、ATM/FR PVC 的吞吐量、ATM/FR PVC 的差错率、异常终止原因及出现的频率等进行统计，采用的管理协议为 SNMP。

Telnet 服务器功能模块实现配置管理。

设备监控功能模块提供远程拨号接入监控功能和本地控制台管理功能。远程拨号终端或本地控制台可以在宽带接入服务器故障恢复后重新启动；可以修改用户账单，增添或撤销用户账单；可以实现设备安全控制管理，修改用户身份码，强制拆除连接；可以实现设备的故障定位，确定故障的 Modem，并停止使用，从而实现对宽带接入服务器的维护和监控功能。

从全网来看，宽带接入服务器既是全网接入业务的单一汇聚点，又是用户业务流量的统一转发点。在这个特殊的网络点，如果它能与其他专用网络设备实现联合组网应用，能够大大提高网络总体性能和用户的实际接入速度，取得事半功倍的效果。可以想象，对于 Internet 业务将宽带接入服务器直接挂接在专用 Cache 和四层交换机上。这样，对于用户频繁访问的信息就可以通过四层交换机过滤直接从专用 Cache 上高速获取，从而直接旁路了大量的用户数据流，减少许多重复的、不必要的网络流量，大大降低了骨干网络负荷，提高了网络的利用率，具有很高的应用价值。

如今，以光通信为代表的新一轮数据骨干网络和接入网络迅猛发展，这对宽带接入服务器在各方面都提出了更高的要求。宽带接入服务器在性能上的提高集中表现在接入处理能力方面、交换容量方面和接口带宽密度方面。从各厂商的发展计划上看，下一代大型宽带接入服务器的系统性能要求达到：交换容量至少 40 G；同时支持的 PPP 呼叫数目达到

20 K；可配置用户数达到 100 K；独立包转发能力达到 1 Mp/s 以上。

　　同时从 IP 发展趋势上看，由于多协议标签交换（MPLS）的引入可以平滑地实现网络升级，易于实现 IP 的服务质量保证和 VPN 应用。这些方面的应用与目前其他技术相比具有无法比拟的优势，所以 MPLS 已经成为业界对下一代 IP 发展方向的共识，宽带接入服务器对它的支持已是必然的选择。

　　总之，目前宽带接入服务器正处于初期大规模推广应用阶段，随着宽带网络建设的深入，它具有十分广阔的发展前景。

2. 华为 MA5200 系列宽带接入服务器

　　华为公司针对宽带网络对用户管理能力弱、业务控制能力差、网络安全无法保障等问题，推出了 Quidway® MA5200（以下称 MA5200）系列宽带接入服务器，完成对宽带接入用户的认证、计费、业务控制、安全和 QoS 保障等功能，可以满足运营网、金融办公网、教育网、政务网的用户管理、业务控制和高安全性要求。图 3 - 15 为 MA5200 系列产品的硬件设备图。

Quidway® MA5200F

Quidway® MA5200G

Quidway® MA5200G - 4

Quidway® MA5200G - 8

图 3 - 15　MA5200 系列产品的硬件设备图

　　MA5200 系列产品包括 MA5200F、MA5200G。MA5200F 系列为盒式设备，包括 MA5200F 和 MA5200F - 2000。MA5200F 支持最大并发在线 1000 用户，MA5200F - 2000 支持最大并发在线 2000 用户。下文中两款产品统一称为 MA5200F。

　　MA5200G 是基于分布式硬件体系结构和大容量无阻塞硬件交换的系列产品，包括 MA5200G - 2、MA5200G - 4、MA5200G - 8 三款型号，下文中三款产品统一称为 MA5200G。三款产品在业务板数量、接入用户数和交换容量等性能规格上不同，支持最大并发在线用户数分别达到 12000 用户、24000 用户、48000 用户。

　　MA5200 系列产品可以适应不同网络规模对接入服务器的需求，可以作为不同容量的 ATM/IP DSLAM 端局的宽带接入服务器，也可以用于以太网汇聚层，对以太网接入用户提供接入服务、安全控制和业务控制，还可以在大中型企业网和行业网络中作为用户管理、安全控制的核心设备，能够适应多样化、扁平化和客户化的组网要求。

　　对于目前常用的 MA5200F 和 MA5200G 的产品规格如表 3 - 4 和表 3 - 5 所示。

表 3 - 4　MA5200F 产品规格

属性	Quidway® MA5200F
体系结构	2U 高盒式设备，可装入 19inch 标准结构机柜
外形尺寸(mm) 宽×深×高	482.6(19″)×381×88.9(2U)
转发能力	全业务功能 3 Mb/s(2GE 双向线速转发)
交换结构	共享缓存交换网，10 Gb/s 交换容量
用户/表项数	MAC 地址：4 K；路由表项：4K；VLAN 终结数量(整机)：8 K； 并发用户数量(整机)：MA5200F：1 K 用户；MA5200F-2000：2 K 用户
支持协议	802.1x，PPPoE、DHCP Server/DHCP Relay/DHCP Client、RIP/RIPV2、OSPF、 BGP、IGMP、RADIUS 和 SNMP 等
安全性	具备身份鉴别、资源保护、防攻击、防地址仿冒、安全日志和审计的功能； IP＋MAC＋VLAN ID 捆绑，每个 VLAN ID 接入用户数限制； CAR 限制用户可用带宽，最小 64Kb/s～1Gb/s，步长为 1Kb/s
网管	采用 iManager，支持 SNMP 协议，可独立运行于 UNIx(SUN，HP)、ORACLE/ SYBASE 环境中，亦可嵌入用户已有的商用网管平台，如 HP OpenView 等； 支持 HGMP，对接入的以太交换机集群管理； 提供 VPN 管理、QoS 策略管理等业务管理功能； 提供多语言支持
环境	长期工作温度：0 ℃～45 ℃；短期工作温度：－5 ℃～55 ℃；存储温度：－30 ℃～ 60 ℃；工作湿度：10%～90%；工作电压：直流－36～－72 V；交流 90～264 V，47～ 63 Hz；满配置功耗：＜60 W；平均无故障时间(MTBF)：130 000 H

表 3 - 5　MA5200G 产品规格

属性	MA5200G - 8	MA5200G - 4	MA5200G - 2
体系结构	一体化机箱结构，支持 19 英寸标准机架；采用网络处理器实现高性能硬件转发		
外形尺寸/mm 宽×深×高	482.6×420×797.3， 18U	482.6×420×352.8， 8U	482.6×420×219.5， 5U
背板容量	≥256 Gb/s	≥256 Gb/s	≥64 Gb/s
转发性能	≥48 Mb/s	≥24 Mb/s	≥12 Mb/s
交换容量	≥64 Gb/s， 无阻塞交换，双备份	≥64 Gb/s， 无阻塞交换，双备份	≥16 Gb/s， 无阻塞交换
接口板槽位数	8	4	2
接口类型和数量	32 个 GE； 128 个 FE； 64 个 ATM 155M； 32 个 POS 155M； 16 个 POS 622； 8 个 POS 2.5G	16 个 GE； 64 个 FE； 32 个 ATM 155M； 16 个 POS 155M； 8 个 POS 622； 4 个 POS 2.5G	8 个 GE； 32 个 FE； 16 个 ATM 155M； 8 个 POS 155M； 4 个 POS 622； 2 个 POS 2.5G

属性	MA5200G-8	MA5200G-4	MA5200G-2
路由协议	支持 RIP、OSPF、IS-IS、BGP-4 等路由协议；路由表容量大，路由总数可达 512 K 条，所有端口在路由振荡等复杂路由环境下仍然能够保持线速转发		
MPLS VPN	支持 L3 MPLS VPN(RFC2547bis)，可作为 PE，支持 1024 个 VRF×1024 路由；支持 L2TP 方式接入 VPN，严格遵循相关标准，与其他主流厂家全面互通		
QoS	提供基于用户优先级和基于复杂流分类规则的 DiffServ 的 QoS 功能，可以针对不同用户、不同业务流实现其 QoS 保证。每接口板可支持 5K 条流分类规则。支持 1024 个流的流量监管和流量整形；支持 802.3x 流量控制协议，采用 WRED 实现拥塞避免，WRED 支持 8 个等级的丢弃优先级		
组播	支持 IGMP 协议，支持静态组播配置，支持 PIM-DM/SM、MBGP 组播路由协议；支持多个组播协议间的互操作性；支持组播策略处理，包括组播路由协议和组播转发的策略处理，支持组播 QoS		
可靠性	提供端口捆绑、VRRP 链路备份、IP 报文转发的多条等价路由和 MPLS 快速重路由等保护机制； 重要部件都有冗余备份(包括系统控制管理、路由处理模块、交换网、电源、时钟、内部系统管理总线、风扇等)，所有组件可热插拔，支持基于状态的热备份切换，实现不间断路由转发		
并发用户数量(整机)	48 K	24 K	12 K
路由表项	512 K(单播)，10 K(组播)	512 K(单播)，10 K(组播)	512 K(单播)，10 K(组播)
VLAN 终结数量(整机)	256 K	128 K	64 K
支持接入协议	PPPox(PPPoE、PPPoA、PPPoEoA)、DHCP、L2TP、ARP 等		
计费	Radius 协议、扩展 Radius+协议		
安全性	具备身份鉴别、资源保护、防攻击、防地址仿冒的功能。 IP+MAC+VLAN ID 捆绑，每个 VLAN ID 所接入的用户数可以限制。 CAR 限制用户可用带宽，带宽范围为 8 Kb/s～1 Gb/s，步长为 8 Kb/s		
网管	采用框架化的华为网管平台 iManager 和 Quidview，支持 SNMP 协议和客户机/服务器体系结构，可独立运行于 UNIx(SUN，HP)、ORACLE/SYBASE 环境中，亦可嵌入用户已有的商用网管平台，如 HPOpenView； 提供动态拓扑管理、故障管理、性能管理、配置工具、设备日志管理、网管系统本身运行监控、安全和用户管理等功能； 提供 VPN 管理、QoS 策略管理等业务管理功能； 提供可选的离线的流量工程工具； 提供多语言支持		
输入电源	DC：-42～58 V / AC(220 V)；176～285 V / AC(110 V)；85～154 V		
满负荷功耗	小于 1000 W	小于 600 W	小于 350 W
满配置最大重量	小于 85 kg	小于 50 kg	小于 35kg
平均无故障时间(MTBF)	≥44 年	≥33 年	≥12 年
环境要求	长期工作温度：0 ℃～45 ℃；短期工作温度：-5 ℃～55 ℃；存储温度：-30 ℃～60 ℃；相对湿度：10%RH～95%RH；海拔高度：4000 m 以内不影响转发性能		

实践项目一　DSLAM、BAS 设备认知

实践目的：了解 ADSL 局端设备。

实践要求：分组到相关机房参观学习，并做好记录。

实践内容：

(1) 设备由哪些板卡组成？

(2) 板卡上有哪些指示灯，颜色如何？

(3) 设备间如何连接？

实践项目二　SMART VLAN 的配置

实践目的：掌握 SMART VLAN 的配置流程。掌握 SMART VLAN 的配置指令。

实践设备：MA5600、PC、ADGE 板、SCUK 板。

实践要求：

(1) 熟悉 MA5600 的基本业务。

(2) 熟悉 MA5600 的基本命令。

(3) 掌握 SMART VLAN 的配置及组网结构。

实践内容：

(1) 网络结构如图 3-16 所示。

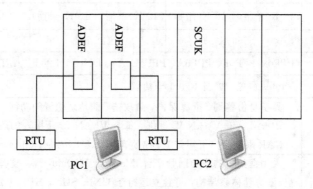

图 3-16　MA5600 设备结构图

(2) 组网规划：

① PC1 连接到 ADEF 板的 0/0/0 端口，PC2 连接到 ADEF 的 0/1/0 端口。

② PC1 地址为 10.10.1.1/24，网关为 10.10.1.254/24。

③ PC2 地址为 10.10.1.2/24，网关为 10.10.1.254/24。

④ PC1 和 PC2 都属于 SMART VLAN10。

⑤ 接口 Vlanif 10 的地址为 10.10.1.254/24。

⑥ ADSL 端口的上行/下行速率为 0.5 Mb/s/2 Mb/s。

⑦ RTU 工作模式为 1483B，VPI/VCI 为 0/35。

(3) 设备配置信息。

MA5600 数据配置如下：

① 创建 SMART VLAN 10，并为此 VLAN 添加上行口和下行口(业务端口)。

MA5600(config)#vlan 10 smart　　　　//创建 SMART VLAN 10

MA5600(config)#service-port vlan 10 adsl 0/0/0 vpi 0 vci 35 rx-cttr 0 tx-cttr 0

//设置 VLAN10 的下行端口：ADSL 端口 0/0/0，PVC＝0/35

MA5600(config)#service-port vlan 10 adsl 0/1/0 vpi 0 vci 35 rx-cttr 0 tx-cttr 0

//设置 VLAN10 的下行端口：ADSL 端口 0/1/0，PVC＝0/35

MA5600(config)#port vlan 10 0/8/0

//设置 VLAN10 的上行端口：SCUK 板端口 0/8/0

② 创建 VLAN 接口 Vlanif 10，为此 VLAN 接口配置 IP 地址，作为 PC1 和 PC2 的网关。

MA5600(config)#interface vlanif 10

//创建接口 Vlanif10，并进入 Vlanif 模式

MA5600(config-if-Vlanif10)#ip address 10.10.1.254 24

//设置 Vlanif10 的 IP 地址

MA5600(config-if-Vlanif10)#quit

//创建端口模板 10，设置上行/下行速率为 0.5M/2M

MA5600(config)#adsl line-profile add　　　　//创建 ADSL 端口模板

{<cr>|profile-index<L><2,999>}：10

Command：

　　　　　　　adsl line-profile add 10

Start adding profile

Press 'Q' to quit the current configuration and new configuration will be neglected

> Do you want to name the profile (y/n) [n]：n

> Please choose default value type 0-adsl 1-adsl2＋ (0~1) [0]：1

> Will you set basic configuration for modem? (y/n)[n]：

> Please select channel mode 0-interleaved 1-fast (0~1) [0]：

> Will you set interleaved delay? (y/n)[n]：

> Please select form of transmit rate adaptation in downstream：

> 0-fixed 1-adaptAtStartup 2-adaptAtRuntime (0~2) [1]：

> Will you set SNR margin for modem? (y/n)[n]：

> Will you set parameters for rate? (y/n)[n]：y

> Minimum transmit rate in downstream (32~32000 kb/s) [32]：

> Maximum transmit rate in downstream (32~32000 kb/s) [24544]：2048

> Minimum transmit rate in upstream (32~3000 kb/s) [32]：

> Maximum transmit rate in upstream (32~3000 kb/s) [1024]：512

　　Add profile 10 successfully　　　　　　//使用端口模板 10 激活端口 0/0/0

MA5600(config)#interface adsl 0/0　　　　//进入 0 框 0 槽 adsl 单板模式

MA5600(config-if-adsl-0/0)#deactivate 0　　　//去激活此 adsl 单板的 0 端口

MA5600(config-if-adsl-0/0)#activate 0 profile-index 10

//以模板 10 激活 adsl 端口 0，此时此端口下行最大速率为 2 Mb/s，上行最大速率为 512 kb/s

MA5600(config-if-adsl-0/0)#quit　　　　　　//使用端口模板 10 激活端口 0/1/0

MA5600(config)#interface adsl 0/1　　　　　//进入 0 框 1 槽 adsl 单板模式

MA5600(config-if-adsl-0/1)#deactivate 0　　　//去激活此 adsl 单板的 0 端口

　　　MA5600(config-if-adsl-0/1)# activate 0 profile-index 10　　//以模板 10 激活 adsl 端口 0,此时
此端口下行最大速率为 2 Mb/s,上行最大速率为 512 kb/s
　　　MA5600(config-if-adsl-0/1)# quit。

(4) 显示相关配置。
　　　MA5600(config)# display vlan 10　　　　　　　　//查看 VLAN 信息
　　　MA5600(config)# display adsl line-profile 10　　　//查看端口模板参数
　　　MA5600(config-if-adsl-0/0)# display port state 0　　//查看端口状态
　　　MA5600(config-if-adsl-0/0)# display line operation 0　//查看线路激活参数。

(5) 网络验证:
① PC1 和 PC2 能 ping 通接口 Vlanif 10。
② PC1 和 PC2 相互之间不能 ping 通。

实践项目三　PPPoE 业务的配置方法

实践目的:掌握 PPPoE 业务的配置方法;掌握 MA5200 的基本维护操作指令。
实践设备:MA5200、PC。
实践要求:在操作过程中,掌握指令的意思,能熟练使用指令,维护 MA5600 系统。
实践内容:
(1) 网络组网结构如图 3 - 17 所示。

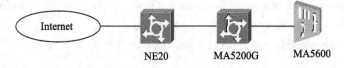

图 3 - 17　ADSL 网络配置图(一)

(2) 配置的内容:
① 创建一个 VT 并和端口绑定。
　　　[MA5200G]interface Virtual-Template 1
② 创建一个名为 PPPoE 的地址池。
　　　[MA5200G]ip pool PPPoE local
③ 配置地址池的网关以及掩码。
　　　[MA5200G-ip-pool-PPPoE]gateway 172.16.43.1 255.255.255.0
④ 配置地址池的地址段。
　　　[MA5200G-ip-pool-PPPoE]section 0 172.16.43.2 172.16.43.254
⑤ 配置主备 DNS 服务器。
　　　[MA5200G-ip-pool-huawei]dns-server dns-server 210.210.210.210
　　　[MA5200G-ip-pool-huawei]dns-server dns-server 211.211.211.211
　　　secondary (可选)
⑥ 进入 AAA 视图。
　　　[MA5200G]aaa
⑦ 添加一个新的认证方案 radius-auth。
　　　[MA5200G-aaa]authentication-scheme Radius-auth

⑧ 设置认证方案使用 RADIUS 认证。

　　［MA5200G-aaa-authen- radius-auth］authentication-mode radius

⑨ 添加一个新的计费方案 radius-acct。

　　［MA5200G-aaa-authen- radius-auth］accounting-scheme Radius-Acct

⑩ 设置计费方案为 RADIUS 计费。

　　［MA5200G-aaa-accounting-radius-acct］accounting-mode radius

⑪ 进入 radius 服务器配置视图。

　　［MA5200G］radius-server group Cams

⑫ 配置主备 RADIUS 认证服务器。

　　［MA5200G-radius-cams］radius-server authentication 100.100.100.100 1812 ［MA5200G-
　　radius- cams］radius-server authentication 101.101.101.101 1645

　　secondary（可选）

⑬ 配置主备 RADIUS 计费服务器。

　　［MA5200G-radius-cams］radius-server accounting 100.100.100.100 1813

　　［MA5200G-radius-cams］radius-server accounting 101.101.101.101 1646

　　secondary(可选)

⑭ 配置 RADIUS 共享密钥。

　　［MA5200G-radius-cams］radius-server key Huawei

⑮ 新建一个名为 ppp 的域。

　　［MA5200G］aaa

　　［MA5200G-aaa］domain ppp

⑯ 配置域下的地址池。

　　［MA5200G-aaa-domain-ppp］ip pool pppoe

⑰ 指定该认证域的认证方案和计费方案。

　　［MA5200G-aaa-domain-ppp］authentication-scheme radius-auth

　　［MA5200G-aaa-domain-ppp］accounting-scheme radius-acct

⑱ 指定该认证域所使用的 raidus 服务器。

　　［MA5200G-aaa-domain-ppp］radius-server group cams

⑲ 进入接口配置视图。

　　［MA5200G］interface Ethernet 1/0/0

　　［MA5200G-Ethernet 1/0/0］undo shutdown

　　［MA5200G-Ethernet 1/0/0］pppoe-server bind virtual-template 1

⑳ 进入子接口配置视图。

　　［MA5200G］interface Ethernet 1/0/0.1

这里请选择实际相接的接口，子接口号随意，但要和 VLAN WEB 相同，在这个子接
口下同时配置允许 VLAN WEB 和 PPPoE 两种认证。

　　［MA5200G-Ethernet1/0/0.1］user-vlan 1 10

㉑ 进入 BAS 配置视图。

　　［MA5200G-Ethernet1/0/0.1］bas

　　［MA5200G-Ethernet1/0/0.1-bas］access-type layer2-subscriber

以上命令 VLAN WEB 已经配置过了，如果未删除可以不用配置

　　[MA5200G-Ethernet1/0/0.1-bas]authentication-method pppoe web

（默认为 pppoe，必须配置）

　　[MA5200G-Ethernet1/0/0.1-bas]default-domain authentication pppoe

㉒ 进入端口 VLAN 的配置视图。

　　[MA5200G]portvlan ethernet 24 0 1

㉓ 设置端口 VLAN 的接入类型为非管理类型。

　　[MA5200G-ethernet-24-vlan0-0]access-type interface

㉔ 配置上行口 IP 地址。

　　[MA5200G]interface Ethernet 24 0/0

　　[MA5200G-Ethernet24/0/0]ip address 10.21.35.2 255.255.255.252

㉕ 配置默认路由。

　　[MA5200G]ip route-static 0.0.0.0 0.0.0.0 10.21.35.1

㉖ 配置交换机。

接用户的端口为 access 类型，PVID=1~10，和 MA5200G 相接的端口为 trunk 类型，透传的 VLAN 包括 1~10，PVID 不能为 1~10。

㉗ 配置上行设备。

上行设备配置到客户网段的回程路由，目的网段为 MA5200G 下的客户地址段，下一跳为 MA5200F 上行接口的地址 10.31.40.2 即可。

（3）测试步骤。

① 用户拨号。

将 PC 机接到交换机的相应端口（PVID=1~10 的 access 端口），打开拨号器，输入相应的用户名和密码，用户可以认证通过。

② 查看到用户的在线信息。

在 MA5200F 上可以使用 display access-user domain pppoe｜ip ＜ip-addr＞｜username ＜username＞ 等命令查看到用户的在线信息。

③ 能 ping 通 MA5200F 上行设备的所有地址。

实践项目四　　VLAN 静态用户业务

实践目的：掌握 VLAN 的配置流程及组网结构；掌握 VLAN 的配置指令。

实践设备：MA5200、PC。

实践要求：

（1）VLAN 的配置流程及组网结构。

（2）掌握 MA5200 VLAN 的配置指令。

实践内容：

（1）网络组网结构如图 3-18 所示。

（2）配置的内容。

① 创建一个名为 static 的地址池。

　　[MA5200G]ip pool static local

② 配置地址池的网关以及掩码。

  [MA5200G-ip-pool-static]gateway 172.16.41.1 255.255.255.0

③ 配置地址池的地址段并禁用分配给用户地址。

  [MA5200G-ip-pool-static]section 0 172.16.41.2 172.16.41.254

  [MA5200G-ip-pool-static]excluded-ip-address 172.16.41.2 172.16.41.254

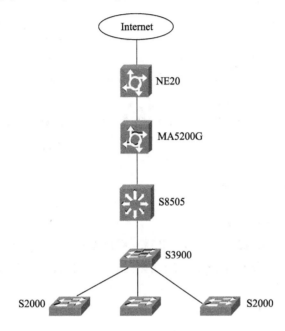

图 3-18   ADSL 网络配置图(二)

④ 进入 AAA 视图。

  [MA5200G]aaa 5

⑤ 添加一个新的认证方案 local-auth。

  [MA5200G-aaa]authentication-scheme local-auth

⑥ 设置认证方案使用 LOCAL 认证。

  [MA5200G-aaa-authen- radius-auth]authentication-mode local

⑦ 新建一个名为 static 的域。

  [MA5200G]aaa

  [MA5200G-aaa]domain static

⑧ 配置域下的地址池。

  [MA5200G-aaa- domain-static]ip pool static

⑨ 指定该认证域的认证方案和计费方案。

  [MA5200G-aaa-domain-static]authentication-scheme local-auth

  [MA5200G-aaa-domain-static]accounting-scheme default0

⑩ 进入接口配置视图。

  [MA5200G]interface Ethernet 1/0/0

  [MA5200G-Ethernet 1/0/0]undo shutdown

⑪ 进入子接口配置视图。

　　[MA5200G]interface Ethernet 1/0/0.2

这里请选择实际相接的接口，子接口号随意，但不和已有的重复。

　　[MA5200G-Ethernet1/0/0.1]user-vlan 11 11

⑫ 进入 BAS 配置视图。

　　[MA5200G-Ethernet1/0/0.2] bas

　　[MA5200G-Ethernet1/0/0.2-bas]access-type layer2-subscriber

　　[MA5200G-Ethernet1/0/0.2-bas]authentication-method bind（默认为 pppoe，必须配置）

　　[MA5200G-Ethernet1/0/0.2-bas]default-domain authentication static

⑬ 添加静态用户。

　　[MA5200G]static-user 172. 16. 41. 2 172. 16. 41. 254 interface Ethernet 1/0/0. 2 domain
　　static detect

⑭ 添加本地用户。

　　[MA5200G] local-aaa-server

　　[MA5200G-local-aaa-server]user ma5200g-01001000000011@static

　　password simple staticuser

01 槽位，0 子槽位，01 端口，00000 VLAN 用户固定为 0，0011 VLAN。

以下部分在 VLAN WEB 业务中已经配置过，如果前面配置未删除，以下可以不用
配置。

⑮ 配置上行口 ip 地址。

　　[MA5200G]interface Ethernet 24/0/0

　　[MA5200G-Ethernet24/0/0]ip address 10. 21. 35. 2 255. 255. 255. 252

⑯ 配置交换机。

接用户的端口为 access 类型，PVID=11，和 MA5200G 相接的端口为 trunk 类型，透
传的 VLAN 包括 11，PVID 不能为 11。

⑰ 配置上行设备。

上行设备配置到客户网段的回程路由，目的网段为 MA5200G 下的客户地址段，下一
跳为 MA5200F 上行接口的地址 10. 21. 35. 2 即可。

⑱ 配置相关的交换机。

（3）测试步骤。

① 用户配置地址。

将 PC 机配置上 IP 地址，IP 地址为 172. 16. 41. 2～172. 16. 41. 254 中任何一个地址，
掩码 24 位，网关 172. 16. 41. 1，DNS 按实际配置。

② 接上用户后可以正常上网。

在 MA5200G 上可以使用 display access-user domain static ｜ ip ＜ip-addr＞｜ user-
name ＜username＞ 等命令查看到用户的在线信息。

③ 用户可以 ping 上通行设备的地址。

任务4　ADSL 终端设备的安装与维护

【**任务要求**】

识记：ADSL 硬件安装流程及注意事项、ADSL 相关指标。

领会：ADSL 仪表使用及指标测试。

【**理论知识**】

3.4.1　ADSL 终端设备的安装

ADSL 安装包括局端线路调整和用户终端设备安装。在局端方面，由服务商将 ADSL 局端设备串连接入用户原有的电话线中，用户端的 ADSL 安装分为硬件安装和软件安装两部分。

1. 硬件安装

ADSL 的硬件安装比以前使用的 Modem 安装稍微复杂一些，安装前我们需备齐以下设备：一块 10M 或 10M/100M 自适应网卡；一个 ADSL 调制解调器；一个信号分离器；两根两端做好 RJ11 头的电话线和一根两端做好 RJ45 头的五类双绞网络线。备齐以上材料设备后，按图 3-19 来进行安装。

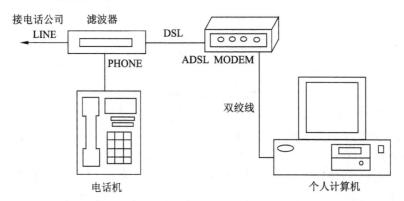

图 3-19　ADSL 安装原理图

具体步骤如下：

（1）安装网卡。

网卡是专门用来连接 ADSL Modem 的，以便在计算机和调制解调器间建立一条高速传输数据的通道。安装时，首先关闭电脑电源，拔去电源插头，打开计算机机箱，找到没有使用的 PCI 槽，去掉防尘板，在 PCI 槽中插入 ADSL 卡。拧紧螺丝，将 ADSL 卡固定。网卡可以是 10 M 或者 10 M/100 M 自适应以太网卡，或者是 ATM 网卡都可以。如果计算机中原来就有网卡，那就需要再加一块网卡，以太网卡是专门用来连接 ADSL Modem 的。因为 ADSL 调制解调器的传输速度达 1 M/8 M，计算机的串口不能达到这么高的速度（最近兴起的 USB 接口可以达到这个速度，所以也有 USB 接口的 ADSL Modem）。

（2）安装信号分离器。

一般的低阻语音/数据分离器结构如图 3-20 所示。

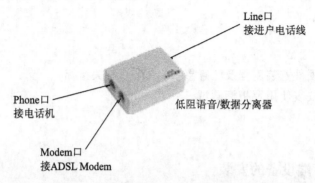

图 3-20　低阻语音/数据分离器结构图

安装时先将来自电信局端的电话线接入信号分离器的输入端，然后再用电话连接线一头连接信号分离器的语音信号输出口，另一端连接电话机。此时电话机应该已经能够接听和拨打电话了。

在日常应用中，我们家中可能有多台分机，这时可采用另一种高阻滤波分离器，它是有方向性的，只有两个端口。安装是一端接电话进线，一端接用户电话分机。

高阻滤波分离器的结构图如图 3-21 所示。

图 3-21　高阻滤波分离器结构图

对于独立于 ATU-R 的用户端 POTS 分离器，一般安装于靠近网络接口设备（NID）的地方；ATU-R 位于易安装的地方，通常比较靠近用户终端。POTS 分离器到 ATU-R 可以使用原有的线路或铺设新的线路。POTS 分离器的接法有两种：

方法 1：POTS 分离器的 Line 口与电话线的进户总线相连，Phone 口连接电话机（可以接分线盒带多台电话），Modem 口与 ADSL Modem 的 Line 口连接起来。

方法 2：进户总线通过分线器连接到 ADSL Modem 的 Line 口和 POTS 分离器的 Line 口，POTS 分离器的 Phone 口连接到电话机（该分离器也可以换用低通滤波器）。

对于内置 POTS 分离器的 ATU-R，如果安装在靠近 NID 处，ADSL 信号不必通过原有的用户端线路，但在 ATU-R 到用户终端之间需要架设一条较长的新线路，施工比较复杂；若安装在靠近 TE 的地方，则用户的电话必须同原有的电话线路断开，重新接到ATU-R。

另外再说一句，在采用 G. Lite 标准的系统中由于减低了对输入信号的要求，就不需要安装信号分离器了。这使得该 ADSL Modem 的安装更加简单和方便。

（3）安装 ADSL Modem。

这是最关键也是最简单的过程，既不需要拧螺丝也不需要拆机器，只需用前面准备的另一根电话线将来自于信号分离器的 ADSL 高频信号接入 ADSL Modem 的 ADSL 插孔，再用一根五类双绞线，一头连接 ADSL Modem 的 10BaseT 插孔，另一头连接计算机网卡中的网线插孔即可。连线如图 3-22 所示。

　　注意：ADSL Modem 到计算机网卡的连线一般为交叉网线，而不是常用的直连网线。如果使用多个 POTS 分离器串接，可连接多部电话。RJ45 头的五类双绞交叉网络线，其连接顺序如图 3-23 所示。

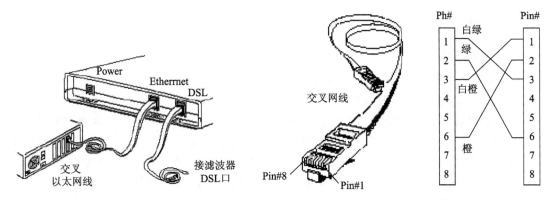

　　　　图 3-22　ADSL Modem 连线图　　　　　　　　　图 3-23　交叉网线图

　　这时打开计算机和 ADSL Modem 的电源，如果两边连接网线的插孔所对应的 LED 都亮了，那么硬件连接也就成功了。

2. 软件安装

　　对于专线上网的用户，需要特别注意 TCP/IP 协议特性，必须进行准确配置。配置步骤如下：首先，进入系统的"控制面板"，选择"网络"图标双击，再选"TCP/IP"项，双击"属性"；在"IP 地址"属性单中选择"指定 IP 地址(S)"项，配置 IP 地址和子网掩码；在"网关"属性单中添加网关地址；在"DNS"属性单中选择"启用 DNS(E)"项，输入主机名、域名，并添加 DNS 服务器地址。

　　对于虚拟拨号的用户，采用默认设置，所有的设置都从拨号服务器端获得，用户只要安装 PPPoE 虚拟拨号软件即可上网。

3.4.2　ADSL 设备维护

　　对 ADSL 设备进行必要的日常维护不仅可以减少意外的故障，保持网络的通畅，还可以提高设备的使用寿命。主要的日常维护包括以下内容：

　　(1) ADSL Modem 一般最好在温度为 0 ℃~40 ℃，相对湿度为 5%~95% 的工作环境下使用，并且还要保持工作环境的平稳、清洁与通风。一般 ADSL Modem 能适应的电压范围在 200~240V 之间。

　　(2) 定期对 ADSL Modem 进行清洁，可以使用软布清洁设备表面的灰尘和污垢。

　　(3) ADSL Modem 应该远离电源线和大功率电子设备，如功放设备、大功率音箱等。

　　(4) 定期拔下连接 ADSL Modem 的电源线、网线、分离器及电话线(接线盒)，对它们进行检查，看有无接触不良、有无损坏，如有损坏，如电话线路接头如果氧化要及时更换。

　　(5) 要保证 ADSL 电话线路连接可靠，无故障，无干扰，尽量不要将它直接连接在电话分机及其他设备，比如传真机上。

（6）遇到雷雨天气，务必将 ADSL Modem 的电源和所有连接线拔掉，以避免雷击损坏；最好不要在炎热的天气长时间使用 ADSL Modem，以防止 ADSL Modem 因过热而发生故障及烧毁。

（7）在 ADSL Modem 上不要放置任何物体，要保持干燥通风、避免水淋、避免阳光的直射，也不要将 ADSL Modem 放置在计算机的主机箱上。

3.4.3　ADSL 测试

1. 测试项目

测试项目主要有 ADSL 系统的接口性能和传输性能的测试。

UNI 接口测试：用示波器观察 25.6 Mb/s 电接口输出波形，10BASE-T 接口、通用串行总线 USB 接口、PCI 总线接口只进行功能性测试，只要能与用户终端正常通信即可。

传输性能测试：ADSL 系统传输性能测试的目的是检查 ADSL 设备在标准的测试环路上，在规定的噪声、串扰和其他干扰的影响下，实际能够达到的性能，其主要的性能指标是传输速率、线路衰减、线路环阻、绝缘电阻、线间电容等，参考值如表 3-6 所示。

表 3-6　线路长度和对应长度以及线路衰减和电气参数、最大可达速率参考值

连接速率/(kb/s)		等效长度 /km	线路环阻 /Ω	线间电容 /nF	下行线路衰减/dB	绝缘电阻 /Ω
下行	上行					
6144	512	≤2.0	≤592	≤114	≤39.0	
4096	512	≤2.5	≤740	≤143	≤49.0	
2048	512	≤3.0	≤888	≤171	≤54.0	≥15 M
1024	256	≤3.5	≤1036	≤200	≤57.0	
512	256	≤4.0	≤1184	≤228	≤60.0	

注：线路的电气参数一项应该跟实际参数相比较，若测得的结果比线路长度对应的值超过 20%，则可视为该线对该项电气参数不达标。例如，若实际线路长度为 2 km，线径为 0.4 mm（296 Ω/km），而测得的环阻值超过（1+20%）×296，则该线对环阻不达标。线间电容值亦然。

2. xDSL 测试仪

ST330 xDSL 测试仪是山东信通公司生产的一种手持式便携测试仪，它适用于各种 xDSL（包括 ADSL、ADSL2、ADSL2+、READSL 等业务）服务的安装与维护，可以确认用户是否得到 ADSL 服务及用户线路能否实现所承诺的服务，同时还可利用内置 Modem 通过用户线进行 PPPoE 拨号、IE 浏览网页，完全仿真用户 PC + Modem 的上网方式，可以满足各种 xDSL 线路的安装和维护需要。

1）ST330 xDSL 测试仪的主要特点

（1）小巧（重量 0.7 kg）、经济；

（2）采用 240×320 真彩液晶显示，并带有触摸屏，测试结果直观；

（3）采用嵌入式操作系统，Windows 操作显示界面；

（4）操作简单；

（5）可以在用户线路的任何位置快速、准确、可靠地进行测试；

（6）节省时间，提高 ADSL 安装效率；

（7）能存储测试结果，便于分析。

ST330 xDSL 测试仪如图 3-24 所示。

面板上有电源指示灯、以太网指示灯、xDSL
LINK 指示灯、xDSL ACT 指示灯、开机键、关机键、
复位键。

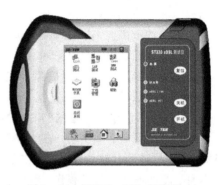

2）主要功能

（1）用户 xDSL 线路的物理层参数测试。

DSL 线路衰 dB——Attenuation；

DSL 线路噪声裕量 dB——Noise Margin；

DSL 线路最大比特率 kb/s（Up 上行、Down 下
行）——Maximun Bitrates；

图 3-24　ST330 xDSL 测试仪

DSL 线路输出功率——Out Power；

DSL 线路上/下行最大速率和容量比；

DMT 子信道上调制的比特数，以及各子信道频点数；

DSL 线路误码测试（CRC、HEC、FEC、NCD、OCD）；

可显示 DSL 线路上各种状态；

可显示 DSL 线路连接模式。

（2）进行 Ping、Ipconfig、Tracert、Route 网络层测试。

（3）IE 网络浏览测试。

（4）进行 PPPoE 拨号和修改拨号属性：能仿真用户 Modem＋PC，进行 PPPoE 拨号，
用来验证用户到 ISP 服务商的连通性。

（5）LAN 测试：能进行 LAN 或宽带 IP 的 PPPoE 拨号测试，以及局域网内网络层测
试和应用层的测试，并还可以搜索网内计算机。

（6）DMM 测试：包括测试用户线路的交/直流电压、线路环阻、线路电容、线路绝缘。

（7）Modem 仿真：用户可以把仪器作为 Modem 来进行拨号和上网，以验证用户
Modem 是否存在问题。

（8）资源管理：可进行测试记录的浏览，并将测试记录转移到电脑或 U 盘，以及其他
文件的管理，以实现文档的备份。

（9）帮助功能：包括系统软件的现场升级和在线使用帮助，以及仪器的关机设置和触
摸屏笔针校准，仪器的软件可以通过以太网或 U 盘进行升级。

随着 xDSL 宽带业务的迅猛发展，电信行业一线安装维护人员的安装维护工作量越来
越大，而 xDSL 业务相对传统的电话业务要复杂很多。拥有一款体积小巧、便于携带、操作
简单、结果直观的安装维护工具，能方便地进行 xDSL 业务的开通、维护和故障排除，已经
成为广大电信一线安装维护人员的迫切要求。山东信通公司生产的 ST330 xDSL 和 ST332
ADSL2＋测试仪都可很好地满足各种 xDSL 线路的安装和维护需要，在各项测试参数中，
一般速率平均值越接近于用户承诺的开通值越好；最大速率和噪声容限值越大越好；衰减
值越小越好。

3.4.4　ADSL 常见故障分析

ADSL 的使用非常广，用户出现各种故障的几率也相对较高。ADSL 故障可以分为局端故障和客户端故障，局端故障是指电信的 ISP 等出现的故障，客户端故障是指 ADSL 客户端出现的故障。如果是局端故障，那只能期望电信局的维修人员尽快地修复；而客户端出现故障，需要我们自己排除。

常见的 ADSL 客户端故障外在表现一般又有两种情况：一是无法拨号；二是 ADSL "断流"。无法拨号很常见，就是无法完成虚拟拨号，和远程 ADSL 交换机建立连接。而 ADSL "断流"现象就是上网的时候数据流传输经常突然中断，之后又自动恢复正常，表现为网页打不开，下载中断，在线收看或收听的视频或音频中断。造成这些故障的常见原因分为"硬故障"和"软故障"两类。"硬故障"一般是指物理线路连接方面的故障，如硬件设备本身、硬件连接、网线制作、网卡安装等方面的问题；而"软故障"则是指相应的网络协议和相关技术在运行过程中出现的故障，如 TCP/IP、PPP、PPPoE、PPPoA 等协议配置和 CAP、DMT 等相关技术故障。

1. "硬故障"分析

引起"硬故障"的原因主要包括三个方面。一是硬件损坏。这时要检查的是否损坏的 ADSL 的硬件主要有网卡、网线、电话线和 ADSL Modem 等，特别是一些 ISA 网卡和杂牌老网卡经常会出现一些问题，最好能选择质量好的网卡安装。二是线路问题，ADSL 故障许多时候都是由于线路连接不正确引起的。连线时应该注意，ADSL 线路上不能并分机，以确保线路通信质量良好没有被干扰。不同的语音分离器的连接方法有所不同，请务必按说明书正确连接。电话只能从分离器 Phone 端口引出，否则会引起 ADSL 失步。线路上的接头一定要接好，特别是用户房屋内部的接头。如果电信局分线盒内出来的电话线太长，应将平行线换成双绞线，提高线路抗干扰能力。最后，检查接线盒和水晶头有没有接触不良以及是否与其他电线串绕在一起，有条件最好用标准电话线，如果是符合标准的三类、五类或超五类双绞线更好。三是电磁波干扰。手机等会产生电磁波的物品不要放在 ADSL Modem 的旁边，因为每隔几分钟手机会自动查找网络，这时强大的电磁波干扰足以造成 ADSL Modem "断流"。ADSL 有时会受到天气原因的干扰，比如雷雨天气，用户等一段时间就会自然恢复。下面列举一些常见的"硬故障"实例。

（1）ADSL 有时不能正常上网，为什么？

ADSL 是一种基于双绞线传输的技术，双绞线将两条绝缘的铜线以一定的规律互相缠在一起，这样可以有效地抵御外界的电磁场干扰。但市面上大多数电话线是平行线，从电话公司接线盒到用户电话这段线很多用的都是平行线，这对 ADSL 传输非常不利，过长的非双绞线传输会造成连接不稳定、DSL 灯闪烁等现象，从而影响上网。

另外，由于 ADSL 是在普通电话线的低频语音上叠加高频数字信号，所以从电话公司到 ADSL 滤波器这段连接中，任何设备的加入都将危害到数据的正常传输，所以在滤波器之前不要并联电话、电话防盗打器等设备。

（2）上网浏览过程中，发生断线，为什么？

发生断线的原因（除去用户终端的原因）基本上有以下三种。一是线路质量问题。查看 ADSL Modem 的 ALARM 等，看其是否呈现出红灯的状态，或是 WAN 灯熄灭，如果是，就表明线路存在问题，用户可以通过拨打电话112报障碍。二是未严格遵守规范。如果是电话加载用户，即在原有的电话线上增装的 ADSL，如果用户在分离器前复接了分机，容易引起断线，所以我们建议用户在安装时严格遵守规范，以免以后类似故障的发生。三是用户长时间挂在网上，却不进行任何操作，经过两小时后，服务器会认为该用户已下线，释放其与用户的连接，强制用户断线，这种情况用户只要再次连接即可。

（3）能上网，但速度慢，为什么？

上网速度慢的原因有很多种，引起这种故障的硬件方面的原因大体上包括以下几种：一是用户下行线为铁芯线，线路接头过多，接头接触不良，接头氧化严重，造成线路传输质量低，信号衰耗过大，影响上网速度；二是 Modem 长时间运转不关机，使 Modem 芯片过热，造成其性能不能正常发挥，影响上网速度，特别是 Modem 自动拨号的用户，可能会造成 Modem 死机而无法上网；三是设备与电话线和网线之间接触不良影响用户上网速度，这时应查看电话线与语音分离器的接口是否接触良好，Modem 与网卡的接口是否接触良好。

（4）无法拨号上网，网卡红色指示灯常亮，为什么？

因为目前绝大多数用户使用以太网接口的 ADSL Modem 连接上网，所以由网卡引起的故障时常发生。出现这种情况的原因基本上是网卡自身损坏，或者网卡所插入的主机板 PCI 插槽接口损坏，还可能是网卡所连网线制作不正常，或者损坏。当然也可能是网卡插入主板时没插好。

首先排除网卡没有插好的原因，重新插一下网卡，而且最好换一个 PCI 插槽试一下。如果故障依旧，则可以把该网卡的网线拔下来，插到其他机子上试一下，如果红色指示灯还是常亮，则表示网卡自身损坏，需要更换。如果红灯不常亮了，则可表明主板 PCI 插槽坏了，需维修，或者更换主板。

还有一种情况是，网线插上时红灯就亮，不插时就不亮，则肯定是网线问题了，更换一条网线即可。

2. "软故障"分析

一般的 ADSL 使用过程中遇到的"软故障"主要是因为拨号软件或者通信协议配置不正确，或者相关技术工作不正常引起的，还可能是病毒，甚至是磁盘碎片过多引起的。下面就通常遇到的典型故障进行分析。

（1）计算机启动速度慢，启动后不能立即拨号上网，为什么？

此类问题一般是由网卡引起的故障，一般的原因是没有对网卡进行 IP 地址设置。因为操作系统，特别是 WinXP 系统在计算机启动过程中发现系统局域网没有配置，便设法对局域网进行自检配置，因而延长操作系统的启动时间。WinXP 系统从启动到操作桌面的出现较快，但因局域网没自检配置好而没有将一些应用程序同时启动好。遇到这种情况，建议将网卡配置一个未在公用网使用的保留 IP 地址(如 192.168.0.1，子网掩码为 255.255.255.0)，网卡的 DNS 可以不配，要配可以用 winipcfg 和 ipconfig 命令从因特网上获得。但要注意，千万不要在虚拟网卡上配置 IP 地址，除非 ISP 将 IP 地址通知你。因为目前采用虚拟拨号上网的用户 IP 地址一般是动态分配的，任何用户都在随机占用 IP 地址，不可能上网前就知道了本机上网后得到的 IP 地址。

（2）上网不稳定，经常出现"死机"和"断流"现象，为什么？

这种现象，既有可能是线路、网卡和计算机硬件出现问题，也有可能是操作系统中软件安装不合理或软件兼容性不好引起的问题。一般来说，在 Win98 系统中，安装 ADSL 上网前，先安装 Win98SE 的补丁程序；在使用虚拟拨号软件上网时不要在同一个系统安装多种拨号软件；在 Win98 推荐用 ENTERNET300 拨号软件，在 Win2000 推荐用 RASPPPoE 拨号软件，在 WinXP 推荐使用自带的 PPPoE 拨号软件。不要用注册表优化软件和 ADSL 超级骑兵等软件对操作系统进行修改和"优化"，事实上这些软件并不能提高上网速率，反而可能导致一些不稳定现象的发生。另外，现在许多 ADSL Modem 厂商提供了许多的应用功能，如在 Modem 上直接提供路由功能，内置 PPPoE 拨号功能等。但各种功能都有一定的局限性，笔者建议慎重使用。如在网吧使用内置 PPPoE 拨号上网方式，可以减少一台代理服务器，但会因广播风暴的影响降低了 ADSL 的传输速度。

（3）无法进行虚拟拨号连接，为什么？

这个问题牵涉的面比较广，现象错误提示也比较多样，不同的错误提示就要采取不同的解决方法。不过，多数是因为拨号软件或者通信协议配置不正确引起的。

如果出现"Timeout while trying to connect to the network"之类的错误提示，表示用户终端无法和网络进行连接，可能是网络线路的问题，也可能是拨号软件或者通信协议配置不正确。拨号软件配置问题多出现在所选择的网卡连接项不正确的情况下，此时一定要选择与 ADSL Modem 直接连接的网卡，而不要选择计算机的局域网网卡；而网卡 TCP/IP 协议的配置可选择自动获取 IP 地址和 DNS 服务器地址的方式，备用 IP 地址和 DNS 服务器地址可设置为任意正常上网时所用的有效地址。当然，还有可能是因为计算机的 TCP/IP 协议损坏。在按上面的方法仍不能排除故障时，建议重新安装 TCP/IP 协议，不过要先删除，再安装。

如果在连接过程中长久出现"Contacting Server＝－－－－－－－－－"的现象提示，表示该终端找不到虚拟拨号服务器，那么就要检查一下 ADSL Modem 的 WAN 是否是亮的，如果不亮，那就表明传输线路有问题，报 112 请电信部门派修；如果 WAN 常亮，那么就检查一下 LINK 灯是否正常，如果不亮，就表明网卡和 ADSL Modem 之间没有进行正常连接，或者网卡损坏；如果以上两个灯都是正常的，这时就可能是软件出现了问题，这时要进行 PPPoE 软件重新安装（安装之前，必须把原来的 PPPoE 虚拟拨号软件卸载）。

如果出现"Login failed, make sure you have entered the correct username and password"，表明用户的用户名和密码不符，用户只需把安装 ADSL 时，安装人员给的用户名和密码重新输入即可，如果用户遗失，报 112 进行相关信息的询问。

（4）ADSL 能够拨号登录，但是 IE 浏览器打不开网页，为什么？

能够拨号登录，说明 ADSL 数据链路畅通，如果打不开网页，有以下三种可能的原因：一是 DNS（域名解析服务器）故障；二是接入服务器未能给用户电脑网卡分配正确的 DNS IP 地址；三是用户电脑软件系统故障，如 IE 损坏等。其中用户电脑软件系统故障是主要的故障原因，解决的方法是查杀病毒、木马、IE 恶意插件，可以使用瑞星、金山毒霸、Norton（诺顿）等杀毒软件。如果杀毒后仍有故障，将 DNS 设置成某个电信（如湖南电信、四川电信等）的 DNS IP 地址，重新启动电脑试试。如果还是不能排除，可能是 IE 内核程序已经被破坏，这时需要重新安装操作系统。

实践项目　ADSL 测试

实践目的：掌握 ADSL 测试仪的使用方法；掌握用 ADSL 测试仪进行故障判断的

方法。

实践设备：ADSL 测试仪。

实践要求：掌握各指标的参考值及影响，能熟练用仪表测试各种参数。

实践内容：

(1) 用户环阻测试。

用户环阻测试是维护 ADSL 线路的一项重要测试，适宜开通 ADSL 业务的线路环阻指标应当小于 900Ω(在 1200Ω 时也可以开通，但不稳定)。如果根据测试到的用户线路环阻值推算出来的线路长度(用环阻值除以线路单位长度上的直流电阻)与用户实际线路长度偏差较大，则说明线路上存在有接触不良、接头氧化等高阻故障。需要说明的一点是，使用 112 测量台自动测试用户外线环阻值时，由于其测试时在线路上施加的直流电流会击穿某些不很严重氧化的氧化膜从而得到正常的测试结果，这也是为什么用户将电话置于摘机状态时 Modem 可以激活的原因(PSTN 用户摘机后线路中的电流增加)。

① 测试框图：如图 3－25 所示。

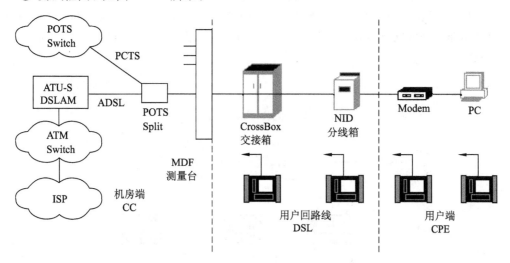

图 3－25　ADSL 测试仪测试位置示意图

② 测试过程：利用 ST311 可以方便地在线路的各个接入点进行线路环阻的测试。

在局端测量室将用户线路混线(即将用户的 A、B 线短接)，用 DMM 测试功能在用户端测试线路的环阻，在用户楼外分线盒处(距离很短)测量线路的环阻。

③ 用环阻测试解决故障。

某 ADSL 用户打电话正常，但无法上网，Modem 的激活指示灯一直处于闪烁状态，用户只有将电话机置于摘机状态时才能使 Modem 激活指示灯正常，实现上网。

讨论：故障原因是什么？

(2) 对于宽带 IP 线路故障的测试。

如图 3－26 所示，由于目前很多宽带 IP 网络都采用 VLAN 的模式，用户端设备都没有一个固定的 IP 地址，需要通过拨号获得相应的 IP 地址，另外，网络层测试时网站或服务器大都屏蔽通常用的 ping 测试的响应，传统的 ping 测试的仪表已经不能适用，这时可用 ST330 测试仪内置网络层的 PPPoE、DHCP、专线模式下做相应的拨号来配置 IP 地址、DNS 地址等信息，然后通过 ping 测试和 http 网页浏览测试来解决这一问题：

① 对于使用 PPPoE 模式的网络，我们先进行拨号测试，如果仪表能顺利通过拨号正确地获得相应的 IP 地址，然后再做 ping 测试，测试仪能够正确获得服务器解析出的相应网站的 IP 地址（或 ping 测试顺利通过）后，再做 http 网页浏览测试。如果能正常下载浏览网页，我们可以判定从测试点向上级的网络连接没有问题，高层的协议也没有问题，这时用户的 PC 机还不能上网，问题应在用户的网卡或 PC 机。

② 对于 DHCP 模式的网络测试同 PPPoE 模式，仪表能正确获得 IP 地址后，再做 ping 测试，测试仪能够正确获得服务器解析出的相应网站的 IP 地址（或 ping 测试顺利通过）后，再做 http 网页浏览测试。如果能正常下载浏览网页，我们可以判定从测试点向上级的网络连接没有问题，高层的协议也没有问题，这时用户的 PC 机还不能上网的问题应在用户的网卡或 PC 机。

③ 对于固定 IP 用户的网络测试同 DHCP 模式，通过手动配置仪表的 IP 地址、网关 IP、DNS IP 等信息后，再做 ping 测试，测试仪能够正确获得服务器解析出的相应网站的 IP 地址（或 ping 测试顺利通过）后，再做 http 网页浏览测试。如果能正常下载浏览网页，我们可以判定从测试点向上级的网络连接没有问题，高层的协议也没有问题，这时用户的 PC 机还不能上网的问题应在用户的网卡或 PC 机。整个测试过程非常简便、直观而且故障定位准确。

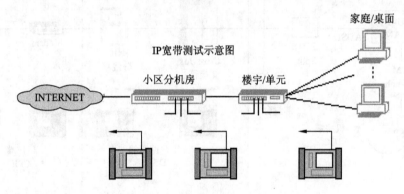

图 3 - 26　ADSL 线路测试仪测试 IP 宽带位置示意图

（3）利用 ST330 的物理层参数测试解决故障。

故障现象：用户上网不稳定，频繁掉线，而且 ADSL Modem 经常无法正常连接。

测试过程：这种问题一般是线路质量不好、线路过长、线路噪声过大、线路接触不良等原因导致高频衰减过大所造成的。

首先测量环阻，看是否在正确范围以内；

检查 Modem 前端，是否接有其他语音设备，必要的情况下可拆除这些设备；

检查分离器安装是否正确；

观察上网断线时，线路上是否有电话呼叫或其他电气设备正在使用，判断是否有干扰设备；

检查入户线路接头、电话线插头是否接触可靠，检查入线质量。

若从以上几个方面均找不到什么实际问题，最后可在用户端使用 ST330 对进户线进行物理层测试。首先在用户家中测试，然后再到用户楼头的分线盒处进行测试，最后进行分析，找出故障原因，并进行处理。

任务 5 ADSL2＋技术

【任务要求】

识记：ADSL2、ADSL2＋相对 ADSL 的优点；

领会：ADSL2 的改进情况。

【理论知识】

3.5.1 新一代 ADSL 技术

随着 ADSL 技术在全球范围的大规模推广以及针对 ADSL 技术的应用和服务的不断推出，ADSL 目前已是国内外应用最广的一种接入技术。但随着像光纤以太网、HFC 有线电视网等宽带接入技术的日益成熟，ADSL 在某些方面，如接入速率、传输距离、抗线路损伤和射频干扰能力等方面的不足逐渐显露出来。为了继续保持其强劲的技术竞争力，在原 ADSL(ITU G.992.1/ITU G.992.2)规范的基础之上，在相关运营商、设备厂商的支持推动下，2002 年 5 月，ITU－T 会议中通过了新一代 ADSL 标准，其中包括了 ADSL2(G.992.3)和无分离器 ADSL2(G.992.4)；在 2003 年 1 月举行的 ITU－T 会议上又通过了在 ADSL2 基础上改进的 ADSL2＋(G.992.5)标准。与 ADSL 相比，ADSL2 增加了一些新功能，主要致力于提高传输性能、网络互操作性，同时，在对新业务、应用的支持上也大大完善。而 ADSL2＋在可用频带、上下行传输速率上又做了进一步扩展。本节对这两种新型的 ADSL 技术进行综合介绍。

3.5.2 ADSL2 技术

第一代 ADSL 技术在经历了几年的大规模使用后逐渐暴露出一些难以克服的弱点，比如较低的下行速率，使之难以满足一些高速业务(如流媒体业务)的开展；单一的传输模式，难以适应网络 IP 化的趋势；线路诊断能力较弱，随着用户的不断增多，在线路开通前如何快速确定线路质量成为运营商十分头痛的问题。迫于业务发展的需要，更好地迎合网络运营和信息消费的需求，ADSL2 和 ADSL2＋技术应运而生。

ADSL2 是在第一代 ADSL 的基础上发展起来的，相对于第一代 ADSL，在相同的传输距离下，ADSL2 可以获得 50 kb/s 的提高速率；在相同的传输速率下，ADSL2 可以使传输距离延长 183 米。ADSL2 标准 G.992.3 下行频谱与第一代 ADSL 相同，但由于强制支持四维、16 状态格状码，所以理论上其最高下行速率可以达到 12 Mb/s，最高上行速率可以达到 1.2 Mb/s 左右。

ADSL2 通过提高调制效率、减小帧开销、提高编码增益、改进初始化状态机、采用更高级的信号处理算法等措施使 ADSL2 系统的传输性能有了进一步改善。ADSL 标准规定，下行和上行速率分别要至少达到 6 Mb/s 和 640 kb/s，而 ADSL2 标准要求支持下行至少 8 Mb/s、上行 800 kb/s 速率。ADSL2＋标准在 ADSL2 的基础上又进行了扩展，通过增加下行频谱的方式提高了子载波数的数目，因此 ADSL2＋可支持的下行速率可达 16 Mb/s，而上行速率可达 800 kb/s，同时还可以支持更高的速率，如下行最大传输速率可达 25 Mb/s。

1. ADSL2 相对 ADSL 的改进

ADSL2 技术与第一代 ADSL 技术比较起来，其改进的地方主要有如下几个方面：

（1）传输速率与距离有较大的提高。

如何有效解决传输速率与传输距离之间的矛盾以满足在合适范围内开展宽带业务的需求？ADSL2 便是一种最新方案。

ADSL2 传输性能的改善主要得益于以下核心技术：采用高效的调制解调技术，保证在较低的信噪比条件下，在较长的传输线路上获得较高的传输速率；减少帧开销，与 ADSL 技术中每帧采用固定的 32 kb/s 的开销相比，ADSL2 采用可编程的帧头，使每帧的帧头可根据需要从 4 kb/s 到 32 kb/s 灵活调整，从而，提高了信息净负荷的传输效率；在 ADSL 帧 RS 编码结构方面，其灵活性、可编程性也大大提高；链路建立的初始化机制有所改善，从而保证了线路速率的提高与稳定，如在线路两端的功率控制可以减少串扰，由接收端根据线路状态发出的初始化信息便于选择合适的信道以避免由桥接头或语音干扰引起的信道衰落等。

（2）实行智能化的功率管理，ADSL 系统的能耗得到有效的降低。

如何有效降低 ADSL 系统的能耗也是困扰各 ADSL 厂商的一大难题。ADSL2 可以根据系统的工作状态（高速连接、低速连接、离线等），在保证业务不受影响的前提下，灵活、快速地转换工作功率。

为了达到降低能耗的目的，在第一代 ADSL 技术标准中的满功耗模式（L0 模式）下，ADSL2 标准引入了两种新的功耗管理模式：低数据速率状态（L2 低能耗模式）和休眠状态（L3 低能耗模式），如图 3-27 所示。

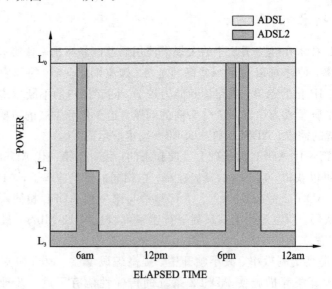

图 3-27 智能化功率转换

工作于全速率状态下时（例如用户正下载一部较大的电影），为保证快速准确的数据传输，ADSL2 系统工作于 L0 满功耗模式；当线路连接速率较低时（例如用户在线阅读一文档时），收发器功率自动调整到 L2 低能耗模式；当用户断开连接时，系统快速转换到休眠状态，同时收发器功率调整到 L3 低能耗模式。总之，根据线路连接的实际数据流量，发送功率可在 L0、L2、L3 之间灵活切换，其切换时间可在 3 秒之内完成，以保证业务不受影响。

（3）实现故障的实时诊断。

在系统的安装、调测以及运行过程中，对引起传输质量下降、影响业务应用等问题的故障进行准确定位，是 ADSL2 提供给网络运营者在运行维护工作上的一大便利。ADSL2 系统在线路监测、故障诊断等方面大大加强、拓展，该系统采用特殊的测试、诊断方式以保证在线路质量恶化到甚至不能进行 ADSL 线路连接的情况下仍能完成系统性能数据的收集、传送。ADSL2 系统实时地对线路噪声、回波损耗、回路阻抗、信噪比进行采集、上报，并直观地显示在网管操作平台上，以方便网络运营者对网络运行状态进行分析，并根据具体情况及时采取相应的故障排除措施。

（4）提高了线路抗噪声性能。

引入无缝速率适配技术 SRA(Seam-less Rate Adaptation)使得 ADSL2 系统在提高线路抗噪声性能方面前进了一大步。

SRA 采用精密复杂的在线重配置处理协议，对 ADSL2 标准中的调制层和成帧层进行非耦合处理。在线路质量发生较大改变时，非耦合关系能够使调制层调整 ADSL 收发两端传输数据的速率参数，而不直接改变成帧层的成帧参数，从而避免出现误码和线路失步等业务中断的现象。采用 SRA 技术的 ADSL2 系统能实时监测线路状态的改变，并完成在ADSL 收发两端传输速率的平滑同步调整。

（5）支持多线对绑定的高速数据传输。

ADSL 在向家庭用户提供宽带接入技术的实现上已经获得巨大的成功，但在向企业用户提供更高速率的宽带接入上却无"技"可施，这也正是 ADSL2 系统在不引入 FTTB 技术的情况下所要解决的问题。

与第一代 ADSL 相比，ADSL2 支持绑定两条甚至更多线对的物理端口，以形成一条ADSL 逻辑链路，从而实现光纤级的高速数据接入，如图 3-28 所示。

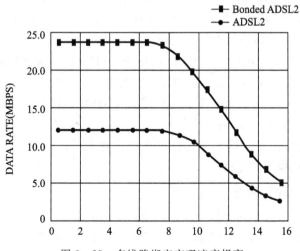

图 3-28　多线路绑定实现速率提高

多线对绑定的 ADSL2 链路的传输速率比单线对 ADSL2 链路的速率大为提高,特别在短距离条件下,速率提高更为明显。

ADSL2 是通过引入 ATM、IMA 反向复用技术以实现多线对绑定的。该规范在 ADSL 物理层与 ATM 层之间定义了一个新的 IMA 子层,以控制底层的多通道传送:即在 ADSL 的发送端,IMA 子层将上层 ATM 信元流分散到多个 ADSL 物理子层中;在接收端,IMA 子层将多个 ADSL 物理子层重新组合成 ATM 信元流。

(6)可有效地开展多样化的业务。

ADSL2 能根据不同业务、应用为客户提供信道化的线路连接,即 ADSL2 能根据具体业务对时延、误码率等性能指标要求的不同,把带宽分割为不同类型的信道,以便于灵活、有效地开展多样化的业务。

(7)增强的 QoS 能力。

ADSL2 根据不同的交织延迟大小定义了四种传输路径,这样可以对各种服务提供不同的质量保证。延迟级别最小的路径可以提供语音服务,而延迟级别最大的路径可以提供数据服务,因为它可以提供更强大的纠错能力。

(8)应用范围更广。

第一代 ADSL 主要支持两种业务模式:ADSL over POST 和 ADSL over ISDN,而 ADSL2 除了支持这两种模式外,还支持全数字业务模式,可以利用窄带语音业务的频带来传送上行数据业务。除此之外,ADSL2 还支持 PTM 传送模式,这是在第一代 ADSL 的 STM、ATM 传送模式的基础上新增加的,是为了更好地适应日益增长的以太网业务 (Ethernet over ADSL)的传送需求。

以上 8 点是 ADSL2 相对于第一代 ADSL 系统针对具体应用所做的技术上的改进,除此之外,ADSL2 还具有互操作性好(多厂商互连互通性好)、链路建立时间短(由原来的 10 秒减低为 3 秒)等优点。不过,ADSL2 在技术上的进步主要体现在接入速率与覆盖范围的提高上,而 ADSL2+在此问题的解决上更进一步,使传输频带、速率得到进一步拓展。

2. ADSL2 的优点

除了以上的一些主要改进外,ADSL2 还具有以下一些优点:

(1)改进的协同工作能力。ADSL2 简化了状态机的初始化,在连接不同的芯片供应商的 ADSL 收发器的时候可以协同工作并且提高了性能。

(2)快速启动。ADSL2 提供了一种快速启动模式,初始化时间从 ADSL 的 10 s 减少到 3 s。

(3)全数字化模式。ADSL2 有一个可以选择的模式,这个模式使得 ADSL 在语音带宽的数据传输增加了 256 kb/s 的数据率。这对那些在不同的电话线上有语音和数据服务的服务商有着很大的吸引力,他们对这个额外的上传带宽评价很高。

(4)支持基于包的服务。ADSL2 包括一个包传输模式的传输汇聚层,这使得能够在 ADSL2 上传输基于包模式的服务。

3. ADSL2 的主要业务应用

ADSL2 也是利用现有电话铜线资源,在开通语音业务(POTS、ISDN)的同时,利用高频段提供宽带数据业务的。其中 ATU-C、ATU-R 分别为局端和用户端的 ADSL2 收发单元,语音和数据业务通过分离器隔开。

根据提供业务的不同，ADSL2 包括以下四种具体的应用形式：

（1）Data：只提供数据业务。

（2）Data＋POTS：同时提供数据和普通电话业务。

（3）Data＋ISDN：同时提供数据和 ISDN 业务。

（4）Voice over Data：通过数据通道提供语音业务（VoADSL）。此时需要语音网关功能完成语音到分组数据的转换。

3.5.3　ADSL2＋技术

ADSL2＋是在 ADSL2 技术的基础上发展起来的，ADSL2＋标准在 2003 年的 1 月获得通过，作为 G.992.5 加入了 ADSL2 标准。ADSL2＋拥有 ADSL2 所具有的一切特性，同时进行了一些核心技术的改进，如 ADSL2＋建议加倍下行带宽，从 1.104 MHz 扩展到 2.208 MHz，因此可在小于 5000 英尺的距离上增加了电话线上的下行速率，理论上可达 25 Mb/s，上行速率与 ADSL2 相同。

ADSL2 标准家族各自指定了两个下行速率：1.1 MHz 和 552 kHz，ADSL2＋指定了一个 2.2 MHz 的下行频带，这个结果在短的电话线路上是个很大的增加。ADSL2＋的上行速率大约是 1 Mb/s，这要取决于环路的状况。

此外，ADSL2＋系统采用 FDM 技术，也可实现打电话、上网和传真同时进行，相互之间不会干扰。而且用户不需要拨号上网，开机即在线，使用非常方便。

1. ADSL2＋相对 ADSL2 的改进

ADSL2＋是在 ADSL2 技术基础上的改进版本，所以除了 ADSL2 本身相对 ADSL 来说所具有的一些优势外，ADSL2＋本身仍有一些明显的改进。

1）使用频带增加

在 ADSL2 技术的基础上，ADSL2＋标准（ITU G.992.5）的核心内容是拓展了线路的使用频宽，如图 3－29 所示。ADSL2 定义的下行传输频带的最高频点为 1.1 MHz（G.992.3/G.dmt.bis）或 552 kHz（G.992.4/G.lite.bis），而 ADSL2＋技术标准将高频段的最高调制频点扩展至 2.2 MHz，可支持 512 个载频点进行数据调制。通过此项技术改进，ADSL2＋提高了上下行的接入速率，尤其是在短距离（<3 km）情况下，其下行接入能力能够达到最大 16 Mb/s 以上的接入速率，从而填充了在第一代 ADSL 和 VDSL 之间接入速率的空白区间。

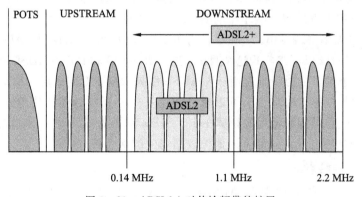

图 3－29　ADSL2＋对传输频带的扩展

2) 传输速率提高

第一代 ADSL 技术采用 DMT 调制技术。1.1 MHz 的带宽被分成 255 个子信道，每个子信道占用 4.312 kHz 的频带。子信道 6 到 31 用作上行传输，子信道 33 到 255 用作下行传输。由于每个子信道可以独立进行调制和传输，基于 DMT 技术的 ADSL 可以有很强的抗噪声的能力。ADSL2＋采用与 ADSL 完全相同的调制技术，只是将传输带宽增加到 2.208 MHz，共划分了 511 个子信道（除一个 4 kHz 的语音信道外），这样达到了将传输速率提高的目的。ADSL2＋最高可支持 25 Mb/s 的下行速率，可以支持多达 3 个视频流的同时传输，大型网络游戏和海量文件下载等都成为可能。

ADSL2＋不仅比第一代 ADSL 速率有了大幅度的提高，较 ADSL2 技术也有明显的提高，ADSL2 相对 ADSL 来说，在传输速率方面的提高是相当有限的，仅由原来的 8 Mb/s 提高到 12 Mb/s，而 ADSL2＋相对于 ADSL2 速率又有进一步的提高，ADSL2＋相对 ADSL2 对传输速率的提高示意图如图 3-30 所示。

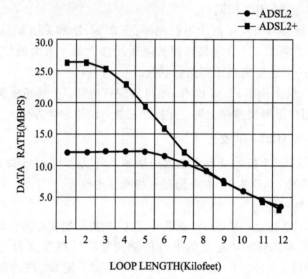

图 3-30　ADSL2＋对传输速率的提高

3) 串扰减少

除了以上频带增宽和速率提高外，ADSL2＋的另外一个改进就是减少 CO（中心局）和 RT（远程终端）之间的串扰。通常 DSLAM 会放置在中心局，但有时对一些密集用户，运营商会在邻近客户的地方放置一些小型的 DSLAM，这叫 RT。

ADSL2＋可以用来减少串话。在语音为 1.1 MHz 和 2.2 MHz 时，ADSL2＋通过使下行频率降到 1.1 MHz 以下来实现这个目的。这一点在 CO 和 RT 的 ADSL 服务达到用户的时候，处于同一个耦合中时特别有用。从 ADSL 服务和从 RT 到线路的串话能够大大削弱从 CO 到线路的数据率。ADSL2＋可以通过使用从中心局到远端的使用频率在 1.1 MHz 以下，从远端到中心局传输使用的频率在 1.1 MHz 和 2.2 MHz 之间来解决这个问题。这可消除在服务中从中心局到线路上的保护数据率中的绝大部分串话。

2. ADSL2＋的特点

综合 ADSL2 本身的技术和 ADSL2＋在 ADSL2 技术基础上的改进，可以得出 ADSL2＋系统具有以下几个方面的主要特点：

（1）速度快：ADSL2＋解决方案接入速率可达 25 Mb/s，是现有的 ADSL 产品所无法比拟的。它可以满足目前用户最迫切的高速上网要求（VOD 点播、网上电视直播等）。

（2）传输距离长：ADSL2＋解决方案传输距离可达 7 km，完全能满足宽带智能化小区的需要，突破了以前 ADSL 技术接入距离只有 3.5 km 的缺陷，可覆盖 90％以上现有的用户。

（3）无串扰：ADSL2＋解决方案传输无串扰，电话线出线率可达 100％，解决了 ADSL 出线率只有 15％、串扰大、某些用户无法开通的缺陷，让每一位用户都能享受高速上网的乐趣。

（4）带宽可控制：通过网管系统设置每个用户的带宽。宽带分配方式是 $n \times 64$ kb/s，便于局方控制网络流量，划分计费标准。

（5）随时在线：ADSL2＋系统采用频分复用技术，打电话、传真和上网同时进行，不会互相干扰。用户不需要拨号上网，开机即在线（当然这只对专线接入用户而言），使用非常方便。

（6）共享网络：当有多台 PC 机时，可以通过 ADSL2＋内置的共享路由器来实现多台 PC 共享 Internet 资源。

（7）兼容性强：可兼容现有的所有协议的 ADSL 产品，无缝兼容其他厂家的 ADSL 设备。

（8）强大的管理功能：ADSL2＋系统局端设备可通过 WEB、TELNET、SNMP 网管软件和近端的 RS-232 接口对其进行管理，支持 IP 地址和 MAC 地址绑定；支持基于端口和基于 MAC 地址的 VLAN 划分；支持 DHCP-Relay 网关；支持 QoS 优先级别的设置；能单独打开和关闭每个用户端口，对每个用户端口的带宽进行控制；可实现对每个用户的流量、上网时长、数据收发等情况进行监测和控制。网管模块支持各种路由协议，支持在线升级，方便用户网络系统的维护和系统升级。

3. ADSL2＋的应用与发展

经过多年的发展，ADSL2＋技术已日渐成熟，自 2005 年开始，在国内就已有厂商推出了商用的 ADSL2＋产品。而且目前许多运营商也正在积极进行网络升级改造，以争取第一时间抢点国内新兴的 ADSL2＋市场。升级的区域包括在南方的 18 个省及北方的 8 个省，其中包括广东、上海、四川、浙江、福州、黑龙江及内蒙古等主要省份。

江苏电信在 2005 年岁末推出"超级 ADSL"业务，苏州已于当年 12 月初开始公测 ADSL2＋系统。公测发放的是上海贝尔阿尔卡特 S6307TVb ADSL Modem，下行速率 12 Mb/s，上行 800 kb/s。当地电信用户在实际使用中，下载速率可以稳定在 8.8 Mb/s。据悉，中国电信已完成了部分 ADSL 设备的技术改造，可提供最高 20 Mb/s 下行速率的 ADSL2＋业务。2005 年 11 月，华为宣布中标中国电信百万线 DSLAM 设备大单，并全部采用 ADSL2＋发货。今后中国电信新建 DSLAM 设备大多数将基于 ADSL2＋技术，其主驱动力就在于为 IPTV 的推出提供良好的平台，并缓解目前 ADSL 业务的一些不良现状。

～～～～～ 过 关 训 练 ～～～～～

1. 选择题

（1）ADSL 的不对称性是指（　　）。

A. 上下行线路长度不同　　　　　　　B. 上下行线路粗细不同

C. 上下行速率不同　　　　　　　　　D. 上下行信号电压不同

(2) ADSL(非对称数字用户环路)技术是利用现有的(　　)资源,为用户提供上、下行非对称传输速率的一种技术。

A. 网线　　　　　　　　　　　　　　B. 光纤

C. 同轴电缆　　　　　　　　　　　　D. 双绞线

(3) ADSL 采用的调制技术有(　　)。

A. CAP　　　　　　　　　　　　　　B. DMT

C. QAM　　　　　　　　　　　　　　D. FSK

(4) ADSL 用户端设备包括(　　)。

A. ADSL Modem 和信号放大器　　　　B. 56 KB,MODEM 和电话机

C. ADSL Modem 和语音分离器　　　　D. ADSL,MODEM 和整流器

(5) ADSL 业务实际的线路速率受(　　)因素影响。

A. 线路长度　　　　　　　　　　　　B. 线径

C. 干扰　　　　　　　　　　　　　　D. 布线情况

(6) ADSL 具有(　　)km 的接入距离。

A. 5~8 km　　　　　　　　　　　　B. 3~7 km

C. 3~5 km　　　　　　　　　　　　D. 3~6 km

(7) 以下哪些做法能够提高 ADSL 线路质量?(　　)。

A. 把 0.4 mm 线径的电缆调整为 0.5 mm 线径的电缆

B. 减少接头的数量

C. 将用户室内平行线改为双绞线

D. 缩短电缆长度

(8) 分离器或滤波器是利用语音信号和 ADSL 数据信号在(　　)上的差别将它们分开的。

A. 时间　　　　　　　　　　　　　　B. 频率

C. 速率　　　　　　　　　　　　　　D. 时间和频率

(9) 宽带用户上网时出现网络状况不稳定,时常掉线情况,我们应该分析的原因包括(　　)。

A. 检查 ADSL 用户线路是否超过 2 km,ADSL2+用户是否超过 5 km,超过规定长度将出现网络不稳定情况

B. 检查 MODEM 是否工作正常,且是否存在其他干扰

C. 检查分离器安装是否正确

D. 检查入户线各接头是否接触良好

(10) ADSL2+支持的最大下行速率为(　　)。

A. 8 Mb/s　　　　　　　　　　　　B. 16 Mb/s

C. 20 Mb/s　　　　　　　　　　　　D. 25 Mb/s

(11) ADSL2/ADSL2+特性有哪些?(　　)。

A. 增强的编码功能　　　　　　　　　B. 更低的功耗

C. 模块化结构   D. 高速长距

E. 速率绑定功能

(12) ADSL 典型应用有（   ）。

A. Internet 高速宽带接入服务

B. 多种宽带多媒体服务，如视频点播 VOD、音乐厅、网络电视等

C. 基于 ATM 或 IP 的 VPN 服务

D. 提供点对点的远程可视会议、远程医疗、教学等服务

2. 判断题

(1) ADSL 是通过时分复用技术实现数据信息和语音在相同的信道上传输的。（   ）

(2) ADSL 是一种上下传输速率不相等的 DSL 技术。（   ）

(3) 普通电话业务（POTS）仍在原频带内传送，它经由一低通滤波器和分离器插入到 ADSL 通路中。即使 ADSL 系统出故障或电源中断等也不影响正常的电话业务。（   ）

(4) ADSL Modem 指示灯 LAN 灯亮表示 MODEM 与网卡（或路由器）连接正常。（   ）

(5) ADSL Modem 指示灯 LINK 灯（同步灯）闪烁表示线路出现故障。（   ）

(6) 在 ADSL 中，传输距离越远，速率越高。（   ）

(7) ADSL 都具有速率自适应的功能，即根据线路质量动态调整，速率变化是以 64 kb/s 为单位的。（   ）

(8) ADSL2 标准采用了增强的调制方式，理论上其下行的最高速率可以达到 12 Mb/s，上行的最高速率可以达到 1.2 Mb/s 左右。（   ）

(9) ADSL 通道方式中的交织方式，纠错能力一般，但延迟较小，适用于那些对延迟敏感的业务。（   ）

(10) 信噪比容限是指在保持当前速率和误码率的前提下，系统还能容忍的附加噪声。MODEM 的信噪比容限与 ADSL 连接的稳定性成反比。（   ）

模块四　光纤接入技术

光接入网(OAN)泛指在本地交换机，或远端模块与用户之间全部或部分采用光纤作为传输媒质的一种接入网。目前的接入网主要是铜缆网(如双绞电话线)，铜缆网的故障率很高，维护运行成本也很高，OAN 的引入首先是为了减少铜缆网的维护运行费用和故障率，其次是为了支持开发新业务，特别是多媒体和宽带新业务，最后是为了改进用户接入性能。在铜缆网上的传输业务经常会受到各种干扰和距离的限制，用户接入速率一般不会很高，传输距离通常也受限在 10 km 以内。而光纤接入网，在技术上要远比铜缆网优越，受环境干扰和距离限制远没有铜缆网强，而且速率还可远高于传统的铜缆网，具有非常明显的发展潜力。采用光纤接入网已经成为解决电信发展瓶颈的主要途径，不仅最适合于新建的用户小区，而且也是需要更新的现有铜缆网的主要替代手段。

【主要内容】

本模块共分四个任务，包括光接入网概述、APON 技术、GPON 技术、EPON 技术。

【重点难点】

重点介绍光接入网的基本概念、PON 系统的组成、EPON 的工作原理，难点是 PON 的关键技术。

任务 1　光接入网概述

【任务要求】

识记：光接入网的分类、PON 网络的组成。

领会：光接入网的复用技术及网络结构。

【理论知识】

4.1.1　光接入网系统结构

1. 点到点(P2P)结构

点到点的光接入网典型应用是 FTTX＋LAN 技术，该技术利用光纤加五类线方式实现宽带接入，实现百兆/千兆光纤到小区(大楼)中心交换机，中心交换机和楼道交换机以百兆光纤或五类线相连，小区、大厦、写字楼内采用综合布线，用户端采用五类线方式接入，用户只需要一台带有网卡的 PC 机即可上网，即插即用(有直接接入和虚拟拨号两种方式)。用户上网速率可达 10 Mb/s，网络可扩展性强，投资规模小。通过 FTTX＋LAN 宽带接入方式，用户可以实现高速上网、快速地浏览各种互联网上的信息、远程办公、VOD 点播、VPN 等多种业务。由于 FTTX＋LAN 方式的高带宽接入，较适合用户对音乐、影视和交互式游戏点播的数字家居需求。FTTX＋LAN 的网络结构如图 4－1 所示，由中心接入设备和边缘接入设备组成。

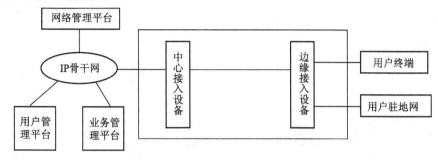

图 4－1　FTTX＋LAN 系统模型

边缘接入设备主要完成链路层帧的复用和解复用功能，在下行方向将中心接入设备发送的不同 MAC 地址的帧转发到对应的用户网络接口 UNI 上，在上行方向将来自不同 UNI 端口的 MAC 帧汇聚并转发到中心接入设备；中心接入设备负责汇聚用户流量，实现 IP 包转发、过滤以及各种 IP 层协议。具有对接入用户的管理控制功能，支持基于物理位置的用户和基于账号用户的接入，完成对用户使用接入网资源的认证、授权、计费等，同时必须能满足用户对信息的安全性要求。用户管理平台、业务管理平台、接入网的管理均可通过 IP 骨干网实行集中式处理。

中心接入设备与边缘接入设备推荐采用星型拓扑结构，中心接入设备与 IP 骨干网设备之间的拓扑结构可以是星型，也可以是环型。其中，中心接入设备一般为：2 层交换机、2 层交换机＋宽带接入服务器、3 层交换机、3 层交换机＋宽带接入服务器等；边缘接入设备一般为 2 层交换机。

下面以小区以太网为例，说明 FTTX＋LAN 接入系统的组成。一般小区以太接入网络采用结构化布线，在楼宇之间采用光纤形成网络骨干线路，在单个建筑物内一般采用五类双绞线到住户内的方案。中心接入设备一般放在小区内，称为小区交换机，每个小区交换机可容纳 500 到 1000 个用户，上行可采用 1 Gb/s 光接口，或 100 M 电接口经光电收发器与光纤连接，下行可为 100 Mb/s 电接口或 100 Mb/s、1 Gb/s 光接口。小于 100 m 采用五类双绞线，大于 100 m 采用光纤。

边缘接入设备一般位于居民楼内，称为楼道交换机。楼道交换机采用带 VLAN 功能的 2 层以太网交换机，可不需要路由功能，每个楼道交换机可接 1～2 个用户单元，上行采用 100 Mb/s、1 Gb/s 光接口或 100 Mb/s 电接口，下行采用 10 Mb/s 电接口。楼道交换机接入用户主要是通过楼内综合布线系统和相关的配线模块提供五类双绞线端口入户，入户端口能够提供 10 M 的接入带宽。系统中可采用配置 VLAN 的方式保证最终用户一定的隔离和安全性。VLAN 在楼道接入交换设备上配置，终结在小区接入交换设备上。每个小区接入交换机管辖区域内的 VLAN 要统一管理分配，IP 地址统一规划。

在网络管理上，为保证系统的安全，整个系统可采用"带内监视、带外控制"的方式进行管理，也可采用"带内控制"的方式进行管理。

实际中，可根据小区规模的大小，或接入用户数量的多少将小区接入网络分为小规模、中规模和大规模三大类。

1）小规模接入网络

对于小规模居民小区来说，用户数少，且用户连接到以太交换设备的双绞线距离不超过 100 m。小区内采用 1 级交换：交换机采用 100 m 上联，下联多个 10 M 电接口，直接接入用户；若用户数超过交换机的端口数，可采用交换机级联方式，如图 4 - 2 所示。

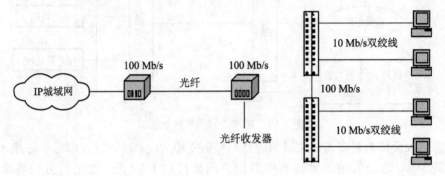

图 4 - 2　小规模接入网络

2）中规模接入网络

对于中规模居民小区来说，居民楼较多，用户相对分散。小区内采用 2 级交换：小区中心交换机（可以是 3 层交换机）具备一个千兆光接口或多个百兆电接口上联，其中光接口直联，电接口经光电收发器连接。中心交换机下联口既可以提供百兆电接口（100 m 以内），也可以提供百兆光接口。楼道交换机的连接同小规模接入网络相同，用户数量多时可采用交换机级联方式，在 100 m 距离内接入用户，如图 4 - 3 所示。

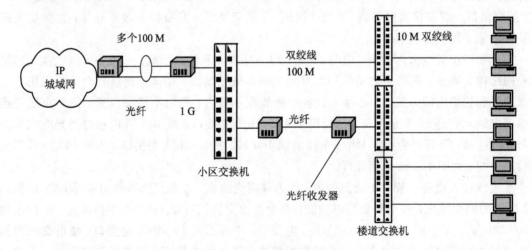

图 4 - 3　中规模接入网络

3）大规模接入网络

大规模居民小区一般居民楼非常多，楼间距离较大，且相对分散。小区内采用 2 级交换：小区中心交换机（3 层交换机）具备多个千兆光接口直联宽带 IP 城域网，中心交换机下联口既可以提供百兆光接口，也可以提供千兆光接口。楼道交换机连接基本上与小规模接入网络相同，必要时楼栋交换机上联用千兆光接口，如图 4 - 4 所示。

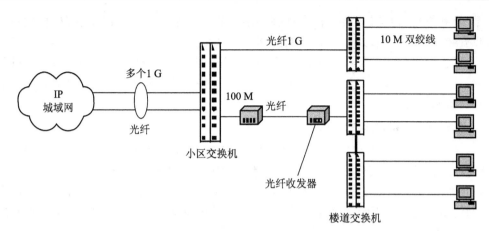

图 4-4　大规模接入网络

2. 点到多点(P2MP)结构

点到多点的光接入网典型应用是 xPON 技术,它由光线路终端(OLT)、光配线网
(ODN)和光网络单元(ONU)三大部分组成,如图 4-5 所示。

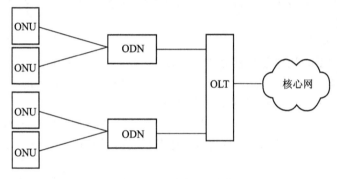

图 4-5　xPON 系统模型

1) 光线路终端 OLT

OLT 位于 ODN 与核心网之间,实现核心网与用户间不同业务的传递功能,通常安装
在服务提供端的机房中。它可以区分交换和非交换业务,管理来自 ONU 的信令和监控信
息,并向网元管理系统提供网管接口,完成接口适配、复用和传输功能。同一个 OLT 可连
接一个或多个 ODN,为 ODN 提供网络接口。OLT 可以直接设置在本地交换机接口处,也
可以设置在远端,与远端集线器或复用器接口相连,OLT 在物理上可以是独立设备,也可
以与其他功能集成在一个设备内。

2) 光配线网络 ODN

ODN 位于 ONU 和 OLT 之间,为 OLT 与 ONU 提供光传输手段,完成光信号的传输
和功率分配任务。通常 ODN 是由光连接器、光分路器、波分复用器、光衰减器、光滤波器
和光纤光缆等无源光器件组成的无源光分配网,呈树型分支结构。

3) 光网络单元 ONU

ONU 位于用户和 ODN 之间,实现用户接入。其主要功能是终结来自 ODN 的光纤、
处理光信号,并为多个小企事业用户和居民住宅用户提供业务接口。ONU 的网络侧是光
接口,用户侧是电接口,因此 ONU 需要有光/电和电/光的转换功能,还要完成对语音信

号的数/模和模/数转换、复用、信令处理和维护管理功能。它既可以安装在用户住宅处，也可以安装在 DP(路边)处甚至 FP(楼边)处。

ONU 上有多种用户接口，以支持不同的线路，如 10/100 Base－T，1000Base－FX 以太网接口、T1/E1 接口、DS0、DS3、V5.1 和 V5.2 接口等，它是通过在模块结构中安装不同的接口卡来实现的。

3. P2P 与 P2MP 结构的比较

(1) P2P(FTTx＋LAN)方式：中心机房间到楼道交换机需要 2(N＋1)条光纤，2(N＋1)对光收发器。周围环境变化对网络设备的稳定性有较大影响。

(2) P2MP(xPON)方式：中心机房 OLT 到 ONU 之间需要 N＋1 条光纤，且信号在 ODN 网络传输过程中不经过有源电子器件，因些故障点减少，可靠性提高，运营维护成本降低。

4.1.2　光接入网分类

1. 按传输网络中是否含源分类

按室外传输网络中是否含有源设备，光接入网可分为有源光网络(AON)和无源光网络(PON) 两大类

1) 有源光网络(AON)

有源光网络主要采用电复用器分路，即 OLT 和 ONU 之间通过有源光传输设备相连。根据传输技术不同，AON 又可分为基于 SDH 的 AON、基于 PDH 的 AON、基于 MSTP 和基于 PPPOE 的 AON。有源光网络具有以下技术优势：

(1) 传输容量大：目前用在接入网的 SDH 传输设备一般提供 155 Mb/s 或 622 Mb/s 的接口，有的甚至提供 2.5 Gb/s 的接口。将来只要有足够的业务量需求，传输带宽还可以增加。

(2) 传输距离远。在不加中继设备的情况下，传输距离可达 70～80 km。

(3) 用户信息隔离度好。有源光网络的网络拓扑结构无论是星型还是环型，从逻辑上看，用户信息的传输方式都是点到点方式。

(4) 技术成熟。无论 SDH 设备还是 PDH 设备，均已在以太网中大量使用。

(5) 成本上升低。虽然 SDH 技术在骨干传输网中大量使用有源光接入设备的成本已大大下降，但在网中与其他接入技术相比，其成本还是比较高的，成本下降空间较大。

2) 无源光网络(PON)

无源光网络是指在 OLT 和 ONU 之间的光分配网络没有任何有源电子设备，主要采用光分路器分路。1983 年，BT 实验室首先发明了 PON 技术。PON 是一种纯介质网络，由于消除了局端与用户端之间的有源设备，它能避免外部设备的电磁干扰和雷电影响，减少线路和外部设备的故障率，提高系统可靠性，同时可节省维护成本，是电信维护部门长期期待的技术。PON 的业务透明性较好，原则上可适用于任何制式和速率的信号。目前基于 PON 的实用技术主要有 APON/BPON、GPON、EPON/GEPON 等几种，其主要差异在于采用了不同的二层技术。

2. 按光网络单元放置的位置分类

根据光接入网中光网络单元放置的具体位置不同，光接入网可分为光纤到路边(FT-

TC)、光纤到小区(FTTZ)、光纤到用户所在地(FTTP)、光纤到楼(FTTB)、光纤到楼层(FTTF)、光纤到桌面(FTTD)、光纤到办公室(FTTO)和光纤到家(FTTH)等几种,但主要应用的是 FTTB、FTTC、FTTH 三种类型,如图 4-6 所示。

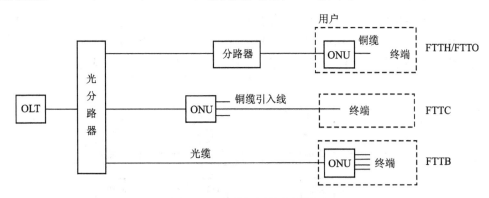

图 4-6 光接入网的应用类型

(1) 光纤到路边(FTTC)。FTTC 主要是为住宅用户提供服务的,光网络单元(ONU)可设置在路边的人孔或电线杆上的分线盒处,也可设置在交接箱处。传送窄带业务时,ONU 到各用户间采用普通双绞线铜缆;传送宽带业务时,ONU 到用户间可采用五类线或同轴电缆。FTTC 结构主要适用于点到点或点到多点的树枝分支拓扑,用户为居民住宅用户和小企事业用户,典型用户数在 128 个以下。

(2) 光纤到楼(FTTB)。FTTB 主要用于综合大楼、远程医疗、远程教学及大型娱乐场所,为大中型企事业单位及商业用户服务,提供高速数据、电子商务、可视图文等宽带业务。FTTB 是一种点到多点的结构,其 ONU 设置在大楼内的配线箱处,再经多对双绞线将业务分送给各个用户。

FTTB 可看作是 FTTC 的衍生类型,其光纤化程度比 FTTC 更进一步,光纤已铺设到楼,因而更适合高密度用户区,也更接近长远发展目标,会获得越来越广泛的应用,特别是那些新建工业区或居民楼以及与宽带传输系统共处一地的场合。

(3) 光纤到家(FTTH)和光纤到办公室(FTTO)。FTTH 是将 FTTC 结构中设置在路边的 ONU 换成无源光分路器,然后将 ONU 放置在用户住宅内,为家庭用户提供各种综合宽带业务,但用户业务量需求很小,其经济结构是点到多点方式。FTTH 接入网是全透明的光网络,对传输制式、带宽、波长和传输技术没有任何限制,适于引入新业务,是一种最理想的网络,是光接入网发展的长远目标。但是每一个用户都需要一对光纤和专用的ONU,因而成本昂贵,实现起来非常困难。

FTTO 结构与 FTTH 结构类似,不同之处是将 ONU 放在大企事业用户(公司、大学、科研院所和政府机关等)终端设备处,并能提供一定范围的灵活业务。由于大企事业单位所需业务量较大,因而 FTTO 在经济上比较容易成功,发展很快。FTTO 也是一种纯光纤连接网络,可将其归入与 FTTH 同类的结构中。但要注意两者的应用场合不同,结构特点也不同。

4.1.3 光接入网的网络结构

光接入网的网络结构,是指传输线路和节点之间的结构,表示网络中各节点的相互位置与相互联接的布局情况。在光接入网中,主要采用总线型、环型和星型这三种基本的网络拓扑结构。在大的网络中，还可以派生出一些混合型的结构，如总线-星型结构、树型、双环型等多种组合应用形式，各有其特点，相互补充。

1. 总线型结构

总线型结构是光接入网中应用非常普遍的一种点到多点配置的基本结构，它是以光纤作为公共总线，一端直接连接服务提供商的核心网络，另一端则是利用了一系列串联的非均匀光分路器连接至各个用户。ONU 与总线的连接可以是同轴电缆，或是双绞线，也可以是光纤，如图 4-7 所示。

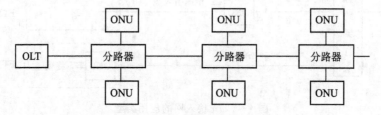

图 4-7　总线型光接入网基本网络结构

这种结构能从总线上检出 OLT 发送的信号，同时又能将每一个 ONU 发送的信号插入光总线送回给 OLT。其中非均匀光分路器在光总线中只引入少量损耗，并且只从光总线中分出少量的光功率。其分路比由最大的 ONU 数量、ONU 所需的最小输入光功率等具体要求确定。这种结构的优点是共享主干光纤，节省线路投资，增删节点容易，彼此干扰小；缺点是共享传输介质，连接性能受用户数影响较大。此结构适合于沿街道、公路线状分布的用户环境。

2. 环型结构

环型结构也是点到多点配置的基本结构。这种结构可看作是总线结构的特例，是一种首尾相接自成封闭回路的网络结构，如图 4-8 所示。

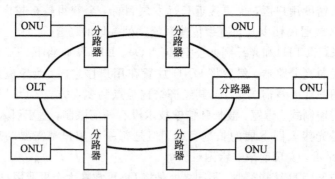

图 4-8　环型光接入网基本网络结构

ONU 与光纤环的连接可以采用同轴电缆，或是双绞线，也可以是光纤。其信号传输方式和所用器件与总线形结构差不多。这种结构的突出优点是可以实现网络自愈，因为每个光分离器可从两个不同的方向连接到 OLT，因此其可靠性大大提高。缺点是连接性能差，通常适用于较少用户的接入网中。

3. 星型结构

星型结构是一种点到点配置的网络结构，又分为有源单星型结构、有源双星型结构和无源双星型结构三种。

（1）有源单星型结构。该结构是每一个用户端设备 ONU 都经过光纤直接与局端设备 OLT 相连，如图4-9所示。

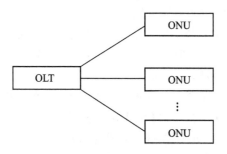

图4-9 有源单星型光接入网基本网络结构

这种结构的优点是用户之间相互独立，保密性能好，升级和扩容容易，只要将两端的设备更换就可以开通新业务，适应性强。缺点是成本太高，每个 ONU 都需要单独的一对光纤或一根光纤与 OLT 相连，要通向千家万户，就需要上千芯的光缆，难于处理。

（2）有源双星型结构。双星型结构实际上是一种树型结构，分为两级。它在 OLT 与 ONU 之间增加了一个有源节点，OLT 与有源节点间共用光纤，利用时分复用或频分复用传送大容量的信息，到有源节点再转换成较小容量的信息流，传到千家万户，结构如图4-10所示。

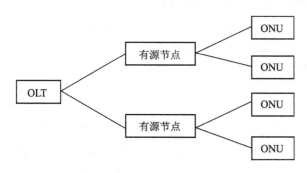

图4-10 有源双星型光接入网基本网络结构

这种网络结构的优点是灵活性较强，中心局有源节点间共用光纤，光缆芯数较少，降低了费用。缺点是有源节点部分复杂，成本高，维护不方便；另外，如要引入宽带新业务，将系统升级，则需将所有光电设备都更换，或采用波分复用叠加的方案，这比较困难。

（3）无源双星型结构。无源双星型结构保持了有源双星型结构光纤共享的优点，只是将有源节点换成了无源分路器，维护方便，可靠性高，成本较低。由于采用了一系列措施，保密性能也很好，是一种较好的接入网结构。

实际中，选择光接入网的拓扑结构时应考虑多种因素：如用户所在地的分布、OLT 和 ONU 的距离、不同业务的光信道、可用的技术、光功率预算、波长分配、升级要求、可靠性和有效性、操作管理和维护、ONU 供电、安全和光缆容量等。

上述的任何一种结构均不能完全适用于所有的实际情况，光接入网的拓扑结构一般是由几种基本结构组合而成。

4.1.4　光接入网的传输技术

光接入网的传输技术主要解决在 OLT 和多个 ONU 间上、下行信号的正确传输问题，其中最关键的是解决上行信道的使用问题。

在有源光接入网中，OLT 与 ONU 之间通过有源传输设备相连，传输技术是骨干网中大量采用的 SDH 和 PDH 技术，但以 SDH 技术为主。SDH 具有自愈能力，维护、控制、管理功能强，标准统一，便于传输更高速率的业务。

在无源光接入网中，OLT 至 ONU 的下行信号传输较简单，一般是在 OLT 中采用时分复用方式，将送往各 ONU 的信号复用后送至光纤，通过光分路器进行功率分路后，以广播方式送至各个 ONU，各 ONU 在规定时隙接收属于自己的信息。ONU 至 OLT 的上行信号传输比较复杂，由于多个 ONU 共享一根光纤，而每个 ONU 发送信号是突发的。因此，为了避免上行信号间碰撞，需要一定信道分配策略，保证任意时刻只能有一个 ONU 发送信号，各 ONU 之间轮流发送，以实现传输信道共享。在 OAN 中，通常采用的传输技术有下列几种。

1. 空分复用(SDM)

空分复用是指上行信号和下行信号使用不同的光纤分开传输。这种技术传输性能最佳，实现也最简单，但与单纤传输方式相比，成本高，安装和维护复杂。

2. 时分复用(TDM)/时分多址(TDMA)

时分复用技术是指在同一个光载波波长上，将时间分割成周期性的帧，每帧再分割成若干个时隙，按一定的时隙分配原则，使每个 ONU 在指定时隙内以分组方式向 OLT 发送信号。基于 TDM/TDMA 的 PON 原理示意图如图 4-11 所示。

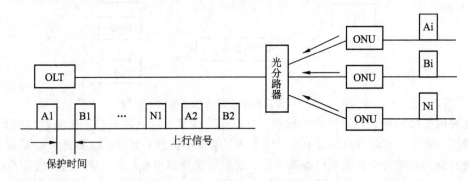

图 4-11　TDM/TDMA 的 PON 原理示意图

TDM/TDMA 技术所用器件相对简单，技术上也相对成熟。但在实际组网时，由于各个 ONU 与 OLT 之间的距离不同，上行传输时必然引起各 ONU 信号到达光分路器和 OLT 的相位及幅度不同。为此要求 OLT 必须具备一整套完善的测距系统，以防止信号在光分路器处出现碰撞；必须具有快速比特同步电路，保证 OLT 在每个分组信号开始的几个比特时间内迅速建立比特同步；采用突发模式的光接收机，才能根据每一个分组信号开始的几个比特信号幅度大小迅速建立合理的判决门限，正确还原出该组信号。

3. 时间压缩复用(TCM)/时间压缩多址(TCMA)

时间压缩复用技术是指利用一根光纤，传输时不断改变收、发方向，使两个方向的信号以脉冲串的形式轮流在同一根光纤中传输,基于 TCM/TCMA 的 PON 原理示意图如图 4－12 所示。

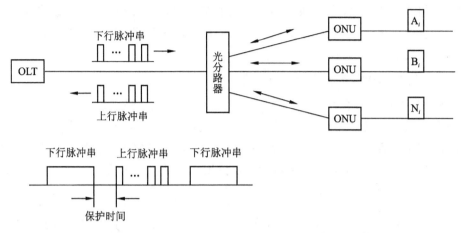

图 4－12 TCM/TCMA 的 PON 原理示意图

TCM/TCMA 的工作原理是 OLT 将下行信号先经过时分复用技术形成下行脉冲串,再放入发送缓存器中进行时间压缩,最后在规定时间内送到光纤上传输。经光分路器后以广播方式送给 ONU,各个 ONU 依次取出属于自己的信号。在随后的时间段内,各 ONU 依次在属于自己的时隙内以突发方式向 OLT 发送信号,形成上行脉冲串。待其发送完毕,OLT 又开始发送下一个下行脉冲串,如此循环下去。

TCM/TCMA 技术的特点是:用一根光纤实现双向传输,节约了光纤、光分路器和活动连接器等,网管系统判断故障比较容易。但 OLT 和 ONU 的电路较复杂,传输速率不能太高。

4. 波分复用(WDM)/波分多址(WDMA)

波分复用技术是指把不同波长的光信号复用到一根光纤中进行传送的技术,可细分为 WDM 和 DWDM。WDM 是不同窗口的光波进行复用,DWDM 是同一窗口的多个光波复用。根据波分复用原理,不同波长的光信号只要相隔一定间隔就可以共享同一根光纤传输而彼此互不干扰。在 OAN 中将各个 ONU 的上行传输信号分别调制为不同波长的光信号,送到光分路器并耦合进入光纤中传输,在 OLT 处再利用 WDM 器件分出属于不同 ONU 的光信号,最后再通过光/电检测器解调为电信号。基于 WDM/WDMA 的 PON 原理示意图如图 4－13 所示。

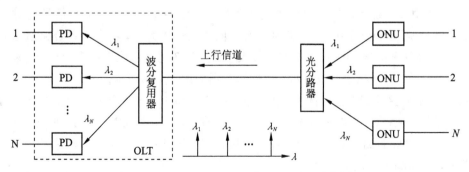

图 4－13 WDM/WDMA 的 PON 原理示意图

WDM 技术的主要优点是：可以充分利用光纤的巨大带宽资源，增加光纤的传输容量；在单根光纤上实现双向传输，节省线路资源；降低了对器件的超高速要求；由于波分复用通道对数据格式的透明性，能方便地进行网络扩容，引入宽带新业务。其缺点是：对光源的波长稳定度要求很高，上行信道数受到限制，不能共享 OLT 设备，成本较高，因为每个波长都需要光发射器和检测器。

5. 码分复用(CDM)/码分多址(CDMA)

CDM 的基本原理是给每一个 ONU 分配一个唯一的正交码作为地址码，并将各 ONU 的上行信号与其进行模二加，再去调制具有相同波长的激光器，经分路器合路后送到光纤传输。OLT 接到信号后通过光/电检测器接收、放大和模二加等过程恢复出各个 ONU 送来的信号。基于 CDM/CDMA 的 PON 原理示意图如图 4-14 所示。

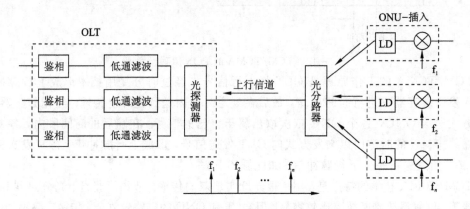

图 4-14　CDM/CDMA 的 PON 原理示意图

这种技术的主要特点是：用户地址分配灵活，抗干扰能力强，保密性能好，各 ONU 可灵活接入。但该方式系统容量受到一定限制，频谱利用率低。

6. 副载波复用(SCM)/副载波多址(SCMA)

SCM 技术是将上行信号和下行信号分别安排在不同频段，在同一根光纤中完成双向传输任务。下行信号一般采用 TDM 方式的基带传输形式，安排在低频段。上行信号采用 SCM/SCMA 方式，安排在较高频段。

SCM/SCMA 技术是指除光波外，多路信号调制在电的载波上的复用技术。一般情况下，SCM/SCMA 系统是以射频波或微波作为副载波。各个 ONU 的上行信号先对不同频率的副载波分别进行电调制，再去调制具有相同波长的激光器，经分路器合路后送入光纤传输。OLT 接收光信号，经光/电变换、放大、滤波和解调后还原出各个 ONU 送来的上行信号。基于 SCM/SCMA 技术的 PON 原理示意图如图 4-15 所示。

SCM 技术的主要特点是：技术成熟，电路简单，易于实现应用；各信道彼此独立，不需要复杂的同步技术；所需要的光器件较少，增加/减少一路 ONU 较方便。但由于各个 ONU 与 OLT 之间距离不同，将导致各路间接收到的光功率相差较大，容易引起严重的相邻信道干扰，影响系统性能。

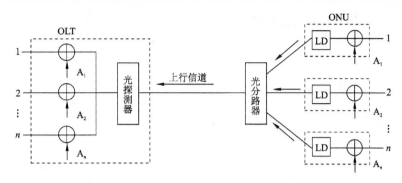

图 4-15 SCM/SCMA OAN 示意图

4.1.5 光接入网的特点

光接入技术与其他接入技术(如铜双绞线、同轴电缆、无线等)相比,其具体优点表现如下:

(1) 传输速率高。现在采用的光纤波分复用技术可使一根光纤的传输容量加大到 Tb/s 级,4 光路的 WDM 技术可以使一根光纤同时传输 40 Gb/s 的信息量;100 光路的 WDM 技术可以使一根光纤同时传输 1 Tb/s 的信息量,这是其他有线接入网无法比拟的。

(2) 功率增益高,频率宽。现代的 WDM/DWDM 光纤系统中采用 EDFA 掺铒光纤放大器能够使带宽从 20~30 nm 扩展到 80~100 nm,在 1550 nm 窗口上提供足够的功率增益。

(3) 适合各种综合业务。因为光纤接入有极高的传输速率和带宽,所以用户可以通过光纤接入网实现各种信息传输业务,它有利于传统电话通信网(PSTN)、互联网(Internet)和有线电视广播网(CATV)"三网合一"。光纤接入网能满足用户对各种业务的需求。

(4) 传输质量高。光纤通信可以克服铜线电缆无法克服的一些限制因素,如光纤损耗、频带宽,解除了铜线直径小的限制,光纤不受电磁干扰,保证了信号的传输质量,用光缆代替铜线,可以解决城市地下通信管道拥挤的问题。

当然,与其他接入技术相比,光接入网也存在一定的劣势。主要表现在如下几个方面:一是成本较高,尤其是光节点离用户越近,每个用户分摊的接入设备成本就越高;二是与无线接入相比,光纤接入网还需要管道资源,配置也较复杂。但采用光接入网是光纤通信发展的必然趋势,光纤到户是公认的接入网发展目标。

实践项目 调研目前光接入网的使用情况

实践要求:可以采用分组形式,到周围小区或企业走访用户,收集信息,独立完成报告。
实践内容:
(1) FTTX+LAN 方式接入的用户数。
(2) xPON 方式接入的用户数。
(3) 画出附近小区光接入网组网结构图。

任务 2 APON 技术

【任务要求】

识记:APON 概念、APON 速率。

领会：APON 帧结构和关键技术。

【理论知识】

4.2.1　APON 系统结构

APON 是指在 PON 上传送 ATM 信元，即物理层上采用 PON 技术，链路层上采用 ATM 技术。ATM 统计复用的特点是使 APON 能服务于更多的用户，APON 也继承了 ATM 的 QoS 优势。APON 主要由光线路终端 OLT、光分配网 ODN、光网络单元 ONU 组成，系统结构如图 4－16 所示。

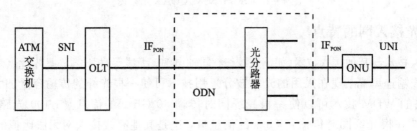

图 4－16　APON 系统结构

在 OLT 与 ONU 之间传送 ATM 信元，APON 的网络侧，与 OLT 连接的是 ATM 交换机。在 APON 的用户侧，ONU 可通过 ISDN、LAN 等与用户接口。

根据 G.983.1 建议可知，传输线路的标称速率有两种：对称速率（155.52 Mb/s）和非对称速率（上行 155.52 Mb/s，下行 622.08 Mb/s）。实现双向传输的方式也有两种：一是采用单纤波分复用方式，即利用一根光纤的 1310 nm 和 1550 nm 两个低损耗窗口及 WDM 技术实现单纤双向传输，1310 nm 波长传上行信号，1550 nm 波长传下行信号；二是采用单向双纤空分复用方式，即利用两根光纤的 1310 nm 窗口分别传输上下信号。

目前，APON 系统一般采用波分复用方式及 TDM/TDMA 传输复用技术实现单纤双向传输，即 OLT 送往 ONU 的下行信号用 TDM 技术，ONU 送往 OLT 的上行信号用 TDMA 技术。

在下行方向，由 ATM 交换机来的 ATM 信元先送给 OLT，将其转换成速率为 155.52 Mb/s 或 622.08 Mb/s 的下行信号，再经过光分路器以广播方式发送给与 OLT 相连的 ONU，每个 ONU 可以根据信元的 VCI/VPI 选出属于自己的信元送给用户终端。在上行方向，各个 ONU 收集来的用户信息，将其适配成 ATM 信元格式，插入到指定的时隙，再通过电/光转换设备将其转换为 1310 nm 波长的光信号以 155.52 Mb/s 速率送入光纤传输。

1. 光线路终端（OLT）

OLT 通过标准业务接口与核心网络连接，通过 PON 专用接口与 ODN 相连，按要求提供光接入，其基本构成如图 4－17 所示。

业务端口功能模块：主要通过 VB5.X 或 V5.X 接口实现系统和不同类型的业务节点的接入，可将 ATM 信元插入上行的 SDH 净荷区，也可从下行的 SDH 净荷中提取 ATM 信元。

ATM 交叉连接功能模块：主要实现多个信道的交换、信元的路由选择、信元的复制、

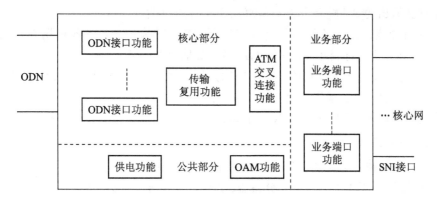

图 4-17　OLT 功能块

错误信元的丢弃等功能。

传输复用功能模块:为业务端口和 ODN 接口提供 VP 连接,并在 IFPON 点为不同的 VP 分配不同的业务。不同信息(如主要内容、信令和 OAM 信息流)可用 VP 中的 VCs 来交换。

ODN 接口功能模块:完成光/电和电/光变换;向下行 PON 净荷插入 ATM 信元并从上行 PON 净荷提取 ATM 信元;与 ONU 一起实现测距功能,并且将测得的数据存储,以便在电源或者光中断后重新启动 ONU 时能恢复正常工作。根据系统所支持的用户群的大小,OLT 应该能够提供多个 ODN 接口。

OAM 功能模块对 OLT 的所有功能块提供操作、管理和维护,如配置管理、故障管理和性能管理等,并提供标准接口与 TMN 连接。

供电功能模块将外部电源变换为机内所要求的各种电源。

2. 光网络单元(ONU)

ONU 通过 PON 专用接口与 ODN 相连,通过多种 UNI 接口与不同用户终端相连,支持多种用户终端接入。其功能块如图 4-18 所示。

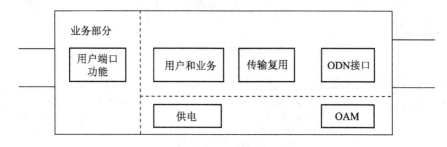

图 4-18　ONU 功能块

ODN 接口功能:实现光/电和电/光变换功能;从下行信号中提取定时信号,保证频率同步;与 OLT 一起完成测距功能;在 OLT 控制下调整发送光功率;若与 OLT 通信中断时,则切断 ONU 光发送,以减小该 ONU 对其他 ONU 通信的串扰。

传输复用功能:用于处理和分配相关信息,即分析从 ODN 接口来的下行信号,在定时信号的控制下取出属于该 ONU 的 ATM 信元;同时在规定时间内将上行 ATM 信元发送给 ODN 接口。

用户和业务复用功能:对来自不同用户的 ATM 信元进行复用,经传输复用送至 ODN

接口；并对已取出的 ATM 信元进行解复用送至各用户端口。

用户端口功能：通过多种 NUI 接口与不同用户终端相连，将各种用户信息适配成
ATM 信元，插入上行净荷中；并从下行净荷中提取 ATM 信元。

OAM 功能：对 ONU 所有的功能块提供操作、管理和维护（如线路接口板和用户环路
维护、测试和告警，告警报告送给 OLT 等）。

供电功能：提供 ONU 电源变换，与实际供电方式有关。

3. 光配线网络(ODN)

ODN 在 OLT 和一个或多个 ONU 之间提供一条或多条光信道，主要由单模光纤和光缆、
带状光纤和光缆、光连接器、无源光分路器、无源光衰减器、光接头等无源光器件组成。根据
ITU-T 的建议，一个 ODN 的分支比最高能达到 1∶32，即一个 ODN 最多支持 32 个 ONU；
光纤的最大距离为 20 km；光功率衰减范围是：B 类 10～25 dB、C 类 10～30 dB。

4.2.2　APON 系统帧结构

在 APON 中，ATM 信元是以 APON 帧格式在系统中进行传输的。APON 帧是定时
长帧，因此，一帧中含有的信元数随数据速率的变化而不同。APON 系统中主要有两种类
型帧：上行帧和下行帧。

1. APON 系统下行帧

APON 系统下行帧结构如图 4-19 所示。APON 下行帧是由连续的时隙流组成的，每
个时隙包含一个 53 字节的 ATM 信元或 PLOAM 信元，每隔 27 个时隙插入一个 PLOAM
信元。对于速率为 155.52 Mb/s 的下行信号，每帧共 56 个时隙，其中含 2 个 PLOAM 信
元。对于速率为 622.08 Mb/s 的下行信号，每帧共 224 个时隙，其中有 8 个 PLOAM 信元。

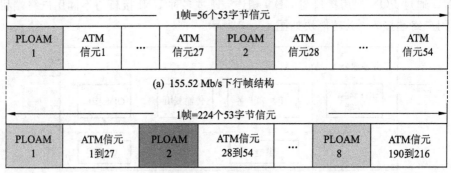

图 4-19　APON 系统下行帧结构

PLOAM 信元是物理层运行和维护的信元，用来传送物理层 OAM 信息，同时携带
ONU 上行接入时所需的授权信号。通常，每个 PLOAM 信元有 27 个授权信号，而 ONU
上行接入时，每帧只需要 53 个授权信号，该 53 个授权信号被映像到下行帧前两个
PLOAM 信元中，第二个 PLOAM 信元的最后一个授权由一个空闲授权信号填充。在
622.08 Mb/s 的下行帧结构中，后面的 6 个 PLOAM 信元的授权信号区全部填充空闲授权
信号，不被 ONU 使用，每个授权信号长度是 8 比特。ITU-T 建议中规定有不同类型的授
权信号，如表 4-1 所示。

表 4-1　授权信号

类　型	编　码	定　义
数据授权	除 11111101、11111110 和 11111111 外的任何值	指示一个上行 ONU 数据授权,在测距协议中使用授权-分配消息,将数据授权值分配给 ONU,则该 ONU 可发送一个数据信元,或当没有数据信元可用时发送一个空闲信元
PLOAM 授权	除 11111101、11111110 和 11111111 外的任何值	指示一个上行 ONU 的 PLOAM 授权,在测距协议中使用 grant-allocation 消息,将 PLOAM 授权值分配给 ONU。该 ONU 总是发送一个 PLOAM 信元来响应该授权
分离时隙授权	除 11111101、11111110 和 11111111 外的任何值	指示一组上行 ONU 分离时隙授权,在测距协议中使用 Divided-slot-grant-configuration 消息,OLT 分配授权给一系列 ONU,配置的每个 ONU 都发送一个微时隙
预留授权	除 11111101、11111110 和 11111111 外的任何值	这些授权可作为特殊数据授权类型,如用于表示一个特定的 ONU 接口或 QoS 等级
测距授权	11111101	用于测距过程,测距协议中给出了对授权起作用的条件
未分配的授权	11111110	指示一个未使用的上行时隙
空闲授权	11111111	用于从上行信元速率里解耦下行 PLOAM 速率,一般 ONU 忽略这些授权

2. APON 系统上行帧

APON 系统上行方向通过猝发模式发送数据,每帧包含 53 个时隙,每个时隙包含 56 个字节,其中 53 个字节为 ATM 信元,3 个字节是开销字节,上行帧结构如图 4-20 所示。

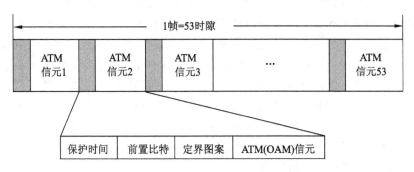

图 4-20　APON 系统上行帧结构

(1) 保护时间:在两个连续信元之间提供足够的距离,以避免冲突,最小长度是 4 bit。

(2) 前置比特:用于与 OLT 同步。

(3) 定界图案:一种用于指示 ATM 信元开始的特殊码型,也可作字节同步。

开销的边界是不固定的,其中保护时间长度、前导符和定界符格式可由 OLT 编程决定,其内容由下行方向 PLOAM 信元中的控制上行开销信息决定。

4.2.3　APON 关键技术

APON 系统是点到多点的结构,每个 ONU 与 OLT 直接相连,在下行方向以 TDM 方式工作，信号是连续脉冲串，采用标准 SDH 光接口，以广播方式传送，各个 ONU 会收到所有的帧，并从中取出属于自己的信元，所以在下行方向不需要 OLT 进行控制，实现起来很容易。而上行方向是以 TDMA 方式工作，信号是突发的、幅度不等、长度也不同的脉冲串，且间隔时间也不同。基于这种突发模式，为了保证各个 ONU 的上行信号完整地到达 OLT，需要适当的 MAC 协议进行控制，实现相对难些，涉及的主要技术有：测距技术、快速比特同步技术、突发信元的收发技术、搅动技术等。

1. 测距技术

由于各个 ONU 发出的 ATM 信元是沿不同路径传输到 OLT 的，其传输距离不同，并且其传输距离也会由于环境温度的变化和光电器件的老化等因素而发生动态改变，导致不同节点发出的 ATM 信元到达接入点的时延不同，造成各 ONU 间的上行时隙重叠，从而导致不同的 ATM 信元发生碰撞。因此 OLT 需要引入测距技术来补偿因为 ONU 与 OLT 之间的距离不同而引起的传输时延差异，使所有 ONU 到 OLT 的逻辑距离相同，以确保不同 ONU 所发出的信号能够在 OLT 处准确地复用到一起。

APON 系统的测距过程分为三步：第一步是静态粗测，在 ONU 安装调测阶段进行，这是对物理距离差异进行的时延补偿。为保证该过程对数据传输的影响较小，采用低频低电平信号作为测距信号；第二步是静态精测，每当 ONU 被重新激活时都要进行一次，是达到所需测距精度的中间环节，测距信号占据一个上行传输时隙。该过程结束后，OLT 指示 ONU 可以发送数据；第三步是动态精测，是在数据传输过程中，使用数据信号进行的实时测距，以校正由于环境温度变化和器件老化等因素引起的时延漂移。一般测距方法有以下几种：

（1）扩频法测距：粗测时 OLT 向 ONU 发出一条测距指令，通知 ONU 发送一个特定低幅值的伪随机码，OLT 利用相关技术检测出从发出指令到接收到伪随机码的时间差，并根据这个值分配给该 ONU 一个均衡时延 T_d。精测需要开一个小窗口，通过监测相位变化实时调整时延值。这种测距的优点是不中断正常业务，精测时占用的通信带宽很窄，ONU 所需的缓存区较小，对业务质量 QoS 的影响不大。缺点是技术复杂，精度不高。

（2）带外法测距：粗测时 OLT 向 ONU 发出一条测距指令，ONU 接到指令后将低频小幅的正弦波加到激光器的偏置电流中，正弦波的初始相位固定。OLT 通过检测正弦波的相位值计算出环路时延，并依据此值分配给 ONU 一个均衡时延。精测时需开一个信元的窗口。这种方法的优点是测距精度高，ONU 的缓存区较小，对 QoS 影响小。缺点是技术复杂，成本较高，测距信号是模拟信号。

（3）带内法测距：粗测时占用通信带宽，当一个 ONU 需要测距时，OLT 命令其他 ONU 暂停发送上行业务，形成一个测距窗口供这个 ONU 使用。OLT 向该 ONU 发出一条测距指令，ONU 接到指令后向 OLT 发送一个特定信号。OLT 接收到这个信号后，计算出均衡时延值。精测时采用实时监测上行信号，不需另外开窗。这种测距方法的优点是利用成熟的数字技术，实现简单，精度高，成本低。缺点是测距占用上行带宽，ONU 需要较大的缓存器，对业务的 QoS 影响较大。

接入网最敏感的是成本，所以 APON 应该采用带内开窗测距技术。为了克服其缺点，可采取减小开窗尺寸及设置优先级等措施。由于开窗测距是对新安装的 ONU 进行的，该 ONU 与 OLT 之间的距离可以有个估计值，根据估计值先分配给 ONU 一个预时延，这样可以大大减小开窗尺寸。如果估计距离精确度为 2 km，则开窗尺寸可限制在 10 个信元以内。为了不中断其它 ONU 的正常通信，可以规定测距的优先级较信元传输的优先级低，这样只有在空闲带宽充足的情况下才允许静态开窗测距，使得测距仅对信元时延和信元时延变化有一定的影响，而不中断业务。

2. 快速比特同步技术

由于测距精度有限，在采用测距机制控制 ONU 的上行发送后，各 ONU 到达 OLT 的上行比特流仍存在一定的相位漂移，所以必须采取快速同步技术，将 OLT 的接收时钟同步到当前接收的、来自某一 ONU 的比特流。

由 APON 的上行帧结构可知，在每个时隙的信元之前都有 3 个开销字节，用于同步定界，并提供保护时间。开销包含三个域，其中保护时间可用于防止微小的相位漂移损害信号；前置比特图案可用于同步获取，实现比特同步；定界图案则用于确定 ATM 信元的边界，完成字节同步。OLT 必须在收到 ONU 上行突发信号的前几个比特内快速搜索同步图案，并以此获取码流的相位信息，达到比特同步，这样才能恢复 ONU 的信号。同步获取可以通过将收到的码流与特定的比特图案进行相关运算来实现。然而一般的滑动搜索方法延时太大，不适用于快速比特同步。因而可采用并行的滑动相关搜索方法，即将收到的信号用不同相位的时钟进行采样，采样结果同时与同步图案进行相关运算，比较运算结果，在相关系数大于某个门限时，将最大值对应的采样信号作为输出，并把该相位的时钟作为最佳时钟源；如果若干相关值相等，则可以取相位居中的信号和时钟。这实际上是以电路的复杂为代价来换取时间上的收益的。

3. 突发信元的收发技术

APON 系统上行信号采用 TDMA 的多址接入方式，各个 ONU 必须在指定的时间内完成光信号的发送，以免与其它信号发生冲突。突发信元的收发与快速比特同步密切相关。

为了实现突发模式，收发两端都要采用特殊技术。在发送端，光突发发送电路要求能够非常快速地开启和关断，迅速建立信号，因而传统的采用反馈式自动功率控制的激光器将不适用，需要使用响应速度很快的激光器。另外，由于 APON 系统是点对多点的光通信系统，以 1∶16 系统为例，上行方向正常情况下只有 1 个激光器发光，其它 15 个激光器都处于"0"状态。根据消光比定义，即使是"0"状态，仍会有一些激光发出来。15 个激光器的光功率加起来，如果消光比不大的话，有可能远远大于信号光功率，使信号淹没在噪声中，因此用于 APON 系统的激光器要有很好的消光比。

在接收端，由于每个 ONU 到 OLT 的路径不同、距离不同、损耗不同，将使 OLT 接收到的上行光功率存在较大的变化范围。所以要求突发接收电路一方面必须有很大的动态范围，这可通过在 OLT 中采用具有自适应功能的光接收机来保证；另一方面在每次收到新的信号时，必须能快速调整接收门限电平。这可通过每个上行 ATM 信元流中开销字节的前置比特实现，突发模式前置放大器的阈值调整电路可以在几个比特内迅速建立起阈值，然后根据这个阈值正确恢复数据。

4. 搅动技术

由于 APON 系统是共享媒质的网络，在下行方向上，所有的信元都是从 OLT 以广播方式传送到各个 ONU，只有符合目的地址的用户才能读取对应的信元。这就带来了用户信息的安全性和保密性等问题。为了保证用户信息有必要的安全性和保密性，APON 系统采用了搅动技术。这是一种介于传输系统扰码和高层编码之间的保护措施，基于信息扰码实现，为用户信息提供较低水平的保护。具体实现可通过 OLT 通知 ONU 上报信息扰码，然后 OLT 对下行信元在传输汇聚层进行搅动，ONU 处通过信息扰码取出属于自己的数据。信息扰码长度一般为 3 字节，利用随机产生的 3 个字节和从上行用户信息中提取的 3 字节进行异或运算得到。信息扰码可快速更新，以满足更高的保密要求。这种搅动技术比较简单，易于实现，且附加成本较低。

目前，由于离光纤到户的实现还有一定距离，加之 APON 终端与 ADSL、以太网等终端相比成本偏高等因素。APON 主要应用在企业、商业大楼的宽带接入中，特别适合于 ATM 骨干交换机端口有限、光缆资源紧张、用户具有综合业务接入需求且对 QoS 要求较高的场合。

实践项目　调研 ODN 网络组成

实践要求：可以采用分组形式，到周围小区或企业走访用户，收集信息，独立完成报告。

实践内容：

(1) 调研 ODN 网络包括哪些器件。

(2) 光分路器的种类有哪些？

(3) 光纤接口类型有哪几种？

任务 3　GPON 技术

【任务要求】

识记：GPON 速率、GPON 优势。

领会：GPON 帧结构。

【理论知识】

4.3.1　GPON 技术特点

APON 是 20 世纪 90 年代中期就被 ITU 和全业务接入网论坛(FSAN)标准化的 PON 技术，因常被误解为只能提供 ATM 业务，故在 2001 年底将 APON 更名为 BPON(宽带无源光网络)，以表明这种系统能提供以太接入、视频分配、高速租用线等宽带业务。APON 的最高速率为 622Mb/s。因二层采用的是 ATM 封装和传送技术，因此存在带宽不足、技术复杂、价格高、承载 IP 业务效率低等问题，未能取得市场上的成功。随后 FSAN 又推出了 GPON 系统，由于 GPON 是在 APON 基础上专门针对 APON 的缺点发展起来的，所以 GPON 保留了 APON 的许多优点，与 APON 有很多相同之处，但 GPON 更高效、高速，特别是以本色模式和极高的效率同时支持数据和 TDM。ITU－T 于 2003—2004 年，相继批准了 GPON 的标准：G.984.1 和 G.984.2、G.984.3 和 G.984.4，形成了 G.984.x 系列标准。GPON 是目前最为理想的宽带光接入网技术。其主要技术特点如下。

(1) 提供多速率等级。在 G.984.1 标准中定义了七种类型的速率等级，见表 4-2。上、下行速率可以是对称的,也可以是非对称的,能满足不同的用户要求,并具有扩展性。

表 4 - 2　速率等级

上行(Mb/s)	155.52	622.08	1244.16	155.52	622.08	1244.16	2.44832
下行(Gb/s)	1.24416	1.24416	1.24416	2.44832	2.44832	2.44832	2.44832

(2) 支持多种业务。GPON 支持多种业务类型,具有丰富多彩的用户网络接口和业务节点接口。另外 GPON 引入了一种新的传输汇聚子层(GTC),用于承载 ATM 业务流和 GEM 业务流。GEM 作为一种新的封装结构,主要用于封装那些长度可变的数据信号和 TDM 业务。GTC 由成帧子层和适配子层组成,也可看成由两个平面组成,分别为 C/M(用户管理)平面和 U 平面,C/M 平面负责管理用户业务流、数据安全、OAM 等,U 平面负责承载用户业务流。

(3) 采用前向纠错编码(FEC)。GPON 的 OLT 和 ONU 之间的最大逻辑距离可达 60 km,最大速率为 2.44832 Gb/s。为了保证长距离传输,引入前向纠错编码技术。利用 FEC 技术可大大降低传输误码率,可提高净增益约为 3~4 dB,从而延长传输距离。

4.3.2　GPON 系统结构

基于 GPON 技术的网络结构与已有的 PON 类似,也是由局端的 OLT、用户端的 ONT/ONU、用于连接两种设备的单模光纤、无源分光器以及网络系统组成,如图 4 - 21 所示。

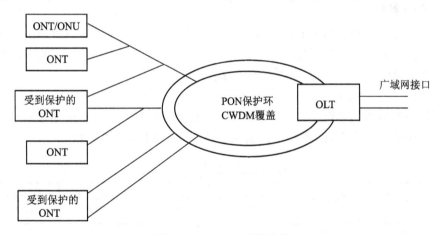

图 4 - 21　GPON 系统结构

GPON 系统一般采用树型拓扑结构,在需要提供业务保护的情况下,可加上保护环,对某些 ONT 提供保护功能。

OLT 位于中心机房,向上提供广域网接口,包括 GbE、OC - 3/STM - 1、DS - 3 等,向下提供 1.244 Gb/s 或 2.488 Gb/s 的光接口。ONU/ONT 放在用户侧,为用户提供 10/100Base - T、T1/E1、DS - 3 等应用接口。面向 ODN 网可选择多种光接口速率:155.520 Mb/s、622.080 Mb/s、1.244 Gb/s 或 2.488 Gb/s。ONU 与 ONT 的区别在于 ONT 直接位于用户端,而 ONU 与用户间还有其他的网络,如以太网。

GPON 下行采用广播方式,上行方向采用基于统计复用的时分多址接入技术。GPON 通过 CWDM 覆盖实现数据流的全双工传输。

4.3.3 GPON 帧结构

为了克服 ATM 承载 IP 业务开销大的缺点，GPON 采用新的传输协议 GEM，该协议能完成对高层多样性业务的适配，包括 ATM 业务、TDM 业务及 IP/Ethernet 业务，对多样性业务的适配是高效透明的，同时该协议支持多路复用，动态带宽分配等 OAM 机制。

1. GEM 帧结构

GEM 帧结构如图 4-22 所示。图中 PLI 为有效负载长度指示符，用于确定净负荷长度。端口 ID 用于支持多端口复用，相当于 APON 技术中的 VPI。标记用作分段指示，10 表示第一个分段，00 表示中间分段，01 表示最后一个分段，若承载的是整帧，标记值为 11。标记的引入解决了由于剩余带宽不足以承载当前以太网帧时带来的带宽浪费问题，提高了系统的有效带宽。FFS 目前尚未定义。HFC 为头校验字节，采用自描述方式确定帧的边界，用于帧的同步与帧头保护。

图 4-22　GEM 帧结构

2. GPON 帧结构

GPON 采用 125 微秒时间长度的帧结构，可用于更好地适配 TDM 业务。同时，继续沿用 APON 中 PLOAM 信元的概念传送 OAM 信息，并加以补充丰富。GPON 帧的净负荷中分 ATM 信元段和 GEM 通用帧段，实现综合业务的接入。

1) GPON 下行帧结构

GPON 下行帧格式如图 4-23 所示。其中下行物理控制块字段，提供帧同步、定时及动态带宽分配等 OAM 功能；载荷字段透明承载 ATM 信元及 GEM 帧。

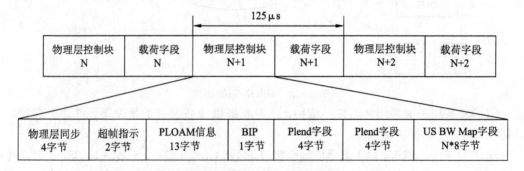

图 4-23　GPON 下行帧结构

ONU 依据物理层控制块获取同步等信息，并依据其中的 ATM 信元头的 VPI/VCI 过滤 ATM 信元，依据 GEM 帧头的端口 ID 过滤 GEM 帧。

物理层控制块中物理同步字段用作 ONU 与 OLT 同步；超帧指示字段为 0 时指示一个超帧的开始；PLOAM 信息字段用于承载下行 PLOAM 信息；BIP 字段用于比特间插的位奇偶校验码，用作误码监测；Plend 字段为下行有效载荷长度字段，用于说明"US BW

"Map"字段长度及载荷中 ATM 信元的数目，为了增强空错性，Plend 出现两次；"US BW Map"字段用于上行带宽分配。

2）GPON 上行帧结构

GPON 上行帧长也为 125 微秒(μs)，帧格式的组织由下行帧中"US BW Map"字段确定，如图 4-24 所示。

PLOu	PLSu	PLOAMu	PCBu	Payload

图 4-24　GPON 上行帧结构

其中，PLOu 为上行物理开销字段，用于突发同步，包含前导码、定界符、BIP、PLOAMu 指标及 FEC 指示，其长度由 OLT 在初始化 ONU 时设置。ONU 在占据上行信道后首先发送 PLOu 单元，以使 OLT 能够快速同步并正确接收 ONU 的数据。PLSu 字段为功率测量序列，长度 120 字节，用于调整光功率。PLOAMu 为上行操作、管理和维护字段，用于承载上行 PLOAM 信息，包含光网络单元 ID、消息 ID、消息及 CRC 循环校验码，长度为 13 字节。PCBu 字段包含 DBA 动态带宽调整域和 CRC 域，用于申请上行带宽，共 2 字节；Payload 为有效载荷字段用于填充 ATM 信元或者 GEM 帧。

4.3.4　GPON 的主要优势

GPON 充分考虑了宽带业务的需求，并借鉴了 APON 技术的研究成果，较 APON 更有效率，GPON 的技术优势主要表现在以下几个方面。

（1）高的传输速率。相对于其他的 PON 标准而言，GPON 标准提供了前所未有的高带宽，下行速率高达 2.5Gb/s，其非对称特性更能适应宽带数据业务市场。

（2）灵活的上/下行速率配置。GPON 支持的速率配置有七种方式，对于 FTTH、FTTC 的应用，可采用非对称配置；对于 FTTB、FTTO 的应用，可采用对称配置。由于高速光突发发射、突发接收器件价格昂贵，且随速率上升显著增加，因此，这种灵活配置可使运营商有效控制光接入网的建设成本。

（3）广泛的业务支持能力。在 GPON 标准中，明确规定需要支持的业务类型包括数据业务、PSTN 业务、专用线业务和视频业务。

（4）高效、灵活的 IP 业务承载能力。GEM 帧的净负荷区范围为 4~65 535 字节，解决了 APON 中 ATM 信元所带来的承载 IP 业务效率低的弊病；而以太网 MAC 帧中净负荷区的范围仅为 46~1500 字节，因此，GPON 对于 IP 业务的承载能力相当强。GPON 技术允许运营商根据各自的市场潜力和特定的管制环境，有针对性地提供其客户所需要提供的特定业务。

（5）高实时业务处理能力。GPON 所采用的标准 125 微秒(μs)周期的帧结构能对 TDM 语音业务提供直接支持，无论是低速的 E1/T1 还是高速的 STM1/OC3，都能以它们的原有格式传输，这极大地减少了执行语音业务的时延拉动。

（6）OAM&P 功能强大。GPON 借鉴 APON 中 PLOAM 信元的概念，规定了在接入网层面上的保护机制和完整的 OAM 功能，实现全面的运行维护管理功能，使 GPON 作为宽带综合接入的解决方案可运营性好。

（7）良好的 QoS 支持。GPON 同时承载 ATM 信元和(或)GEM 帧，有很好的提供服务等级、提供 QoS 级保障和全业务接入的能力。

目前，GPON 技术相对复杂、设备成本高，在接入网中提供千兆位业务还找不到明确的市场定位，因此，无论在技术上还是在市场应用方面都还有待继续发展完善的必要性和可行性。

实践项目　GPON 设备认知

实践要求：分组到企业调研，收集相关设备信息。

实践内容：

(1) 目前常用的 GPON 设备型号。

(2) GPON 设备的板卡名称。

(3) GPON 设备接口种类。

(4) 上联口和业务口速率。

任务 4　EPON 技术

【任务要求】

识记：EPON 系统组成和工作原理。

领会：EPON 关键技术。

【理论知识】

APON 是 20 世纪 90 年代中后期开发完成的，当时为了制定一个基于光纤能够为商业用户和居民用户提供包括 IP 数据、视频、以太网等服务的标准，顺理成章地选择 ATM 和 PON 分别作为网络协议和网络平台，因为 ATM 被看作是能够提供各种类型通信的唯一协议，而 PON 是最经济宽带光纤解决方案。APON 可以通过利用 ATM 的集中和统计复用，再结合无源分路器对光纤和光线路终端的共享作用，使成本比传统的、以电路交换为基础的 PDH/SDH 接入系统低 20%～40%。

随着 IP 技术的不断完善，大多数的运营商已经将 IP 技术作为数据网络的主要承载技术。由此也衍生出大量以以太网技术为基础的接入技术，同时由于以太技术的高速发展，使得 ATM 技术完全退出了局域网。因此把简单经济的以太技术与 PON 的传输结构结合起来的 Ethernet over PON 概念，自 2000 年开始引起技术界和网络运营商的广泛重视。在 IEEE 802.3 EFM(Ethernet for the First Mile)会议上，加速了 EPON 的标准化进程，并于 2004 年 4 月通过了 IEEE 802.3ah 标准。

IEEE 802.3ah 标准中对 GEPON 技术的规范性较好，上下行波长是 1310 nm 和 1490 nm，上下行速率均为 1.25 Gp/s，传输距离是 10/20 km，分路比不超过 64，主要业务是数据和语音。若增加一个 1550 nm 波长传输电视广播信号，则可实现语音、数据和电视三合一的所谓宽带业务捆绑服务。

4.4.1　EPON 系统结构

EPON 网络采用一点至多点的拓扑结构，取代点到点结构，大大节省了光纤的用量和管理成本。无源网络设备代替了 ATM 和 SDH 网元，并且 OLT 由许多 ONU 用户分担，建设费用和维护费用低。EPON 利用以太网技术,采用标准以太帧,无须任何转换就可以承载目前的主流业务——IP 业务,十分简单、高效,最适合宽带接入网的需要。10G 以太主干和城域环的出现也将使 EPON 成为未来全光网中最佳的"最后一公里"的解决方案。

一个典型的 EPON 系统也是由 OLT、ODN 和 ONU/ONT 三部分组成的,基本网络结构如图 4-25 所示。

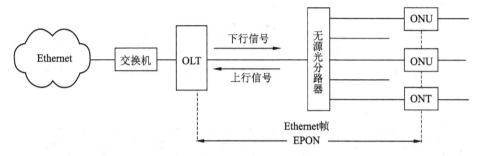

图 4-25 EPON 系统基本网络结构

OLT 放在中心机房,既是一个交换机或路由器,又是一个多业务提供平台。在下行方向,OLT 提供面向无源光纤网络的光纤接口。在上行方向,OLT 提供多个 1 Gb/s 和 10 Gb/s 的高速以太接口,并支持 WDM 传输。为了支持其他流行的协议,OLT 还支持 ATM、FR 以及 OC 3/12/48/192 等速率的 SDH/SONET 的接口标准。OLT 通过支持 T1/E1 接口来实现传统的 TDM 语音的接入。OLT 根据需要可以配置多块 OLC(Optical Line Card),OLC 与多个 ONU 通过 ODN 连接。在 EPON 中,OLT 到 ONU 间的距离最大可达 20 km,如果使用光纤放大器(有源中继器),距离还可以扩展。

ODN 由无源光分路器和光纤构成,其功能是分发下行数据并集中上行数据。无源光分路器(POS)是一个简单设备,它不需要电源,可以置于全天候的环境中,一般一个 POS 的分线率为 2、4 或 8,并可以多级连接。

ONU/ONT 为用户端设备,为用户提供 EPON 接入的功能,选择接收 OLT 发送的广播数据;响应 OLT 发出的测距及功率控制命令,并作相应的调整;对用户的以太网数据进行缓存,并在 OLT 分配的发送窗口中向上行方向发送;实现其他相关的以太网功能。

EPON 中的 ONU 采用了技术成熟而又经济的以太网协议,在中带宽和高带宽的 ONU 中实现了成本低廉的以太网第 2 层和第 3 层交换功能。这种类型的 ONU 可以通过层叠来为多个终端用户提供很高的共享带宽。因为都使用以太协议,在通信的过程中,就不再需要协议转换,实现 ONU 对用户数据的透明传送。ONU 也支持其他传统的 TDM 协议,而且不会增加设计和操作的复杂性。在更高带宽的 ONU 中,将提供大量的以太接口和多个 T1/E1 接口。当然,对于光纤到家(FTTH)的接入方式,ONU 和 UNI 可以被集成在一个简单的设备中,不需要交换功能,从而可以在极低的成本下给终端用户分配所需的带宽。

在 EPON 的统一网管方面,OLT 是主要的控制中心,实现网络管理的主要功能。运营商可以通过中心管理系统对 OLT、ONU 等所有网络单元设备进行管理,同时可以很灵活地根据用户的需要来动态分配带宽。管理中心的远程业务分配控制功能可以让运营商通过对用户不同时段的不同业务需求做出响应,这样可以提高用户满意度。

4.4.2　EPON 帧结构

EPON 的工作原理与 APON 的主要区别是：在 EPON 中，根据以太网的 IEEE 802.3 协议，传送的是可变长度的数据包，最长可为 1518 个字节；而在 APON 中根据 ATM 协议，传送的是 53 字节的固定长度信元，其中 48 个字节负荷，5 个字节开销。很显然，用 APON 传送 IP 业务时需要把数据包分成每 48 个字节一组，然后在每一组前附加上 5 字节开销，这个过程耗时而复杂，也给 OLT 和 ONU 增加了额外的成本，所以 APON 系统不适合传送 IP 业务信息，而以太网则较适合携带 IP 业务，与 ATM 相比，极大的减少了开销。

EPON 帧同 APON 帧一样，也是一种定时长帧，分上行和下行两种帧结构。下行帧结构如图 4－26 所示。

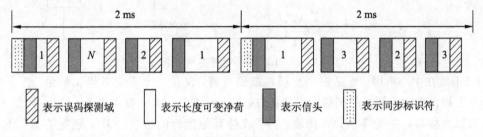

图 4－26　EPON 下行帧结构

每帧固定时长为 2 ms，由连续信息流组成，传输速率为 1.25 Gb/s。每帧包含一个同步标识符和多个可变长度的数据包（时隙）。同步标识符含有时钟信息，位于每帧的开头，长度为 1 个字节，用于 ONU 与 OLT 的同步。可变长度的数据包按照 IEEE 802.3 协议组成，包括信头、可变长度净荷和误码检测域三部分，每个 ONU 分配一个数据包。

EPON 系统的上行帧结构如图 4－27 所示。帧长与下行帧长相同，也是 2 ms，每帧有一个帧头，表示该帧的开始；每帧还包含若干个长度可变的时隙，每个时隙分配给一个 ONU，各个 ONU 发送的上行数据包，以 TDM 方式复合成一个连续的数据流，通过光分配器耦合送入光纤传输。

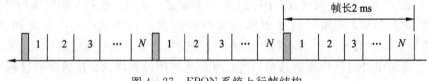

图 4－27　EPON 系统上行帧结构

4.4.3　EPON 的关键技术

在 EPON 系统的设计中引入了很多核心技术，也正是这些核心技术的引入，才使得 EPON 在以太网中实现了光网络的接入和多业务的支持。这些技术主要包括数据链路层技术和物理层技术两大类。

1. EPON 数据链路层的关键技术

EPON 采用 TDMA 方式时数据链路层的关键技术主要包括动态带宽分配技术、系统同步、测距和时延补偿技术、搅动技术等。

1）动态带宽分配（DBA）技术

目前 MAC 层争论的焦点在于 DBA 的算法及 802.3 ah 标准中是否需要确定统一的 DBA 算法，由于直接关系到上行信道的利用率和数据时延，DBA 技术是 MAC 层技术的关键。带宽分配分为静态和动态两种，静态带宽由打开的窗口尺寸决定，动态带宽则根据 ONU 的需要，由 OLT 分配。EPON 中如果采用带宽静态分配，对数据通信这样的变速率业务很不适合，如按峰值速率静态分配带宽，则整个系统带宽很快就会被耗尽，带宽利用率很低。而采用带宽动态分配，可以使系统带宽利用率大大提高，在带宽相同的情况下可以承载更多的终端用户，从而降低用户成本。另外，DBA 所具有的灵活性为进行服务水平协商（SLA）提供了很好的实现途径。

目前一般采用的方案是基于轮询的带宽分配方案，即 ONU 实时地向 OLT 汇报当前的业务需求，如各类业务在 ONU 的缓存量级，OLT 根据优先级和时延控制要求分配给 ONU 一个或多个时隙，各个 ONU 在分配的时隙中按业务优先级算法发送数据帧。由此可见，由于 OLT 分配带宽的对象是 ONU 的各类业务而非终端用户，对于 QoS 这样一个基于端到端的服务，必须有高层协议介入才能保障。

2）系统同步

由于 EPON 中的各 ONU 接入系统是采用时分多址复用方式，所以 OLT 和 ONU 在开始通信之前必须达到同步，才会保证信息正确传输。要使整个系统达到同步，必须有一个共同的参考时钟，在 EPON 中以 OLT 时钟为参考时钟，各个 ONU 时钟和 OLT 时钟同步。OLT 周期性的广播发送同步信息给各个 ONU，使其调整自己的时钟。

EPON 同步的要求是在某一 ONU 的时刻 T（ONU 时钟）发送的信息比特，OLT 必须在时刻 T（OLT 时钟）接收它。在 EPON 中由于各个 ONU 到 OLT 的距离不同，所以传输时延各不相同，要达到系统同步，ONU 的时钟必须比 OLT 的时钟有一个时间提前量，这个时间提前量就是上行传输时延，也就是如果 OLT 在时刻 0 发送一个比特，ONU 必须在它的时刻 RTT（往返传输时延）接收。RTT 等于下行传输时延加上下行传输时延，这个 RTT 必须知道并传递给 ONU。获得 RTT 的过程即为测距（ranging）。当 EPON 系统达到同步时，同一 OLT 下面的不同 ONU 发送的信息才不会发生碰撞。

3）测距和时延补偿技术

EPON 的点对多点结构决定了各 ONU 对 OLT 的数据帧延时不同，因此必须引入测距和时延补偿技术以防止数据时域碰撞，并支持 ONU 的即插即用。准确测量各个 ONU 到 OLT 的距离，并精确调整 ONU 的发送时延，可以减小 ONU 发送窗口间的间隔，从而提高上行信道的利用率并减小时延。另外，测距过程应充分考虑整个 EPON 的配置情况，例如，若系统在工作时加入新的 ONU，此时的测距就不应对其他 ONU 有太大的影响。EPON 的测距由 OLT 通过时间标记在监测 ONU 的即插即用的同时发起和完成。

测距和时间补偿示意图如图 4-28 所示。基本过程如下：

（1）OLT 在 T1 时刻通过下行信道广播时隙同步信号和空闲时隙标记；

（2）已启动的 ONU 在 T2 时刻监测到一个空闲时隙标记时，将本地计时器重置为 T1；

（3）在时刻 T3 回送一个包含 ONU 参数（地址、服务等级等）的在线响应数据帧，此时，数据帧中的本地时间戳为 T4；

（4）OLT 在 T5 时刻接收到该响应帧。通过该响应帧 OLT 不但能获得 ONU 的参数，

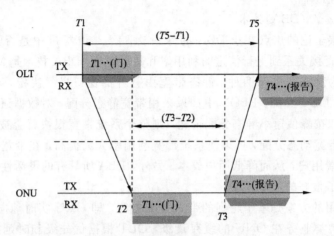

图 4-28　测距和时延补偿示意图

还能计算出 OLT 与 ONU 之间的信道延时为

$$RTT = (T5 - T1) - (T3 - T2) = (-T1) - T1 = T5 - T4$$

（5）在 OLT 侧进行延时补偿，发送给 ONU 的授权反映出 RTT 补偿的到达时间。

例如，如果 OLT 在 T 时刻接收数据，OLT 发送包括时隙开始的 GATE＝$T-RTT$。在时戳和开始时间之间所定义的最小延时，实际上就是允许处理的时间。在时戳和开始时间之间所定义的最大延时，是保持网络同步的时间。

（6）OLT 再依据 DBA 协议为 ONU 分配带宽。

当 ONU 离线后，由于 OLT 长时间（如 3 min）收不到 ONU 的时间戳标记，则判定其离线。

4）搅动技术

根据 EPON 的安全性需求和对实现代价的综合考虑，在 EPON 系统中采用搅动方案来实现信息安全保证。搅动方案分为下行搅动和上行搅动两种，搅动过程包括 OLT 和 ONU 间密钥的同步和更新。通过定义新的 OAM 帧来实现 OLT 与 ONU 之间密钥的握手动态交互。OAM 帧格式上包括了通用以太网帧格式中所有的域，通过唯一的类型标识符标识，并以两字节操控代码区分不同的 OAM 帧。OAM 帧包括新密钥请求帧、新密钥确认帧、搅动失步通知帧。

在 EPON 的下行方向上，为了隔离用户数据信息，OLT 侧根据下行数据的目的地不同采用不同的密钥进行搅动，为了充分保密，除了保证搅动正常进行的前导码不搅动外，搅动区间为目的 MAC 地址到 FCS 域；在 ONU 侧，对接收到的数据的相应字段与 OLT 侧相一致的密钥进行解搅动处理，恢复搅动之前的数据。

在 EPON 的上行方向，为了防止用户假冒，ONU 侧对 MAC 控制帧和 OAM 帧进行搅动处理，由于要判断帧类型，搅动区间为帧类型标识符之后到 FCS 域，在 OLT 侧根据帧类型标识对控制帧和 OAM 帧的相应字段进行解搅动处理，然后进行 FCS 校验，如果正确则表明这是合法的控制帧，进行相关处理。如果出现 FCS 错误表明这是用户伪造的控制帧或者控制帧在线路上传输错误，应当丢弃，从而防止了用户通过数据通道伪造 OAM 帧或控制帧，来更改系统配置或捣毁系统。

2. EPON 物理层的关键技术

为降低 ONU 的成本，EPON 物理层的关键技术集中于 OLT，包括：突发信号的快速同步、网同步、光收发模块的功率控制和自适应接收。

在 EPON 系统中，由于 OLT 接收到的信号为各个 ONU 的突发信号，OLT 必须能在很短的时间(几个比特内)内实现相位的同步，进而接收数据。此外，由于上行信道采用 TDMA 方式，而 20 km 光纤传输时延可达 0.1 ms(105 个比特的宽度)，为避免 OLT 接收侧的数据碰撞，必须利用测距和时延补偿技术实现全网时隙同步，使数据包按 DBA 算法确定时隙到达。另外，由于各个 ONU 相对于 OLT 的距离不同，对于 OLT 的接收模块，不同时隙的功率不同，在 DBA 应用中，甚至相同时隙的功率也不同(同一时隙可能对应不同的 ONU)，称为远近效应。因此，OLT 必须能够快速调节其"0"、"1"电平的判决点。为解决"远近效应"，曾提出过功率控制方案，即 OLT 在测距后通过运行维护管理(OAM)数据包通知 ONU 的发送功率等级。由于该方案会增加 ONU 的造价和物理层协议的复杂度，并且使线路传输性能限定在离 OLT 最远的 ONU 等级，因而未被 EFM 工作组采纳。

3. EPON 的 QoS 问题

在 EPON 中支持 QoS 的关键有三个方面：一是物理层和数据链路层的安全性；二是如何支持业务等级区分；三是如何支持传统业务。

1) 安全性

在传统的以太网中，对物理层和数据链路层安全性考虑甚少。因为在全双工的以太网中是点对点的传输，而在共享媒体的 CSMA/CD 以太网中，用户属于同一区域。在点到多点模式下，EPON 的下行信道以广播方式发送，任何一个 ONU 可以接收到 OLT 发送给所有 ONU 的数据包，这对于许多应用，如付费电视、视频点播等业务是不安全的。MAC 层之上的加解密控制只对净负荷加密，而保留帧头和 MAC 地址信息，因此非法 ONU 仍然可以获取任何其它 ONU 的 MAC 地址；MAC 层以下的加密可以使 OLT 对整个 MAC 帧各个部分加密，主要方案是给合法的 ONU 分配不同的密钥，利用密钥可以对 MAC 的地址字节、净负荷、校验字节甚至整个 MAC 帧加密。但是密钥的实时分配与管理方案会加重 EPON 的协议负担和系统复杂度。目前对 MAC 帧净负荷实施加密措施已得到 EFM 工作组的共识，但对于 MAC 地址是否加密及以何种方式加密还未确定。根据 IEEE 802.3 ah 规定，EPON 系统物理层传输的是标准的以太网帧，对此，802.3 ah 标准中为每个连接设定 LLID 逻辑链路标识，每个 ONU 只能接收带有属于自己的 LLID 的数据报，其余的数据报丢弃不再转发。不过 LLID 主要是为了区分不同连接而设定的，ONU 侧如果只是简单根据 LLID 进行过滤显然还是很不够的。为此 IEEE 802.3 ah 工作组从 2002 年下半年起成立单独的小组，负责整个 802 体系的安全性问题的研究和解决。目前提出的安全机制从几个方面来保障，物理层 ONU 只接收自己的数据帧，AES 加密，ONU 认证。

2) 业务区分

由于 EPON 的服务对象是家庭用户和小企业，业务种类多，需求差别大，计费方式多样，而利用上层协议并不能解决 EPON 中的数据链路层的业务区分和时延控制。因此，支持业务等级区分是 EPON 必备的功能。目前的方案是：在 EPON 的下行信道上，OLT 建立八种业务队列，不同的队列采用不同的转发方式；在上行信道上，ONU 建立八种业务端口队列，既要区分业务又要区分不同用户的服务等级。此外，由于 ONU 要对 MAC 帧组合，以便时隙突发并提高上行信道的利用率，所以可以进一步引入帧组合的优先机制用于区分服务。但在 ONU 端，如何既能区分业务类型又能区分用户等级是需要研究的又一问题。

3) EPON 中 TDM 业务的传输

尽管数据业务的带宽需求正快速增长，但现有的电路业务还有很大的市场，在短期内仍将发挥其巨大的作用，在今后几年内仍是业务运营商的主要收入来源。所以在 EPON 系统中承载电路交换网业务，将分组交换业务与电路交换业务结合有利于 EPON 的市场应用和满足不同业务的需要。因此，现在大家谈论的 EPON 实际都是考虑网络融合需求的多业务系统。EFM 对 TDM 在 EPON 上如何承载，在技术上没有作具体规定，但有一点是肯定的就是要兼容以太网帧格式。如何保证 TDM 业务的质量实际上也就成为多业务 EPON 的关键技术之一。

影响传统业务(语音和图像)在 EPON 中传输的性能指标主要是延时和丢帧率。无论 EPON 的上行信道还是下行信道都不会发生丢帧，EPON 需要考虑的重点是保证面向连接业务的低时延。低时延由 EPON 的 DBA 算法和时隙划分的"低颗粒度"(Tin Granularity)保障，而对传统业务端到端的 QoS 支持则由现存的协议如虚拟局域网(VLAN)(IEEE802.1p～IEEE802.1r)、IP-VPN、多协议标签交换(MPLS)来实现，其中 VLAN 和 MPLS 是被看好的应用于 EPON 的 QoS 保障协议。

4.4.4　三种 PON 技术的比较

APON、GPON、EPON 三种技术是目前应用的主要 PON 技术，它们各有不同的特点和优势，为了便于区分使用，下面从不同方面对其进行比较，见表 4-3 所示。

表 4-3　各种 PON 效率比较

		APON	GPON	EPON
线路编码		NRZ		8B/10B 编码
支持的 ODN 类型		A 类、B 类、C 类		A 类和 B 类
QoS		可靠		不可靠
波长/nm		下行 1480～1500，上行 1260～1360		下行 1310，上行 1550
相关标准		ITU-T G.983	ITU-T G.984	IEEE802.3ah
支持的速率	上行	155 Mb/s	155 Mb/s、622 Mb/s、1.25 Gb/s、2.448 Gb/s	1.25 Gb/s
	下行	155 Mb/s、622 Mb/s	1.25 Gb/s、2.448 Gb/s	1.25 Gb/s
协议和封装格式		ATM	ATM 或 GFP	IEEE802.3 以太帧
承载协议效率		90%	100%	97%
总体效率 (10% TDM，90% DATA)		71%	93%	49%

在所有的 PON 系统中，光接口占系统成本的主要部分，其余部件的价格相差不大，所以不管哪种 PON 系统，系统成本都比较接近，关键要看各自的接入效率。假设系统的线路速率为 1.25 Gb/s，那么 100%效率的网络将提供 1.25 Gb/s 的吞吐量，而 50%效率的网络只能提供 622 Mb/s 的吞吐量，因此，为了获得相同的吞吐量，后者的系统成本就要加倍。

(1) 在线路编码方面，APON 和 GPON 均采用非归零码，效率达 100%，EPON 采用 8 B/10 B 编码，本身引入了 20%的损耗，效率为 80%。

（2）支持的 ODN 类型方面，APON 和 GPON 都可以支持 A 类、B 类和 C 类，而 EPON 仅支持 A 类和 B 类 ODN。在相同的传输距离下，A、B、C 类 ODN 分别最多可连接 13、32、81 个 ONT，传输 20 km 时，则分别为 6、15、39 个 ONT。

（3）APON 和 GPON 均能提供可靠的 QoS，而 EPON 仅在数据传输方面有好的性能，在处理语音、视频业务等实时业务时先天不足，为实现综合业务，EPON 标准必须附加复杂的 Qos 保证机制。

（4）在支持速率方面，APON 支持下行 622 Mb/s，上行 155 Mb/s 的非对称速率和上下行均为 155 Mb/s 的对称速率。GPON 有多种速率的选择方案，服务提供商可根据实际需要进行配置，以满足不同用户的需求。而 EPON 仅支持上下行均为 1.25 Gb/s 的对称速率。

（5）在处理多业务方面，APON 和 GPON 都可以支持多种业务，但 GPON 对数据和语音的总体效率比 APON 高一些，因为 GPON 采用的 GFP 帧可以对 TDM 业务提供直接支持，无论是低速的 E1/T1 还是高速的 STM-1/OC3，都能以它们的原有格式进行传输，极大地减少了执行语音业务的时延及抖动。而 EPON 仅对数据业务有一定优越性，如何确保实时业务的 QoS 还需探讨，在总体效率上最低。

4.4.5 xPON 设备介绍

目前我国 xPON 设备生产厂家主要有中兴、华为、烽火、贝尔等，下面以中兴产品为例介绍 xPON 设备组成。

1. 中兴 C220(ZXA10 C220)

ZXA10 C220 是大容量、高密度、汇聚型的全业务光接入平台，支持 EPON、10 G-EPON 和 GPON。提供大容量、高带宽的数据、语音、视频和移动基站回传等综合业务接入。作为 xPON 系统中 OLT 设备，和终端 ONU/ONT(Optical Network Terminal)设备通过 ODN 网络相连。满足 FTTH、FTTB(Fiber to the Building，光纤到楼)、FTTC(Fiber to the Curb，光纤到路边)和 FTTCab(Fiber to the Cabinet，光纤到交换箱)等多种组网需求。

1）中兴 C220 机框介绍

ZXA10 C220 采用 6U 标准插箱，外形尺寸为 265.9 mm×482.6 mm×358.5 mm (高×宽×深)。插箱结构简单，由前后梁、左右侧板和导轨条构成。每个插箱配有两块电源板(框内互助)和 14 个槽位，槽位之间间隔为 1 英寸。6 U 单元用来插各种业务线卡和交换主控板，整个系统有 14 个卡槽，7 号、8 号卡槽是交换主控板槽位，高 6 U；其余 12 个卡槽是通用线卡槽位，可用于除主控交换板、电源板之外的所有业务单板、上联板，线卡槽位高 4.5 U。机框配置图如图 4-29 所示。

1	2	3	4	5	6	7	8	9	10	11	12	13	14
业务板	业务板	业务板	业务板	业务板	业务板	控制交换板	控制交换板	业务板	业务板	业务板	业务板	业务板	业务板
走线区								走线区					

图 4-29 C220 机框配置图

2）中兴 C220 单板介绍

（1）控制交换板 GCSAS。

GCSAS 单板是 ZXA10 C220 的控制交换板，位于机框的 7 号和 8 号槽位。GCSAS 板不能与其他用户板混插。GCSAS 板主要包括四大功能模块：

- 数据交换模块：对以太网业务进行交换及相关的 QoS 处理，背板接口是 GE 或者 XAUI。
- 定时模块：对整个系统的时钟进行处理，包括时钟源的选择、频率变换及锁相、时钟分配，帧头处理。
- 系统管理模块：包括整个系统的控制软件及协议处理软件，板间通信模块，开销处理，包括 T 网、以太网交换芯片和主控 CPU。
- 主备管理模块：根据 7、8 槽位单板的状态进行主备竞争、倒换，通知各个线卡进行相应的倒换处理，保证主用主控板发生故障时，备用主控板能够及时启用，提高系统稳定性。

（2）以太网上联板 EIG/EIGM。EIG 板提供 4 路千兆以太网光接口，EIGM 板提供 2 路千兆以太网光接口＋2 路 10 M/1000 M/1000 M 以太网电接口或者 4 路 10 M/1000 M/1000 M 以太网电接口。

（3）4 路 EPON 板（EPFCB）。EPFCB 单板完成的主要功能是 EPON 系统中 OLT 侧的相关功能，支持与多种公司 PONONU 对接。每块单板支持 4 路 EPON 的 OLT 端口，每路上行速率为 1.25 Gb/s，下行速率为 1.25 Gb/s。

3）中兴 C220 告警指示灯

控制交换板 GCSAS 告警指示灯见表 4-4 所示。

表 4-4　GCSAS 告警指示灯

符号	颜　色	含　义
RUN	不亮	未上电，未插卡或插卡不匹配，或 CPU 未启动
	绿灯常亮	单板自检通过，但还未配置数据
	绿灯不定速快闪	单板正处于配置过程中
	绿灯 1 s 亮 1 s 暗慢闪	单板运行正常
	红灯常亮	单板运行故障
	红灯 1 s 亮 1 s 暗慢闪	槽位错误/板类型不匹配
	黄灯常亮	单板正在运行引导程序
MS	绿灯亮	主备用指示灯，灯亮表示本板主用，灯灭表示本板备用
ALM	红灯亮	系统告警指示灯，灯亮表示单板工作不正常
CALM	不亮	2 MHz 系统外时钟没有配置
	绿灯亮	2 MHz 系统外时钟配置为 bits 或 Hz 输入且没有丢失
	红灯亮	2 MHz 系统外时钟输入丢失

以太网上联板 EIG 告警指示灯见表 4-5 所示。

表 4-5　EIG 告警指示灯

符号	颜　色	含　义
RUN	不亮	未上电，未插卡或插卡不匹配，或 CPU 未启动
	绿灯常亮	单板自检通过，但还未从主控板或网管上读取到数据
	绿灯不定速快闪	单板正处于从主控板（或网管）上下载数据
	绿灯 1 s 亮 1 s 暗慢闪	单板运行正常
	红灯常亮	单板硬件重大故障，如自检不通过或软件运行在不支持的硬件版本上或正常运行过程中网管下重启命令
	红灯 1 s 亮 1 s 暗慢闪	此板不应插在该槽位（与网管配置的不同）
	黄灯常亮	单板正在运行引导程序，可能正在从主控板下载软件版本，或者是没有合法版本，单板无法运行
	黄灯 1 s 亮 1 s 暗慢闪	单板与主控板上的软件版本不匹配，单板没有设置成版本自动更新
ACT1-4	绿灯不亮	GE 光口未连接或链路未连接
	绿灯亮	GE 光口已连接（LINK）
	绿灯闪烁	GE 光口有数据收发（ACTIVE）

EPON(EPFCB)板告警指示灯见表 4-6 所示。

表 4-6　EPFCB 告警指示灯

符号	颜　色	含　义
RUN	不亮	未上电，未插卡或插卡不匹配，或 CPU 未启动
	绿灯常亮	单板自检通过，但还未从主控板或网管上读取到数据
	绿灯不定速快闪	单板正处于从主控板（或网管）上下载数据
	绿灯 1 s 亮 1 s 暗慢闪	单板运行正常
	红灯常亮	单板硬件重大故障，如自检不通过或软件运行在不支持的硬件版本上或正常运行过程中网管下重启命令
	红灯 1 s 亮 1 s 暗慢闪	此板不应插在该槽位（与网管配置的不同）
	黄灯常亮	单板正在运行引导程序，可能正在从主控板下载软件版本，或者是没有合法版本，单板无法运行
	黄灯 1 s 亮 1 s 暗慢闪	单板与主控板上的软件版本不匹配，单板没有设置成版本自动更新
ACT1-4	绿灯不亮	EPON 光口未连接或链路未连接
	绿灯亮	EPONE 光口已连接（LINK）
	绿灯闪烁	EPON 光口有数据收发（ACTIVE）

2. 中兴 C300(ZXA10 C300)

ZXA10 C300 是大容量、高密度、汇聚型的全业务光接入平台,支持 EPON、GPON、10GEPON、P2P,并支持 NG PON、WDM PON 的平滑升级。提供大容量、高带宽的数据、语音、视频和移动基站回传等综合业务接入。作为 xPON 系统中的 OLT 设备和终端 ONU/ONT 设备通过 ODN 网络相连,满足 FTTH、FTTB、FTTC 和 FTTCab 等多种组网需求。支持 P2P FE/GE 光接入业务,通过与光接入终端配合,为用户提供点对点服务。

1) 中兴 C300 机框介绍

ZXA10 C300 支持 ETSI 21 英寸和 IEC19 英寸两种机框,我国主要使用 IEC19 英寸机框。除了背板和风扇单元,两种机框内的单板可以共用。IEC19 英寸机框共有 21 个槽位,其中 10 槽、11 槽、19 槽、20 槽的槽位宽度为 25 mm,其余槽位的槽位宽度为 22.5 mm。0 槽、1 槽、19 槽、20 槽位分别插两块 4.5U 高度的单板。0 槽、1 槽为电源板槽位,19 槽、20 槽为上联板槽位。18 槽位为公共接口板,其余槽位为业务版槽位。具体机框业务分配如图 4 - 30 所示。

0	2	3	4	5	6	7	8	9	10	11	12	13	14	15	16	17	18	19
电源板	业务板	业务板	业务板	业务板	业务板	业务板	业务板	业务板	交换控制板	交换控制板	业务板	业务板	业务板	业务板	业务板	业务板	公共接口板	上联板
1																		20
电源板																		上联板

图 4 - 30　中兴 C300 19 英寸机框槽位图

2) 中兴 C300 板卡介绍

(1) 交换控制板(SCXM)。SCXM 板是 10GE 总线交换控制板,支持 400 Gb/s 交换容量和 32 k MAC 地址表。

(2) 以太网上联板(GUFQ)。GUFQ 板为 4 路 GE/FE 光口以太网上联板。4 路光口可以为 GE 光口(需配置 1 块 GFSQ 子卡)或 FE 光口(需配置 1 块 FFSQ 子卡)。

(3) EPON 接口板(ETGO)。ETGO 板为 8 路 EPON 接口板,提供 EPON 接入。

(4) GPON 接口板 GTGO。GTGO 板为 8 路 GPON 接口板。GTGO 板包括两个功能模块:GPON MAC 和 TM。GPON MAC 完成 PON 层所有功能,TM 实现业务层的处理。

3) 中兴 C300 告警指示灯

交换控制板 SCXM 告警指示灯见表 4 - 7 所示。

表 4 - 7　SCXM 告警指示灯

符　号	颜　　色	含　　义
RUN	不亮	未上电，未插卡或插卡不匹配，或 CPU 未启动
	绿灯常亮	单板自检通过，但还未从主控板或网管上读取到数据；或正在运行引导程序；或从主控板下载软件版本；或者无合法版本，单板无法运行
	绿灯不定速快闪	单板正处于从主控板（或网管）上下载数据
	绿灯 1 s 亮 1 s 暗慢闪	单板运行正常
	红灯常亮	单板硬件重大故障，如自检不通过或软件运行在不支持的硬件版本上或正常运行过程中网管下重启命令
	红灯 1 s 亮 1 s 暗慢闪	此板不应插在该槽位（与网管配置的不同）
	黄灯 1 s 亮 1 s 暗慢闪	单板与主控板上的软件版本不匹配，单板没有设置成版本自动更新。业务运行正常
MS	绿色	主用指示灯，灯亮表示本板主用，灯灭表示本版备用
HDD	红色	单板正在操作 FLASH，不允许插拔该板

以太网上联板 GUFQ 告警指示灯见表 4 - 8 所示。

表 4 - 8　GUFQ 告警指示灯

符　号	颜　　色	含　　义
RUN	不亮	未上电，或 CPU 未启动
	绿灯常亮	单板自检通过，但还未从主控板或网管上读取到数据；或正在运行引导程序；或从主控板下载软件版本；或者无合法版本，单板无法运行
	绿灯快闪	单板正处于从主控板（或网管）上下载数据
	绿灯 1 s 亮 1 s 暗慢闪	单板运行正常
	红灯常亮	单板硬件重大故障，如自检不通过或软件运行在不支持的硬件版本上或正常运行过程中网管下重启命令
	红灯 1 s 亮 1 s 暗慢闪	此板不应插在该槽位（与网管配置的不同）
	黄灯 1 s 亮 1 s 暗慢闪	单板与主控板上的软件版本不匹配，单板没有设置成版本自动更新。业务运行正常
ACTi $i=1\sim4$	绿灯亮	第 i 个光口已建立链接
	绿灯闪烁	第 i 个光口在收发数据
	不亮	第 i 个光口未建立链接

EPON 接口板 ETGO 告警指示灯见表 4 - 9 所示。

表 4 - 9   ETGO 告警指示灯

符号	颜　色	含　义
RUN	不亮	未上电，或 CPU 未启动
	绿灯常亮	单板自检通过，但还未从主控板或网管上读取到数据；或正在运行引导程序；或从主控板下载软件版本；或者无合法版本，单板无法运行
	绿灯快闪	单板正处于从主控板（或网管）上下载数据
	绿灯 1 s 亮 1 s 暗慢闪	单板运行正常
	红灯常亮	单板硬件重大故障，如自检不通过或软件运行在不支持的硬件版本上或正常运行过程中网管下重启命令
	红灯 1 s 亮 1 s 暗慢闪	此板不应插在该槽位（与网管配置的不同）
	黄灯 1 s 亮 1 s 暗慢闪	单板与主控板上的软件版本不匹配，单板没有设置成版本自动更新。业务运行正常
ACTi $i=1\sim8$	不亮	第 i 个 EPON 光口未配置 ONU（未激活）
	绿灯闪烁	第 i 个 EPON 光口工作正常（激活，有数据收发）
	红灯亮	第 i 个 EPON 光口有告警

GPON 接口板 GTGO 告警指示灯见表 4 - 10 所示。

表 4 - 10   GTGO 告警指示灯

符号	颜　色	含　义
RUN	不亮	未上电，或 CPU 未启动
	绿灯常亮	单板自检通过，但还未从主控板或网管上读取到数据；或正在运行引导程序；或从主控板下载软件版本；或者无合法版本，单板无法运行
	绿灯快闪	单板正处于从主控板（或网管）上下载数据
	绿灯 1 s 亮 1 s 暗慢闪	单板运行正常
	红灯常亮	单板硬件重大故障，如自检不通过或软件运行在不支持的硬件版本上或正常运行过程中网管下重启命令
	红灯 1 s 亮 1 s 暗慢闪	此板不应插在该槽位（与网管配置的不同）
	黄灯 1 s 亮 1 s 暗慢闪	单板与主控板上的软件版本不匹配，单板没有设置成版本自动更新。业务运行正常
ACTi $i=1\sim8$	不亮	第 i 个 GPON 光口未配置 ONU，或者没有插光模块，或者关闭，或者是 Type B 保护口
	绿灯闪烁	第 i 个 GPON 光口工作正常，ONU 工作正常
	红灯亮	第 i 个 GPON 光口有告警（LOS）

实践项目一 EPON 设备认知

实践要求：分组到企业调研，收集相关设备信息。

实践内容：

（1）目前常用的 EPON 设备型号。

（2）EPON 设备的板卡名称。

（3）EPON 设备接口种类。

（4）上联口和业务口速率。

（5）设备配置时最少需要哪些板卡？

实践项目二 EPON 设备基本配置

实践目的：掌握 OLT 基本配置命令及业务开通。

实践设备：OLT（中兴 C200）、PC、串口线、网线、尾纤。

实践要求：能灵活的使用配置命令。

实践内容：

（1）ZXA10 C200 物理配置。

开局时需要添加机架、机框、单板。

> ZXAN#config terminalt //进入全局配置模式
>
> ZXAN(config)#add-rack rackno 0 racktype ZXPON //在第一次配置系统时用<add-rack>命令添加机架。
>
> ZXAN(config)#add-shelf shelfno 0 shelftype ZXA10C200 - B //在第一次配置系统时用<add-shelf>命令添加机框。
>
> ZXAN(config)#add - card slotno 1 EPFC //在 1 号槽位添加 EPFC 单板

注：

① 目前只能增加 1 个机架，因此"rackno"只能选 0。

② 目前只能增加 1 个机框，因此"shelfno"只能选 0。

③ 无需添加主控板。

④ C200 中其他用户单板添加到 1～3、6 槽位。如果只有单块主控板，则 5 号槽位也可以添加用户板。

用<show card>命令显示 C200/C220 系统当前的所有单板配置和状态。

在特权模式下可用<del-card>命令删除 C200/C220 系统的用户单板。

（2）ZXA10 C200 管理配置。

ZXA10 C200 支持以下三种管理方式：

① 超级终端方式：使用串口线，不考虑设备的带内/带外地址，直接登录设备。

② Telnet 方式：当计算机可以 ping 通设备带内/带外地址时，可以使用 telnet 方式登录设备。

③ 统一网管方式：当设定了设备的带内/带外地址后，可以使用 Net NumenN31 网管软件，通过带内网管/带外网管方式登录设备。

采用网管登录时，必须先设定设备的带内网管 IP 地址或带外网管 IP 地址。带内网管指通过上联的业务通道进行管理，带外网管指通过前面板的带外网管口进行管理。在工程中使用较多的是带内网管方式，带外网管方式一般在本地维护时使用。

第一，带内网管配置。

用串口线连接 C200/C220 机框控制交换板前面"console"接口和调试电脑的串口，串口配置为缺省，通过超级终端登录。

带内网管配置过程：

A　创建带内网管 vlan。

　　ZXAN<config>＃vlan 100　　　　//创建用于带内网管的 VLAN 并进入 VLAN

　　ZXAN<vlan>＃exit　　　　　　//退出 VLAN

B　配置带内网管 IP。

　　ZXAN<config>＃interface vlan 10∅进入 interface VLAN100

　　ZXAN<config-if>＃ip address 10.61.86.220 255.255.252.0//设置带内网管的 IP 以及子网
　　　　　　　　　　　　　　　　　　　　　　　　　掩码

C　上联口 tag 网管 vlan。

　　ZXAN<config>＃interface gei_0/4/1　　　　//进入上联口配置模式

　　ZXAN<config-if>＃switchport vlan 100 tag　　//把上联口以 tag 方式加入 VLAN100

D　配置网管缺省路由。

　　ZXAN<config>＃ip route 0.0.0.0 0.0.0.0 10.61.87.254　　//设置目的网段以及网关

第二，带外网管配置。

　　ZXAN(config)＃nvram mng-ip-address 10.62.31.211 255.255.255.0　　//IP 地址视当地配置
　　　　　　　　　　　　　　　　　　　　　　　　　　　　　情况而定

（3）ZXA10 C200/C220 业务开通。

① ONU 的认证注册。

　　ZXAN<config>＃interface epon-olt_0/1/1　　//进入 PON 口

　　ZXAN<config-if>＃onu 1 type ZTE-F401 mac 0015.EB71.F6C8//根据 MAC 地址添加 ONU

　　ZXAN<config>＃interface epon-onu_0/1/1：1　　//进入 PON-ONU 口

　　ZXAN<config-if>＃authentication enable　　//开通 ONU，新添加的 ONU，默认状态是未开
　　　　　　　　　　　　　　　　　　　　通的，故需要执行此命令，否则业务不通

　　ZXAN<config-if>＃bandwidth downstream maximum 100000　　//设置下行最大带宽

　　ZXAN<config-if>＃bandwidth upstream maximum 100000　　//设置上行最大带宽

　　ZXAN＃show onu unauthentication epon-olt_0/1/1　　//显示相关 PON 口下已注册未认证
　　　　　　　　　　　　　　　　　　　　　　　　　　的 ONU

　　ZXAN＃show onu authentication epon-olt_0/1/1　　//显示相关 PON 口下已注册认证的 ONU

　　ZXAN＃show onu all-status epon-olt_0/1/1　　//显示相关 PON 口下所有 ONU 的状态

　　ZXAN＃show onu detail-info epon-onu_0/1/1：1　　//显示 ONU 的 Admin State，即是否开通

　　ZXAN＃show onu bandwidth downstream/upstream epon-olt_0/1/1//显示某个 PON 口下所有
　　　　　　　　　　　　　　　　　　　　　　　　　　　　　ONU 的上下行带宽

　　ZXAN＃show onu bandwidth downstream/upstream epon-onu_0/1/1：1//显示某个 ONU 的上
　　　　　　　　　　　　　　　　　　　　　　　　　　　　　　下行带宽

② 创建业务 VLAN。

在 config 模式下，利用 vlan 命令逐个创建所有的业务 vlan；或者在 vlan 模式下，批量

创建所有业务 vlan。

        ZXAN(config)♯vlan 100　　//逐个创建业务 vlan

        vlanZXAN<config>♯vlan database　　//批量创建所有业务

        ZXAN<vlan>♯vlan 100,200,300　　//批量增加业务 VLAN

③ 上联口配置。

        ZXAN<config>♯interface gei_0/4/1　　//进入上联口

        ZXAN<config-if>♯switchport mode trunk　　//把端口模式改成 trunk

        ZXAN<config-if>♯switchport vlan 100,200,300 tag　　//把该端口以 tag 方式加入 VLAN

④ 下行口 EPON-ONU 口配置。

        ZXAN<config>♯interface epon-onu_0/1/1：1　　//进入 PON-ONU 口

        ZXAN<config-if>♯switchport mode trunk　　//把端口模式改成 trunk

        ZXAN<config-if>♯switchport vlan 100,200,300 tag　　//把该端口以 tag 方式加入 VLAN

⑤ ONU 远程配置。

        ZXAN<config>♯pon-onu-mng epon-onu_0/1/1：1　　//进入 ONU 远程配置模式

        ZXAN<epon-onu-mng>♯vlan port eth_0/1 mode transparent//把用户端口设置成 transparent 模式,如果以太网口下面接交换机则这么配

        ZXAN<epon-onu-mng>♯vlan port eth_0/1 mode tag vlan 100 priority 0//把用户端设置成 tag 模式并决定 PVID,如果直接接计算机上网则这么配

验证:查看单板、查看已注册的 ONU、查看上下行带宽。

～～～～～ 过 关 训 练 ～～～～～

1. 填空题

(1) 光接入网主要由( )、( )和( )三大部分组成。

(2) 从光接入网的网络结构来看,按室外传输设备中是否含有源设备,光接入网可分为( )和( )两大类。前者采用( )分路,后者采用( )分路。

(3) 在光接入网中,主要采用( )、( )和( )等三种基本的网络拓扑结构,其中( )结构又有( )、( )和( )三种子结构。

(4) APON 下行帧是由( )组成,对于速率为 155.52 Mb/s 的下行信号,每帧共( )时隙,其中含( )个 PLOAM 信元,每隔( )个时隙插入一个 PLOAM 信元。每时隙( )个字节。

(5) APON 涉及的关键技术主要有( )、( )、( )、( )和( )。

(6) 基于 GPON 技术的网络结构与已有的 PON 类似,也是由局端的( )、用户端的( )、用于连接两种设备的( )和( )组成的光分配网 ODN 及( )组成。

(7) EPON 标准是( )发布的,接入速率达到了对称的( ),最长传输距离为( )。EPON 标准的上下行波长是( )和( ),上下行速率为( ),

传输距离是（　　　），分路比是（　　　）。

（8）根据光网络单元放置的具体位置不同，光接入方式可分为（　　　）、（　　　）、（　　　）、（　　　）、（　　　）、（　　　）、（　　　）和（　　　）等几种，但主要应用的（　　　）、（　　　）、（　　　）三种类型。

2. 选择题

（1）下面哪个不属于电信网络的基本拓扑结构（　　　）。

A. 星形　　　　　　B. 线形　　　　　　C. 环形　　　　　　D. 总线形

（2）以下哪个不属于 ONU 核心部分的功能（　　　）。

A. 用户和业务复用功能　　　　　　B. 传输复用功能

C. ODN 接口功能　　　　　　D. 数字交叉连接功能

（3）APON、GPON 和 EPON 三者之中业务处理效率最低的是（　　　）。

A. APON　　　　　　B. GPON　　　　　　C. EPON

模块五 Cable Modem 接入技术

Cable Modem 接入技术是近几年随着网络应用的扩大而发展起来的一种有线宽带接入技术,主要利用有线电视 HFC 网进行数据传输。目前,在全球尤其是北美的发展势头很猛,每年用户数以超过 100% 的速度增长,在中国广东、深圳、南京等省市已开通 Cable Modem 接入,它将是 xDSL 技术最大的竞争对手。有线电视网是一个非常宝贵的资源,通过双向化和数字化的发展,有线电视系统除了能够提供更多、更丰富、质量更好的电视节目外,还有着足够的频带资源来提供其他非广播业务。

【主要内容】

本模块共分三个任务,包括 HFC 技术、Cable Modem 技术和机顶盒等。

【重点难点】

重点介绍 HFC 网络结构及主要技术,难点是 Cable Modem 的工作原理。

任务 1 HFC 技术

【任务要求】

识记:CATV 网络特点及 HFC 网络结构。
领会:CATV 系统组成、HFC 频谱划分。

【理论知识】

5.1.1 CATV 系统

CATV 是在共用天线系统的基础上发展起来的一种有线电视网络,出现于 1970 年左右,当初是以向广大用户提供廉价、高质量的视频广播业务为目的的。自 80 年代中后期以来有了很快的发展,在许多国家,有线电视网覆盖率已经与公用电话网不相上下,甚至超过了公用电话网,有线电视已成为社会重要的基础设施之一。截至 2013 年底,我国有线电视用户约为 2.24 亿,在电视用户数量、电视机拥有量及有线电视用户数方面,均为全球最多的。在农村、郊区、山区和人口密度大、高层建筑越来越多的城市中,CATV 系统提供了良好的接收效果,完全避免了用无线传输时,其电磁波由于高层建筑物反射引起的重影干扰,并且 CATV 彻底解决了无线电频率资源紧缺的限制,使可选用的频道数更多。

1. CATV 系统的组成

CATV 系统由信号源接收系统、前端系统、干线传输系统和用户分配系统四部分组成，如图 5-1 所示。

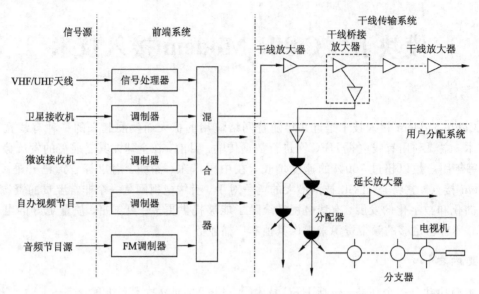

图 5-1　CATV 系统组成原理

1）信号源接收系统

信号源是有线电视系统电视节目的来源，它一般包括当地电视台发送的开路电视信号、卫星转发的卫星电视信号、微波站发射的微波电视信号和有线电视台自办的节目等。

为了接收无线电视台发送的开路电视节目，有线电视台需要安装较高质量的接收天线。通常，有线电视台在接收 VHF 频段的电视节目时采用单一频道的天线，即一个频道用一副专用的天线来接收；同时，天线放大器也是单频道式的，以有效避免其他频道信号的干扰。在接收调频广播和 UHF 频段的电视节目时，则采用频段天线，即由一副天线接收频率相差不大的几个频道的电视节目。由于电视发射台的方位各异，在同一位置的接收场强也不一样，对于空中场强较弱的频道，可以使用有源天线，即在天线下面加装一个天线放大器，以实现高增益、高信噪比的接收。

为了接收电视台通过卫星转发的电视节目，有线电视台需要安装口径为 3～6 m 的抛物面卫星接收天线以及相应的馈源、高频头和卫星接收机等。一般来说，接收每一颗卫星的电视节目，需要一副抛物面天线和一个馈源，需要两个高频头分别接收垂直和水平极化方向的节目，以及若干台卫星接收机。

为了接收从其他有线电视台通过微波送来的电视节目，需要安装微波接收天线和微波接收机。为了播出自办节目，还应有必要的电视演播室、转播车、录像机、字幕机、切换台、自动播放设备及计算机等。

2）前端系统

前端系统的主要作用是接收和处理信号。它首先接收信号源接收系统送来的各种不同制式的信号，将其统一成同一种形式，再按频分复用方式将其变换成预定频道的射频电视信号，最后，经混合器混合成一路宽带信号输出。它包括频道处理器、频道变换器、加扰系统、调制器、混合器及需要分配各种信号的发生器等。

3）干线传输系统

干线传输系统是一个传输网，主要作用是把前端输出的高频电视信号高质量地传输给用户分配网。同轴电缆传输是最简单的一种干线传输方式,具有技术成熟、成本低、设备安装方便等优点。但电缆对信号电平的衰减较大,为了补偿传输时的信号衰减,一般每隔600 m 左右就需要设置一个干线放大器,所以一个干线传输系统通常需要几十个干线放大器。由此也引入较多的噪声和非线性失真,使信号质量受到影响。另外,由于电缆在高频道上的传输损耗高于低频道上的损耗,因而要求使用在干线传输系统上的干线放大器还要具有电缆均衡功能。为了补偿因温度和湿度等环境因素的变化引起电缆损耗的变化,在干线传输线路上还应分段使用带自动电平控制的干线放大器。同轴电缆传输方式一般只在小系统或大系统中靠近用户分配系统的最后几千米中使用。

4)用户分配系统

用户分配系统是有线电视系统的神经末梢,主要作用是将干线传输系统送来的信号合理地分配到各个用户。它包括支线放大器、分配器、分支器、用户终端插座及分支线和用户线等组成。支线放大器的功能是补偿支线中的信号损失,放大信号功率以支持更多的用户,分配器和分支器是为了把信号分配给各条支线和各个用户,它要求有较好的隔离度和适当的输出电平。分支线和用户线一般均采用较细的同轴电缆,以降低成本和便于施工。用户分配系统一般采用树-星型结构,其特点是线路短、放大器少、覆盖效率高、经济合理。

2. CATV 网络的特点

CATV 网络的优点:CATV 网是单向、广播型的网络,呈星-树型分支结构。最大的优点是技术成熟,成本低,非常适合传送单向的广播电视业务。

CATV 网络的缺点:

(1)不适合传送双向业务。在有线电视系统中,分支器是按照下行传输广播电视信号,使用户收看到满意的电视节目而设计的。因此用这种分支器传输上行信号时,不仅会产生汇聚噪声,而且还会产生很大的损耗,所以不适合传送双向业务。

(2)网络的可靠性差。干线上每一点或每个放大器的故障对于其后的所有用户都将产生影响,在电缆分配网的传输通道中,电缆接头过多,严重降低了系统传输的可靠性。

(3)对用户提供的业务质量不一致。离前端较近的用户,因沿途经过的放大器少,信号质量和可靠性较好,但离前端较远的用户,因沿途经过的放大器多,信号质量和可靠性就会不理想。

(4)网络的监控和管理差。在有线电视网中,普遍没有使用网络自动化管理功能,自身很难监视故障,只有等待用户报障后才知,而且知道后也难以确定故障的位置。

5.1.2 HFC 网络结构

HFC 是指混合光纤/同轴电缆网,它是在有线电视(CATV)网的基础上发展起来的一种新型的宽带业务网,是美国 AT&T 公司于 1993 年提出的。它是一种城域网或局域网的结构模式,采用模拟频分复用技术实现。常见的拓扑结构与 CATV 的拓扑结构类似,也是树型分支结构,采用共享介质。HFC 和 CATV 不同之处主要有以下两点:一是在 HFC 网中,干线传输系统作用的光纤作传输介质,而在用户分配系统中仍然采用同轴电缆;二是HFC 除可以提供原 CATV 网提供的业务外,还可以提供双向电话业务、高速数据业务和其他交互型业务,也被称为全业务网。

一个双向 HFC 网络与 CATV 网类似,也是由馈线网、配线网和用户引入线三部分组成的，如图 5-2 所示。

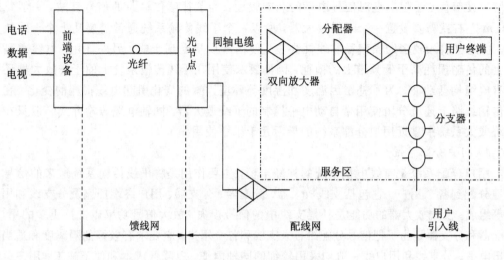

图 5-2　HFC 网络结构

1. 馈线网

HFC 的馈线网是指前端至服务区节点之间的部分，大致对应 CATV 网的干线段。其区别是：在 HFC 系统中从前端至每一光纤节点，都用一根单模光纤代替了传统的干线电缆和一连串的几十个有源干线放大器。

从结构上说则相当于用星型结构代替了树型-分支结构。HFC 的结构又称光纤到服务区(FSA)，一般一个光节点可以连接多个服务区，在一个服务区内，通过引入线接入的用户共享一根线缆，所以在 HFC 网络中，服务区越小，各个用户可用的双向通信带宽就越大，通信质量也越好。目前一个典型的服务区用户数为 500 户，将来可进一步降至 125 户或更少。

前端设备负责完成信号收集、交换及信号调制与混合，并将混合信号传输至光纤。目前应用的主要设备有调制器、变频器、数据调制器、信号混合器、激光发射机。

调制器将模拟音频及视频信号调制成射频信号；变频器完成音频、视频和数据中频信号到射频信号的转换；数据调制器完成数据信号的 QPSK 或 QAM 调制，将数据信号转换成数据中频信号；信号混合器将不同频率的射频信号混合，形成宽带射频信号；激光发射机将宽带射频信号转换成光信号，并将光信号送入光纤传输。

光节点负责将光信号转换为电信号，并将电信号放大传输至同轴电缆网络。

2. 配线网

在传统 CATV 网中，配线网是指干线/桥接放大器与分支点之间的部分，典型距离为 1~3 km 左右。而在 HFC 网中，配线网是指服务区光纤节点与分支点之间的部分，采用与传统 CATV 网相同的树形-分支同轴电缆网，但其覆盖范围则已大大扩大，可达 5~10 km 左右，因而仍需保留几个线路延长放大器，用以补偿同轴电缆对射频信号的衰减。这一部分设计的好坏往往决定了整个 HFC 网的业务量和业务类型，十分重要。

在设计配线网时采用服务区的概念是一个重要的革新。采用了服务区的概念以后，可以将一个大网分解为一个个物理上独立的基本相同的子网，每个子网服务于较少的用户，允许采用价格较低的上行通道设备，同时每一个子网允许采用同一套频谱而互不影响，与蜂窝移动通信网十分类似，可最大限度地利用频谱资源。此时，每一个独立服务区可以接入全部上行通道带宽。若假设每一个电话占据 50 kHz 带宽，则只需要 25 MHz 上行通道带宽即可同时处理 500 个电话呼叫，多余的上行通道带宽还可以用来提供个人通信业务和其他各种交互式业务。

可见，服务区概念是 HFC 网得以提供除广播型 CATV 业务以外的双向通信业务和其他各种信息或娱乐业务的基础。当服务区的用户数目少于 100 户时，有可能省掉线路延长放大器而成为无源线路网，这样不但可以减少故障率和维护工作量，而且简化了更新升级至高带宽的程序。

3. 用户引入线

用户引入线是指分支点至用户端设备之间的部分，与传统 CATV 相同，分支点的分支器是配线网与用户引入线的分界点。分支器是信号分路器和方向耦合器结合的无源器件，负责将配线网送来的信号分配给每一用户。在配线网上平均每隔 40～50 m 就有一个分配器，单独住所区用 4 路分支器即可，高楼居民区常常使用多个 16 路或 32 路分支器结合使用。用户引入线负责将射频信号从分支器经引入线送给用户，传输距离仅几十米而已。与配线网使用的同轴电缆不同，引入线电缆采用灵活的软电缆形式以便适应住宅用户的线缆铺设条件及作为电视、录像机、机顶盒之间的跳线连接电缆。

5.1.3　HFC 网上常用的几种业务

HFC 本身是一个 CATV 网络，视频信号可以直接进入用户的电视机，采用新的数字调制技术和数字压缩技术，可以向用户提供数字电视和 HDTV。同时，语音和高速的数据可以调制到不同的频段上传送，来提供电话和数据业务。这样 HFC 支持全部现存的和发展中的窄带和宽带业务，成为所谓的全业务宽带网络。而且，HFC 可以简单地过渡到 FTTH 网络，为光纤用户环路的建设提供了一种循序渐进的手段，采用 HFC 网络可实现三网合一。目前 HFC 网上可开通的业务有以下几种。

1. 视频点播（VOD）业务

VOD 是一种受用户控制的视频分配业务，它使得每一个用户可以交互地访问远端服务器所储存的丰富节目源，也就是说，在家里即可随时点播自己想看的有线电视台服务器储存的电影及各种文艺节目，实现人与电视系统的直接对话，选择电视节目的过程简单、方便；VOD 还可以提供图文信息和综合服务，也可以对各种播出节目进行控制和收费。

VOD 系统是由信源、信道及信宿组成的，它们分别对应于 CATV 系统的前端机房、传输网络和用户终端，用户根据电视机屏幕上的选单提示，利用机顶盒选择出自己所喜爱的节目，并向前端发出点播请求指令。在具有双向传输功能的 CATV 系统中，利用频道分割方式将用户点播的请求信息通过系统的上行通道传输到前端子系统的控制系统。控制系统将点播的节目和主系统的电视信号混合后，由 CATV 系统的下行通道传输到点播用户终端，经机顶盒解调后观看。

2. 电话业务

在 HFC 网上可开通电话业务，传统电话网的长途干线和局间中继线带宽比较大，但进入用户环路，由于使用的是双绞线，带宽很窄，因此只能传输 300～3400 Hz 的窄带电话和低速数据。HFC 网上的电话则不同，其全网都具有宽带的电信业务，因此，不仅可以提供普通电话，也可以提供宽带的电信业务，包括 64 kb/s 数字电话、ISDN、电视电话等。但传统 CATV 网所用分支器只允许通过射频信号，从而阻断了交流供电电流。由于需要为用户话机提供振铃电流，因而 HFC 网的分支器需要重新设计以便允许交流供电电流通过引入线到达电话机。

在 HFC 网上传电话业务还需要增加三种设备：一种是连接交换机和 HFC 网的前端接口单元；另一种是用户电话和 HFC 网的用户接口单元；第三种是计算机网络管理设备。

3. 双向数据通信业务

在 HFC 网上还可开通双向数据通信业务，只需在用户端和局端增加 Cable Modem 即可进行高速数据传送。Cable Modem 采用先进的调制技术（如 QPSK、64 QAM/256 QAM），分为对称和非对称两种。其中，对称型可为每个用户提供 10 Mb/s 的上下通道速率，可用在远程医疗、远程教学、电视会议等场合；非对称型可为每个用户提供的上行通道速率为 784 kb/s，下行通道速率可达 30 Mb/s，因此特别适合网页浏览、视频、游戏等。

基于 HFC 网的基本结构具备了顺利引入新业务的能力，具有经济地提供双向通信业务的能力，因而不仅对住宅用户有吸引力，而且对企事业用户也有吸引力。

5.1.4　HFC 频谱分配

在 HFC 网络中，由于同轴电缆分配网实现双向传输只能采用频分复用方式，故在频谱资源十分宝贵的情况下，必须考虑上、下行频率的分割问题。合理的划分频谱十分重要，既要考虑历史和现在，又要考虑未来的发展。HFC 网必须具有灵活的、易管理的频段规划，载频必须由前端完全控制并由网络运营者分配。

目前，虽然有关同轴电缆中各种信号的频谱划分尚无正式的国际标准，但已有多种建议方案。过去，为了确保下行的频率资源得到充分利用，通常采用"低分割"方案，即 5～30 MHz 为上行，30～48.5 MHz 为过渡带，48.5 MHz 以上全部用于下行传输。但近年来，随着各种综合业务的逐渐开展，低分割方案的上行带宽显得越来越不够用，且上行信道在频率低端严重的噪声积累现象，使该频段的利用也受到限制，进一步突出了上行带宽的不足。

随着滤波器质量的改进，且考虑到点播电视的信令及电话数据等其他应用的需要，真正开展双向业务，可考虑采用"中分割"方案，即将上行通道进行扩展，如北美将上行通道扩展为 5～42 MHz，共 37 MHz。有些国家计划扩展至更高的频率。

以我国 HFC 频带划分为例，根据 GY/T106—1999 标准的最新规定，在 HFC 网中，低端的 5～65 MHz 频带为上行数字传输通道，通过 QPSK 和 TDMA 等技术提供非广播数据通信业务，65～87 MHz 为过渡带。87～1000 MHz 频带均用于下行通道，其中 87～108 MHz 频段为 FM 广播频段，提供普通广播电视业务。108～550 MHz 用来传输现有的模拟电视信号，采用残留边带调制（VSB）技术，每一通路的带宽为 6～8 MHz，因而总共可以传输各种不同制式的电视信号 60～80 路。

550～750 MHz 频段采用 QAM 和 TDMA 技术提供下行数据通信业务。允许用来传输附加的模拟电视信号或数字电视信号，但目前倾向用于双向交互型通信业务，特别是电视点播业务。假设采用 64QAM 调制方式和 4 Mb/s 速率的 MPEG-2 图像信号，则频率效率可达 5 b/(s. Hz)，从而允许在一个 6～8 MHz 的模拟通路内传输约 30～40 Mb/s 速率的数据信号，若扣除必须的前向纠错等辅助比特后，则大致相当于 6~8 路 4 Mb/s 的 MPEG-2 的图像信号，于是这 200 MHz 的带宽总共可以至少传输约 200 路 VOD 信号。当然也可以利用这部分频带来传输电话、数据和多媒体信号，可选取 6~8 MHz 通路传电话；若采用 QPSK 调制方式，每 3.5 MHz 带宽可传 90 路 64 kb/s 速率的语音信号和 128 kb/s 的信令和控制信息，适当选取 6 个 3.5 MHz 的子频带单位置入 6~8 MHz 的通路，即可提供 540 路下行电话通路。通常这 200 MHz 频段传输混合型业务信号。将来随着数字编码技术的成熟和芯片成本的大幅度下降，这 550~750 MHz 频带可以向下扩展到 450 MHz 及至最终取代这 50~550 MHz 模拟频段。届时这 500 MHz 频段可以传输约 300~600 路数字广播电视信号。

高端的 750~1000 MHz 频段已明确仅用于各种双向通信业务，其中 2 个 50 MHz 频带可用于个人通信业务，其他未分配的频段可以有各种应用以及应付未来可能出现的其他新业务。

实际 HFC 系统所用标称频带为 750 MHz、860 MHz 和 1000 MHz，目前用得最多的是 750 MHz 系统。几种典型的 HFC 频谱划分示意图如图 5-3 所示。

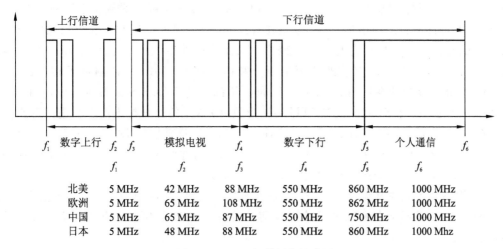

	f_1	f_2	f_3	f_4	f_5	f_6
北美	5 MHz	42 MHz	88 MHz	550 MHz	860 MHz	1000 MHz
欧洲	5 MHz	65 MHz	108 MHz	550 MHz	862 MHz	1000 MHz
中国	5 MHz	65 MHz	87 MHz	550 MHz	750 MHz	1000 MHz
日本	5 MHz	48 MHz	88 MHz	550 MHz	860 MHz	1000 Mhz

图 5-3　HFC 频谱划分示意图

实践项目　调研 HFC 网络发展情况

实践要求：企业调研，收集 HFC 网络相关资料，写出调研报告。

实践内容：

(1) 我国 CATV 用户数。

(2) HFC 网络改造情况。

(3) HFC 网络提供的业务。

任务 2　Cable Modem 技术

【任务要求】

识记：Cable Modem 的组成、终端设备的安装与维护。

领会：Cable Modem 的工作原理。

【理论知识】

5.2.1　Cable Modem 技术的产生与发展

1993 年 12 月，美国时代华纳公司在佛罗里达州奥兰多市的有线电视网上进行模拟和数字电视、数据的双向传输试验获得了成功。1994 年 5 月，IEEE 802.14 工作组成立，目的是建立一个基于 HFC 的城域网，并使该网络能支持各种业务，包括固定比特率 CBR、可变比特率 VBR 以及有效比特率 ABR 服务。IEEE 802.14 对 ATM 信元能很好地支持，并能通过 ATM 信元很好地支持 QoS。在传输 ATM 信元方面，有较小的延迟和延迟抖动。但在支持 IP 方面，由于必须通过 AAL5 来支持，因而在传输 IP 分组的吞吐量方面比较低。

1995 年 11 月，Arthur D. Little 公司提出了 DOCSIS（Data Over Cable Service Interface Specification，电缆传输数据业务的接口规范）计划，成立了由一部分北美有线电视网络运营商参加的 MCNS（Multimedia Cable Network System，多媒体电缆网络系统）组织。MCNS 标准的目的简单且明确，就是在有线网络上透明地传输可变长度 IP 数据包，因此对 IP 的支持最好，并且它与 ATM 兼容，从而使网络的灵活性大大提高。1996 年底 DOCSIS1.0问世，为了适应欧洲的频带划分和调制技术，MCNS 还制定了相应的 Euro DOCSIS 标准，该标准在物理层以上部分的协议都是与 DOCSIS 兼容的。1998 年 3 月，MCNS 制定的 DOCSIS1.0 标准被 ITU 接受为国际标准，符合该标准的产品进而迅速占领了市场。在这之后，MCNS 连续制订了针对 QoS 和高速物理层的 DOCSIS1.1、DOCSIS1.2 标准。2001 年，MCNS 又推出了 DOCSIS2.0 标准，与之对应的 IEEE802.14 小组在 2000 年 3 月解散了，而 IEEE802.14a 却始终只是一个草案。

DOCSIS 标准相对来说比较完善，实现起来较为灵活，已经成为 HFC 领域应用最广泛的国际标准。目前国际上大部分 CM 以及前端设备 CMTS 的研制工作都是基于 DOCSIS 标准规范的。

5.2.2　Cable Modem 系统结构

Cable Modem 系统工作在双向 HFC 网上，成为 HFC 网络的一部分。该系统主要由两部分组成：前端 Cable Modem 端接系统（CMTS）和安装在用户房屋内的 Cable Modem（CM），如图 5-4 所示。

1. CMTS

CMTS 是一个模块化的局端系统，由多种模块组成，可以在需要时随时扩充。CMTS 作为系统的核心，通过 10/100 Base-T 以太网接口（或光纤接口）连接交换机，再经路由器与 Internet 相连，或直接连接到本地服务器，享受本地业务；经 RF 接口与 HFC 网络连接。

CMTS 主要功能是完成数据与射频信号之间的转换。在下行方向，CMTS 先将来自路由器的数据包封装成 MPEG2-TS 帧的形式，再进行 64-QAM/256-QAM 调制，并与有线电视的视频信号混合，经 HFC 网络传送给各用户终端 CM。在上行方向，CMTS 将接收到的经 QPSK/16-QAM 调制的数据进行解调，转换成以太网帧的形式传送给路由器。

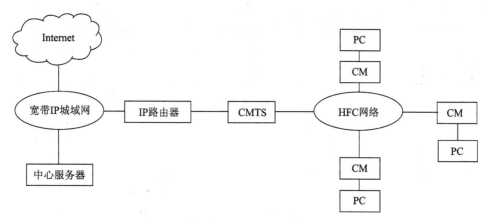

图 5-4　CM 系统结构

CMTS 支持 TCP/IP、DHCP、TFTP、SNMP 等协议，Cable Modem 用户可通过 CMTS 由前端 DHCP 服务器动态获得 IP 地址。CMTS 还可通过 10Base-T 双向接口直接连接用户数据交换集线器，在需要时通过承载 SNMP 信息的 10Base-T 接口，对节点内所有 Cable Modem 进行重新配置和管理。

2. CM

CM 是用户端的电缆调制解调器，也称为 EOC 终端，集 Modem、调谐器、网桥、网卡、以太网集线器的功能于一身，无须拨号、可随时在线连接的宽带接入设备，CM 提供一个标准的 10 Base-T 以太网接口与用户的 PC 设备或局域网集线器相连，提供用户数据的接入，与 CMTS 一起组成完整的数据通信系统。

在下行方向，CM 接收从 CMTS 发送来的 QAM-64/QAM-256 调制信号并解调，然后转换成 MPEG2-TS 数据帧的形式，以传向 10 Base-T Ethernet 接口的以太帧；在上行方向，接收从 PC 机来的以太帧，并封装在时隙中，经 QPSK 或 16 QAM 调制后，通过 HFC 网络的上行数据通路传送给 CMTS。CM 工作在物理层和数据链路层，一个 CM 能承载 5～16 个用户，也可为单独用户所使用。

3. CMTS 与 CM 间通信的建立

目前，我国 HFC 的下行数字信道频带为 550～750 MHz，每一频道的带宽为 6 MHz，假设下行信道上有 m 个频道，对于 CM 来说，为了能接收来自头端的数据，必须要能够解调这 m 个频道中的任意一个。上行数字信道频带为 5～65 MHz，每一个频道的带宽也是 6 MHz，假设上行信道上有 n 个频道，同理，CM 必须要能够把信号调制到任意一个频道上发送到头端。在 m 个下行通道和 n 个上行通道之间存在一定的关联性，根据 HFC 网络的覆盖面和业务量，一个下行通道可以对应一个或多个上行通道，这样可以节省网络资源，在目前情况下也比较实用。

当用户请求注册加入 HFC 网络进行通信时，CMTS 与 CM 之间需要协同工作。CMTS 与 CM 间协同工作原理如图 5-5 所示。

CM 与 CMTS 之间协同工作的具体过程如下：

（1）确定下行信道。一般 CM 都有一个存储器，存储上次的操作参数。当用户注册到网络时，CM 将首先尝试重新获取存储的下行信道，如果尝试失败，将连续地对其它下行

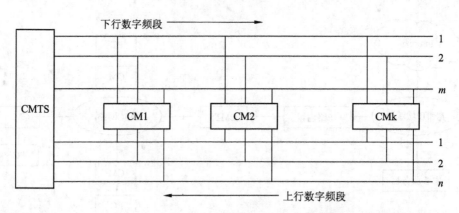
图 5-5 CMTS 与 CM 间协同工作原理图

信道扫描，直到发现一个有效的下行信道。CM 在获取下行信道后，建立与 CMTS 同步，同步的标准是：与 QAM 码元定时同步，与 FEC 帧同步，与 MPEG 分组同步并能识别由 CMTS 周期性发送的定时同步(SYNC)MAC 报文，从而完成 MAC 层上的同步。

（2）确定上行信道。在建立与 CMTS 的同步之后，CM 等待一个从 CMTS 发送来的上行信道描述符(UCD)，以获得上行信道的传输参数。UCD 由 CMTS 周期性地广播，其内容包括目前所有可用的上行信道参数。CM 根据 UCD 确定它是否可以使用该上行信道，若该信道不适合，则 CM 继续等待，直到有一个 UCD 指定的信道适合它。如果在一定的时间内仍没有找到这样的上行信道，那么 CM 必须重新扫描，找到另一个下行信道，再重复该过程。

在找到一个上行信道后，CM 进一步从 UCD 中取出参数完成相应设置，然后等待下一个 SYNC 报文，从中取出上行小时隙的时间标记，并继续等待所选上行信道的带宽分配 MAP 信息，处理该信息后再继续下一步操作。

（3）注册。CM 通过指定的上行信道向头端发送注册请求，在收到头端的注册响应后，表示注册成功。

（4）测距、认证和初始化。注册成功后，CM 就向 CMTS 发送测距请求，再根据 CMTS 发来的测距响应来调整 CM 自身的传输信号电平、频率等参数。使用动态主机配置协议 DHCP，从头端的 DHCP 服务器上获得分配给它的 IP 地址及相关参数。使用简单文件传输协议(TFTP)，从 TFTP 服务器上下载配置参数文件。并通过头端的服务器时间来建立本地时间，然后通过 DHCP 响应的定时时偏进行微调，建立与 CMTS 统一的日期时间。至此，CM 与 CMTS 之间建立起了正常通信，并可向用户提供服务。

另外，CMTS 还会周期性地给各个 CM 发周期维护报文，用于对 CM 进行周期性地调整。

5.2.3 Cable Modem 的工作原理

Cable Modem 与以往的 Modem 在原理上都是将数据进行调制后在 Cable(电缆)的一个频率范围内传输，接收时进行解调，传输机理与普通 Modem 相同。不同之处在于它是通过有线电视 CATV 的某个传输频带进行调制解调的。而普通 Modem 的传输介质在用户与访问服务器之间是独立的，即用户独享通信介质。Cable Modem 属于共享介质系统，其他空闲频段仍然可用于有线电视信号的传输。Cable Modem 彻底解决了由于声音图像的传输而引起的阻塞，其速率已达 10 Mb/s 以上，下行速率则更高。

按照 ISO 的 OSI 参考模型，CM 的协议模型包括物理(PHY)层、MAC 层两个层次，如图 5-6 所示。

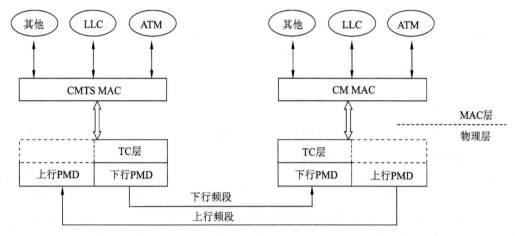

图 5-6　CM 系统协议模型

1. 物理层

CM 的物理层主要负责实现比特的传输、同步、定向和调制解调等功能。物理层又可细分为物理介质相关子层(PMD)和传输汇聚子层(TC)。

1) PMD 子层

PMD 子层主要的功能是对线缆上的射频载波进行调制/解调，同时实现比特流同步编码和差错校验。由于 HFC 网络上、下行信道是分离的，所以 PMD 子层又进一步分为上行 PMD 和下行 PMD，以分别针对上、下行信道不同的特点。目前，802.14 和 DOCSIS 协议规范的 PMD 子层都是以 ITU-J.83 建议为基础的，选择的调制方式为 QAM 或 QPSK。其中，QPSK 调制的特点是抗噪声性能强，但信道利用率低；QAM 具有较好的抗噪声性能，信道利用率比 QPSK 高，所以在下行 PMD 中一般采用 QAM 技术，支持 64 QAM 和 256 QAM；上行 PMD 可采用 16QAM 和 QPSK 两种调制方式。

大部分 CM 物理层对上、下行信道还采用了频分多址(FDMA)技术，并对每一个上行信道又进一步采用了时分多址(TDMA)技术来提高资源的利用率。目前，在上行物理信道上还有另一种主流技术，即 S-CDMA(同步码分多址)技术。S-CDMA 使用频谱扩展技术，使上行信道速率大幅度提升，在 6 MHz 信道上可提供 14 Mb/s 数据速率，同时使上行传输抗噪声能力强。

在双向 HFC 网络中，为使同一服务区内的用户站点能够共享一根线缆的容量与带宽，需采用某种介质访问控制(MAC)技术。CSMA 是一种常见的 MAC 技术，但它不适合双向 HFC 网络，原因是双向 HFC 网络的上、下行信道在不同的频段。对于下行信道，由于头端是独占带宽，而用户站点只是接收信号，所以不存在多路访问的问题；对于上行信道，用户只是发送信号，无法像以太网上的站点那样去侦听其他站点的发送，也就无法检测到冲突。所以，为了解决冲突，减少因冲突造成的带宽浪费，CM 物理层协议对上行信道又进一步抽象,即采用 TDMA 技术进一步将上行信道划分成若干个时隙,每个时隙称为一个 miniSlot,它是上行信道带宽分配的基本单位。在上行信道上存在两种类型的 miniSlot: request miniSlot 和 data miniSlot。在 request miniSlot 内容纳的是 request PDU,request PDU 是 CM 向头端提出分配多个 miniSlot 用来传输数据的请求信息。请求 PDU 较小,只占 1 个 miniSlot,称为 miniPDU,请求 PDU 在传输中可能会发生冲突,但因其较小,冲突造成的带宽浪费不太。data miniSlot 容纳的是 data PDU,data PDU 是 CM 向头端传输的数据信息,占多个 miniSlot。CM 在发送数据前先向头端发送请求 PDU,头端收到请求 PDU 后,根据算法分配给 CM 一个 data miniSlot,并通过下行信道通知该 CM,CM 就可以在这个 data miniSlot 时间内无竞争地发送数据。

2) TC 子层

TC 子层提供 MAC 层与下行 PMD 子层的通用接口,主要功能是对头端来的数据进行处理,实现同步并定界,保证数据正确传输。

TC 子层一般选用 MPEG-2 传输流作为本层的基础,头端的 TC 子层将下行数据封装在 MPEG-2 帧内,封装时可能有多个下行 MAC 帧被封装在一个 MPEG-2 帧内传输,也有可能出现某个 MAC 帧被分割成两部分,分别封装到不同的 MPEG-2 帧的情况,为了接收端能识别重组被分片的 MAC 帧,TC 子层支持 PDU 定界功能。CM 中的 TC 子层对接收的数据进行处理,实现同步并识别 MPEG-2 帧边界,并从 MPEG 负荷中提取出 Cable Modem 分组数据。

MPEG-2 数据帧结构如图 5-7 所示。

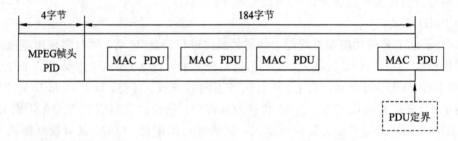

图 5-7 MPEG-2 帧结构

一个 MPEG-2 帧长为 188 个字节,其中帧头占 4 个字节,负荷为 184 个字节(包含 1 个字节的指针域,为可选项)。指针是用来定界的,指针值指明下一个 MPEG-2 帧所承载的 MAC PDU 的第一个字节在被分片的 MAC PDU 里的序号。

2. MAC 层

MAC 层的基本功能是合理分配上行信道,实现用户对共享线缆信道的随机接入,并对竞争产生的冲突进行解决,实现 MAC 层同步,提高 HFC 网络的安全性和保密性。MAC 层规范的复杂性来自共享媒质及用户的服务质量要求。

1) 上行信道带宽的分配

把每个上行信道看成是一个由小时隙(miniSlot)组成的流,CMTS 通过控制各个 CM 对这些小时隙的访问来进行带宽分配。CMTS 进行带宽分配的基本机制是分配映射(MAP)。MAP 是一个由 CMTS 发出的 MAC 管理报文,它描述了上行信道的小时隙如何使用。例如,一个 MAP 可以把一个时隙分配给一个特定的 CM,另外一些时隙用于竞争传输。每个 MAP 可以描述不同数量的小时隙数,最小为一个时隙,最大可以持续几十毫秒,所有的 MAP 要描述全部小时隙的使用方式。

2)冲突解决机制

为保证数据信息的可靠传输,在 MAC 层有两种冲突解决机制:时分多址和竞争/冲突解决。

时分多址机制,是指在一个特定时间帧内,给每个 CM 都分配一个时隙,当某个 CM 需要发送数据时,就使用自己专用的时隙发送。这一机制的优点是在共享介质上不再存在冲突,适用于恒定比特率业务,所有 CM 都有公平的接入能力。但它的缺点也是很突出的,在 Internet 上,多数业务是突发的,所以分配的时隙,极有可能是偶尔使用,这样会严重浪费网络带宽,是难以接受的。

竞争/冲突解决机制,是通过竞争获取发送信道,当发现冲突后,采用冲突解决机制来处理冲突。目前 CM 系统有两种算法避免冲突的发生:一是,IEEE802.14 采用的基于树的冲突分解算法和 p-坚持算法;二是,DOCSIS 采用的二进制指数退避算法。

二进制指数退避算法比较简单,下面举例说明。

首先根据协议 CMTS 会通知 CM 一个退避窗口的大小,假设通告值为[Min=2,Max=7],即表示退避窗口的最小值为 $2^2=4$,最大值为 $2^7=128$。那么 CM 最初的退避窗口范围就是[0,$2^2-1=3$],即第一次推迟 2^n 个 miniSlot 发送 request PDU,其中,n 从[0,3]中随机选取,假设 $n=3$,则表示推迟 $2^3=8$ 个 miniSlot 发送请求。

如果竞争失败,CM 扩大退避窗口 1 倍,即退避窗口范围是[0,$2\times2^2-1=7$],再从中选择一个数 $n(0\leqslant n\leqslant7)$,推迟 2^n 个 miniSlot 再发送请求。依此类推,如果冲突仍未解决,就继续将退避窗口大小扩大一倍,但当退避窗口大小大于 128 时,如果继续冲突,退避窗口大小将一直保持为 128,CM 不断执行算法,直到发送成功,或者冲突次数大于一个门限值(一般为 16)时,CM 就放弃发送。

在 HFC 网络上采用竞争/冲突解决机制的 CM 发送数据的过程如下:

(1)当一个 CM 需要发送数据时,首先从下行信道上获取头端广播的上行带宽分配信息(MAP PDU),从中选取一个空闲的 miniSlot,用来发送 request PDU。该 PDU 中包含了该 CM 的 ID 和申请 miniSlot 的个数等信息,发送后等待头端的响应(ACK)。

(2)当 CM 收到头端广播的请求响应后,如果 ACK 表示冲突,那么 CM 就执行冲突解决算法,按照算法再次发送 request PDU。如果请求成功,则 CM 进入等待状态,等待头端为该 CM 发送信道分配信息,该信息包含头端开始接收该 CM 所发信息的起始时刻 t_1。

(3)当 CM 收到信道分配信息后,根据内部算法,计算出 data PDU 发送时刻 t_2,以确保头端能在 t_1 收到数据帧。

(4)在发送 data PDU 过程中,如果上层又送来 PDU 要求发送,CM 可以将新的发送请求捎带在下一个 data PDU 内一起发给头端,而不用再次竞争发送 request PDU。这种技术叫做(piggyback)捎带技术。

3)MAC 层同步

对于时分多址系统,全网的定时同步十分重要,但是,对于 HFC 网络,各个 CM 距离头端的物理距离存在远近之分,使得每个 CM 对于头端的传播时延会存在差异,给全网同步带来困难。为确保所有的 CM 发送的数据都能在分配的时隙内准时到达头端,要求

MAC 层必须能处理这种远近效应。具体措施是，MAC 协议规定 CM 必须接收头端所发出的全局定时参考帧，并测试头端到自己的时延，再通过时延补偿而实现定时同步。例如，当头端为某个 CM 预留了用于传输的时隙，并在下行信道上广播这段时间的起始时刻，该 CM 收到通告后，需要根据测试到的自己到头端的传播时延来计算出发送时刻，以确保数据在规定的起始时刻到达头端。

4）安全和保密

在 MAC 层协议中规定了接入安全机制，提高了 HFC 网的安全和保密性。该机制的主要思想是：CM 在注册期间向头端发送表明自己身份的 ID 号，头端根据该 ID 的合法性，决定是否接受 CM 的注册。如果 ID 合法，头端与 CM 进行密钥交换，CM 用获得的密钥对 MAC 帧中的数据负荷进行加密传输。从而保证了共享介质接入网的安全性与非共享介质接入网的安全性。

另外，CM 的 MAC 层将面对大量的具有高带宽、服务质量要求严格的交互式多媒体业务，所以为了满足终端用户的未来需求，在制定 MAC 协议时，必须嵌入服务质量的概念。为某些特殊应用提供相应的服务质量保证，如实时的视频信号，MAC 层就应该提供最小迟延抖动和恒定比特率的带宽服务。

5）MAC 层帧结构

由于 HFC 网络上行信道的数据是各个 CM 通过竞争方式传输的，所以 MAC 帧是 CM 与 CMTS 在数据链路层上进行数据交换的基本单元，并且 MAC 帧长度是可变的，其帧结构如图 5-8 所示。

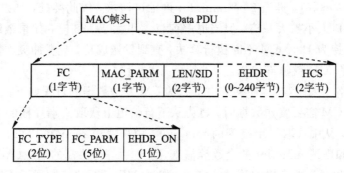

图 5-8　MAC 帧结构

（1）MAC 帧头。

MAC 帧头格式是通用的，帧控制（FC）域定义了该帧的类型，决定了其他控制域的内容，其格式如表 5-1 所示。

MAC_PARM 域的含义依赖 FC 的定义，如果 EHDR_ON=1，MAC_PARM 域表示扩展帧头的长度；如果该帧类型是串联字头，则 MAC_PARM 域表示串联的 MAC 帧个数；如果该帧是请求帧，则 MAC_PARM 域表示请求的 miniSlot 的个数。

LEN/SID 域有两种含义：当该帧是请求帧时，该域表示请求 CM 的 service ID；除此之外，该域表示 MAC 帧的长度。

EHDR 域提供 MAC 帧格式的扩展，以增加对额外功能（包括数据链路的安全性和帧的分组等功能）的支持。

HCS 字头检测域用来检测 MAC 字头的差错情况，采用 2 个字节 16 位的 CRC 校验。

表 5 - 1　帧控制域格式及含义

FC 域	含　义	长　度
FC_TYPE	MAC 帧控制类型域 　00：Packet PDU MAC Header(分组 PDU MAC 头) 　01：ATM PDU MAC Header(ATM PDU MAC 头) 　10：Reserved PDU MAC Header(保留 PDU MAC 头) 　11：MAC Specific Header(MAC 专用字头)	2 位
FC_PARM	帧控制参数：依 FC_TYPE 不同而不同，当 FC_TYPE＝11 时 　00000：Timing Header(定时字头) 　00001：MAC Management Header(MAC 管理字头) 　00010：Request Frame(请求帧) 　00011：Fragmentation Header(分段字头) 　11100：Concatenation Header(串联字头)	5 位
EHDR_ON	EHDR_ON＝1，表示有扩展头	1 位

(2) MAC 专用字头。

MAC 专用字头用来实现一些专门功能，包括下行信道的定时，上行信道的测距或功率调节、带宽分配请求以及分段和串联多个 MAC 帧等功能。

定时字头。在下行信道中，定时字头表示该帧的 data PDU 用来传送全球定时参考，以便系统中的 CM 全网同步。在上行信道中，定时字头表示该帧的 data PDU 用作测距请求信息的一部分，用来调整 CM 的定时和功率。

MAC 管理字头。MAC 管理字头用来承载所有的 MAC 管理消息。它由 MAC 帧头和 MAC 管理消息组成。管理消息又由 MAC 管理消息头、管理消息负荷以及 CRC 校验三部分组成，长度为 24～1522 字节。

请求帧。请求帧是 CM 请求带宽分配的基础，只适用于上行信道，该帧没有数据部分，总长度为 6 字节。

分段字头。该字头用来实现 CM 将较大的 MAC PDU 分段，并分别传输，以及在 CMTS 端重组的功能。

串联字头。该字头用于将多个 MAC PDU 串联在一个 MPEG 帧里传输。该字头只能用于上行帧。

5.2.4　Cable Modem 的种类

随着 Cable Modem 技术的发展，出现了不少类型的 Cable Modem。

(1) 从传输方式的角度，可分为双向对称式传输和非对称式传输。

所谓对称式传输，是指上/下行信号各占用一个普通频道 8 M 带宽，上/下行信号可采用不同的调制方法，但用相同传输速率(2～10 Mb/s)的传输模式。利用对称式传输，可开通一个上行通道(中心频率 26 MHz)和一个下行频道(中心频率 251 MHz)。上行的 26 MHz 信号经双向滤波器检出，输入给变频器，变频器解出上行信号的中频(36～44 MHz)再调制为下行的 251 MHz，构成一个逻辑环路，从而实现了有线电视网双向交互的物理链路。对称式传输速率为 2～4 Mb/s，最高能达到 10 Mb/s。

所谓非对称式传输，是指上行与下行信号占用不同的传输带宽。由于用户上网发出请求的信息量远远小于信息下行量，而上行通道又远远小于下行通道，人们发现非对称式传输能满足客户的要求，而又避开了上行通道带宽相对不足的矛盾。非对称式传输下行速率为 30 Mb/s，上行速率为 500 kb/s～2.56 Mb/s。

（2）从传输方式看，有基带和调制之分。

基带终端主要由二四变换、高/低通滤波两部分实现，以太网信号在同轴电缆里直接传输，无需进行信号处理；调制 Cable Modem 采用频分复用技术，发送端将以太 IP 数据信号进行调制与 CATV 信号混合在一起，然后通过同轴分配网发送到局端；接收端分离出 CATV 信号和 IP 数据信号，IP 数据信号进行解调还原成原始以太数据信号。调制 Cable Modem 由于采取了一些适应 CATV 网络特性的处理技术，所以能克服基带 Cable Modem 的缺点，能适应树型、星型以及混合型网状网，能够通过分支分配器，具有传输距离远，带宽高，支持 QoS，支持集中网管等优点，能够很好地满足 HFC 同轴分配网络结构的特点。

（3）从网络通信角度上看，Modem 可分为同步（共享）和异步（交换）两种方式。

同步（共享）类似以太网，网络用户共享同样的带宽。当用户增加到一定数量时，其速率急剧下降，碰撞增加，登录入网困难。而异步（交换）的 ATM 技术与非对称传输正在成为 Cable Modem 技术的发展主流趋势。

（4）从接入角度来看，可分为个人 Cable Modem 和宽带 Cable Modem（多用户）。宽带 Modem 可以具有网桥的功能，可以将一个计算机局域网接入。

（5）从接口角度分，可分为外置式、内置式和交互式机顶盒。

外置 Cable Modem 目前有两种与计算机连接的接口，即 RJ－11 以太网接口和 USB 接口，以太网接口的 Cable Modem 需要外接电源，由一个直流变压器提供，而 USB 接口的 Cable Modem 不需要另外配置电源。同时，外置式以太网接口的 Cable Modem 在连接到电脑前，需要给电脑添置一块 10 M/100 M 以太网卡，这也是外置式以太网接口 Cable Modem 的缺点。不过，好处是可以支持局域网上的多台电脑同时上网。Cable Modem 支持大多数操作系统和硬件平台。内置 Cable Modem 其实是一块 PCI 插卡，这是最便宜的解决方案，缺点是只能用在台式电脑上且性能相对差些。交互式机顶盒是真正 Cable Modem 的伪装。机顶盒的主要功能是在频率数量不变的情况下提供更多的电视频道。通过使用数字电视编码（DVB），交互式机顶盒提供一个回路，使用户可以直接在电视屏幕上访问网络，收发 E-Mail，浏览网页等。

5.2.5　Cable Modem 的安装

Cable Modem 设备的安装比较简单，与 ADSL Modem 安装类似，只要将有线电视同轴电缆接入 Cable Modem 即可。为了在上网的同时收看电视节目，在 Cable Modem 接入系统中也需要一个三端口的分支器，分别用来连接有线电视外线、电视机和 Cable Modem，但此分支器的三个端口均为 RF 接口。

安装 Cable Modem 之前，首先检查 Cable Modem 所带的组件是否齐全，所带组件一般有：电源线、10/100 Base－T 以太网线、USB 线、配套光盘。

安装 Cable Modem 的步骤是，先安装分支器，再进行 Cable Modem 连接，具体接线方法如下：

（1）分支器的安装。

先将有线电视同轴电缆的入户线接入分支器的输入端（IN），再将电视机和 Cable Modem分别接入分支器的两个输出端（OUT）。

（2）Cable Modem 的安装。

① 内置式 Cable Modem 的安装。与安装内置式 ADSL Modem 基本相同，首先关闭电源，打开主机箱，将内置式 Cable Modem 卡插接到计算机主板上相应的扩展插槽中；然后封装好机箱，利用同轴电缆将分支器的一个输出分支与 Cable Modem 相连即可。

② 外置式 Cable Modem 的安装。外置式以太网接口的 Cable Modem 外部结构如图 5-9所示。在后面板上有电源接口、同轴电缆（RF）接口及以太网（RJ45）接口。前面板有各种指示灯和待机开关。待机开关加强了对最终用户的安全保护，该开关可切断 USB 和以太网与 CPE的连接，而仍将 Cable Modem 保留在 RF 网络上，具有可靠保密及良好的灵活性。

外置式 Cable Modem 的应用从接入用户数量上来看，一般有两种方案，一是单用户使用，二是多用户共享使用。单用户 CM 系统的连接示意图如图 5-10 所示。

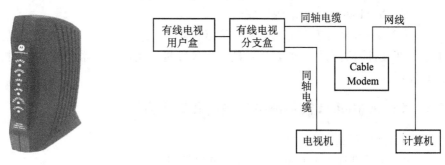

图5-9　Cable Modem 的外部结构　　　　　图 5-10　单用户 CM 的连接示意图

单用户应用时，Cable Modem 的安装步骤如下：

第一步，将同轴电缆连接线的一端与 Cable Modem 的 RF 接口相连，另一端与分支器的 RF 接口相连；再为 Cable Modem 接上电源，此时电源指示灯（POWER）会亮起。

第二步，把 Cable Modem 附带的网卡连接线一端接到 Cable Modem 网线接口，另一端连接到计算机网卡的接线口，此时，在 Modem 后面网线接口处有一个绿色指示灯也亮（表示网线连接良好）。同时，前面板的指示灯将按照下列顺序变换：

数据接收灯（RECEIVE）闪烁，Cable Modem 开始扫描并寻找下行信道，最后该灯亮起，证明已找到下行信道；

数据发送灯（SEND）闪烁，Cable Modem 开始扫描并寻找上行信道，最后该灯亮起，证明已找到上行信道；

激活指示灯（PC/ACTIVITY）闪烁，Cable Modem 开始向有线电视网的局端服务器请求 IP 地址。最后该灯亮起，证明已经取得 IP 地址；

在线指示灯（ONLINE）闪烁，Cable Modem 开始做最后一些注册工作。最后该灯亮起，数据接收灯、数据发送灯和激活灯熄灭，证明此时已经注册完毕。SEND 和 RECEIVE灯在传送数据时闪烁或亮起。

多用户共享使用时，允许一个 Cable Modem 共享多个 IP 地址。根据各网络的实际情况，可在一幢楼或几幢楼设置一个 CM，也可以在一个单元或几个单元设置一个 CM。多个用户可通过交换机或集线器连成 10Base-T 的局域网，这种方式不但降低了接入费用，还能有效隔离用户产生的各种噪声,降低系统的汇聚噪声。

　　多用户共享的 Cable Modem 安装方法与单用户使用时的 Cable Modem 安装方法基本相同,不同之处是需要先将 Cable Modem 用网线连到交换机或集线器上,然后再从集线器到用户计算机之间重新铺设五类线。多用户共享的 CM 系统连接示意图如图 5-11 所示。

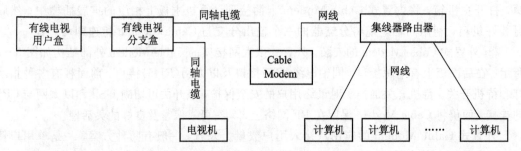

图 5-11　多用户共享 CM 的连接示意图

　　(3) Cable Modem 的驱动程序安装。

　　Cable Modem 硬件安装好后,需安装驱动程序。打开计算机,系统会自动发现新硬件,弹出添加新硬件安装向导,将驱动光盘放入计算机的光盘驱动器,然后按照提示一步步进行安装即可。

5.2.6　Cable Modem 简单故障的判断和解决方法

　　(1) 电源灯不亮。

　　① 检查电源插座和 Cable Modem 端的电源线是否接好。

　　② 检查电源插座是否正常。

　　③ 检查是否此前已按下 Standby 待机按纽,是就再按一次,使其重新连接上 Internet。

　　④ 联系 Internet 服务提供商要求提供帮助。

　　(2) 指示灯不正常。

　　重启(重新插拔电源或按 reset 按钮),查看其前面板的指示灯状态,在一般情况下不同的指示灯可表示不同的故障所在,分别如下:

　　故障 A:RECEIVE 灯长期闪烁,表明 Cable Modem 不能锁定下行通道信号,即怀疑下行通道出现问题。

　　初步解决方法:

　　① 检查是否能够正常收看电视和电视画面是否清晰,如果不能正常收看电视,那么数据信号也不能正常传输,故需联系有线电视提供商检查。

　　② 检查同轴电缆接线是否接好或松脱,必要时可把接头拧下来重新接好。

　　③ 联系 Internet 服务提供商要求帮助。

　　故障 B:SEND 灯长期闪烁,表明 Cable Modem 不能搜索到上行通道信号,即怀疑上行通道出现问题。

　　初步解决方法:

　　① 检查同轴电缆接线是否接好或松脱,必要时可把接头拧下来重新接好。

　　② 联系 Internet 服务提供商。

　　故障 C:ONLINE 灯长期闪烁,表明 Cable Modem 不能成功的在服务提供商处进行

IP 注册。

初步解决方法：

① 是否已向 Internet 服务提供商申请停止数据服务或因某些原因被停止数据服务。

② 与 Internet 服务提供商联系要求帮助。

故障 D：ACTIVITY 灯长期不亮，无法接收和发送数据，表明 Ethernet 网线或 USB 线没有接好，或电脑的网卡或 USB 不能正常工作。

初步解决方法：

① 检查网线或 USB 线是否接好。

② 检查电脑网卡或 USB 接口是否已安装好(包括硬件和驱动程序)。

故障 E：ACTIVITY 灯闪，但无法接收和发送数据。

初步解决方法：

① 检查网络协议中是否安装了 TCP/IP 协议，若没有请参照安装手册安装好。

② 检查主机的 IP 地址，如果不能获得主机，请与 Internet 服务提供商联系。

③ 若已获得 IP 地址，仍不能上网，可用以下方法判断：

ping 自己主机的 IP，若不通，则检查网卡(或 USB)驱动程序和通信协议是否装好。若通，则说明网卡和协议已安装成功，需与 Internet 服务提供商联系要求提供帮助。

(3) Cable Modem 使用注意事项。

① 在插电源插头时务必对正孔，确保电源线正确插到插座后再将电源线插入 CM 电源。

② 由于 Cable Modem 功耗很小，一般情况下让其长期通电，不用时可按下 Standby 按钮。这样使其能与前端保持通信，以便于管理员管理及发现问题，提高网络服务质量；若长时间出门在外，则请拔掉 CM 的电源。

③ 一般情况下请不要随便拔插有线电视信号线、网线或 USB 线，以免影响信号线以及网线的可靠连接，如因特殊原因需拔掉信号线，请先断电再操作。

④ 在强雷雨天气时最好不要使用 CM，并断开电源和射频连接线。

⑤ 若由于用户的不正规操作造成 CM 的损坏，责任将由用户承当。

⑥ 租用 CM 的用户请保留所有包装材料。

5.2.7　Cable Modem 与 ADSL 的比较

光纤到户的接入方案是用户追求的目标，但由于目前用户接入网的光纤化成本过高，电信运营商经营的接入网络仍然以电话线接入为主，而有线电视网络的用户接入网则是同轴电缆接入网，这就造成了电信和有线电视两类系统在"最后一公里"的接入方式、接入传输线路和所用的 Modem 都不同。

目前，Internet 接入方式有：PSTN 模拟接入、ISDN 接入、ADSL 接入、Cable Modem 接入、DDN 和 X.25 租用线接入，以及卫星无线接入等。PSTN、ISDN 和 ADSL 接入都是基于电话线路的，而 Cable Modem 接入则是基于有线电视 HFC 线路的。就 PSTN 模拟接入速率而言，大凡上过 Internet 的人都不敢恭维。ISDN 尽管可以达到 128 kb/s，但也没有成为主流的接入方式。DDN 和 X.25 租用线接入以及卫星无线接入费用高昂，非个人用户所能承受。就目前来看，由于带宽或费用的原因，ADSL 和 Cable Modem 接入成为最佳选择。ADSL 和 Cable Modem 两种技术组网都能够提供多种业务，并且都能够基本满足目前宽带业务的需要。

那么，用户在选择 Internet 接入方式时，究竟应当选择哪一种方式？下面我们从以下几点进行比较。

1. 带宽的比较

Cable Modem 的传输方式可分为双向对称式传输和非对称式传输。对称式传输时，速率一般为 $2\sim4$ Mb/s、最高能达到 10 Mb/s。非对称式传输时，下行速率最高可达 36 Mb/s，上行速率为 500 kb/s $\sim$ 2.56 Mb/s。Cable Modem 有较大的带宽，这在 Internet 接入应用方面具有特殊的优势。不仅 Cable Modem 接入速率高，有线电视网络中的接入同轴电缆的带宽也能达几百 MHz，在上、下行通道中具有极好的均衡能力。这种带宽优势使得接入 Internet 的过程可在一瞬间完成，不需要拨号和等待登录，计算机可以每天 24 小时停留在网上，用户可以随意发送和接收数据。不发送或接收数据时不占用任何网络和系统资源。

ADSL Modem 是在一对铜质电话线上实现双向非对称的数据传输，上行速率达 640 kb/s $\sim$ 1.54 Mb/s，下行速率达到 $1.5\sim8$ Mb/s 之间，但是，实际使用过程中下行速率往往只能达到 $4\sim5$ Mb/s，在线路质量不太理想的情况下还可能更低些。由于只要有 1.5 Mb/s 的数据传输速率即可达到 MPEG1 视频压缩质量要求，所以说 ADSL 技术也是基于 Internet 的视频点播（VOD）应用、高速冲浪、远程局域网访问的理想技术，因为这些应用中用户下载的信息往往比上行的信息（发送的指令）要多得多。

Cable Modem 速率虽快，但也存在一些问题。Cable Modem 的 HFC 接入方案采用分层树型结构，有线电视线路不像电话系统那样采用交换技术，所以无法获得一个特定的带宽，它就象一个非交换型的以太网，即使在理想状态下，有线电视网只相当于一个 10 Mb/s 的共享式总线型以太网络，Cable Modem 用户共享带宽，当多个 Cable Modem 用户同时接入 Internet 时，数据带宽就由这些用户均分，速率也就会下降。另外，在大部分情况下，HFC 方案必需兼顾现有的有线电视节目，而占用了部分带宽，只剩余了一部分宽带可供传送其它数据信号，所以 Cable Modem 的理论传输速率只能达到一小半。

ADSL 接入方案在网络拓扑结构上可以看作是星型结构，每个用户都有单独的一条线路与 ADSL 局端相连，每一用户独享数据传输带宽。

2. 抗干扰能力的比较

有线电视系统接入 Internet 的介质同轴电缆有优于电话线的特殊物理结构：即芯线传送信号，外层为同轴屏蔽层，对外界干扰信号具有相当强的屏蔽作用，不易受外界干扰，只要在线缆连接端或器件上作好相应的屏蔽接地，即可很好地屏蔽外来干扰。

ADSL 接入的接入线为铜质电话线，传输频率在 30 kHz $\sim$ 1 MHz 之间，传输过程中容易受到外来高频信号的串扰。而高频信号的串扰是影响 ADSL 性能的一个主要原因。ADSL 技术是通过不对称传输、利用频分复用技术使信号分为上/下行信道的，通过回波抵消技术来减小串扰的影响，实现数字信号的高速传送。在工程实践过程中，为了减轻来自空调、日光灯、马达等干扰源的串扰，工程人员总是尽量避免电话线悬空、分叉，有针对性地避开各类干扰源，以获得稳定的 ADSL 接入质量。

3. 网络基础的比较

ADSL 技术是专门为普通电话线而设计的一种高速数字传输技术。电话线可以说是无所不在的，是现成的可用资源，应进行充分的增值利用。在用户端设备没有普及之前，ADSL技术成了优选的 Internet 高速数字接入技术。只要在现有的电话线两端接入 ADSL Modem，不仅可以打电话，还可以进行高速 Internet 接入，互不干扰。相比之下，有线电视传输系统白手起家，在网络建设上进行了大量的投入，而且在起步之初，大部分网络为单向结构。要满足 Internet 接入，必须进行升级、改造，使过去的单向广播方式转变为满足双向的数据传输需求，这就需要巨大的资金投入。当然也有人提出了较为简单的改造方法，如采用电话上行、HFC 下行。这种方法用在局端设备（CMTS）和 Cable Modem 中具有电话线接口，无需对 HFC 进行双向改造的情形。这是一种低成本占领市场的策略，可用在网络改造确实有困难的地方。但这种方法的缺点有两个：一是影响原有的电话业务；二是电话的带宽毕竟有限，不利于业务的扩展。

4．安全性的比较

由于 Cable Modem 所有用户的信号都是在同一根同轴电缆上进行传送的，因此有被搭线窃听的危险。解决搭线窃听问题首先要保护线缆，其次是要了解线路初始化过程中确立好的设置参数，后一点在技术上是难以解决的。而 ADSL 则不会有此问题。

5．稳定性的比较。

由于 HFC 是一个树状网络，因此极容易造成单点故障，如电缆、光缆的损坏，放大器故障，分配器故障都会造成整个节点上的用户服务的中断。而 ADSL 利用的是一个星状的网络，一台 ADSL 设备的故障只会影响到一个用户。

6．可靠性的比较

Cable Modem 的前期用户一定可以享受到非常优质的服务，这是因为在用户数量很少的情况下线路的带宽以及频带都是非常充裕的。但是，每一个 Cable Modem 用户的加入都会增加噪声、占用频道、减少可靠性以及影响线路上已有的用户服务质量。这将是 Cable Modem 迫切需要解决的一大难题。ADSL 则不会受接入网中用户数以及流量的影响。当然，如果 DSLAM 的出口带宽小于所有用户可能需要的总带宽，就会在高峰时间出现拥塞，但这时只要通过提高出口带宽就可以解决这一问题。

7．兼容性的比较

目前，国际电信联盟（ITU）通过了 G. Lite ADSL 标准，为基于该技术的 Modem 的发展铺平了道路。新标准将确保不同厂家的 ADSL Modem 能互连互通。而 Cable Modem 的标准 DOCSIS 虽得到了国际电信联盟的认可成为国际标准，但真正得到实施还尚需时日。

8．组网成本的比较

在组网成本上，ADSL 设备成本显然高于 Cable Modem，但是后者需要对 HFC 改造完成后才能够应用。目前我国大部分 HFC 只能满足 450 MHz 的频带要求，而利用 HFC 提供双向业务至少需要 750 MHz 的带宽。这显然需要更换所有不符合要求的同轴电缆。同时，要实现双向的 HFC 需要更换目前有线电视网上使用的单向放大器，这一部分改造费用也是相当高的。

综上所述，Cable Modem 和 ADSL 在性能上各有优势。有线电视系统中同轴电缆的高频特性是适应用户密集型小区的，尽管几百 MHz 范围内均衡性能很好，但同轴电缆的传输距离却是一大限制，3～5 km 的延长放大费用不是个别用户所能承担的。因而，有线电视 Internet 接入适用于用户密集型小区，而远距离单独用户则应采用 ADSL 接入更为方便。因为电话线传输距离远，可覆盖特殊地区。现有的电话系统，电话模块局的覆盖半径一般在 3～5 km 之内。对于分散在此范围内的任何用户，ADSL 接入都表现出非凡的适应能力。ADSL Modem 具有 3～5 km 的接入距离，无需中继，具有很高的性能价格比。

实践项目　调研 Cable Modem 接入方式的发展情况

实践要求：分组走访相关企业了解接入网的发展情况及网络组成。

实践内容：

（1）我国 Cable Modem 接入方式的用户数；

（2）目前常用的 Cable Modem 种类；

（3）画出不同终端接入方案。

任务 3　机　顶　盒

【任务要求】

识记：机顶盒的作用、分类。

领会：机顶盒的原理。

【理论知识】

机顶盒是一种扩展电视机功能的新型家用电器，从广义上说，凡是与电视机连接的网络终端设备都可称为机顶盒。

机顶盒 STB(Set – Top – Box)起源于 20 世纪 90 年代初，当时在欧美作为保护版权和收取收视费的重要手段，有线电视台在每台用户电视机之前加一个密钥盒，只有交了费的用户才能正常收看电视，这就是最初的机顶盒。

20 世纪 90 年代中期，国际互联网在全世界的快速发展和普及，人们萌发了用电视机上网的想法，于是具有 Internet 功能的上网机顶盒出现了。当时，计算机和网络厂商都期望因特网机顶盒能成为新的家用电器，市场炒作曾经几起几落，但始终未成气候。

1998 年 11 月，美国和欧洲 DTV(数字电视)及 HDTV(高清晰度数字电视)试播后，又一次掀起了机顶盒的高潮，这次机顶盒的主要作用是用普通模拟电视机收看数字电视或高清晰度数字电视，当然也具备网络和有条件接收功能，这种机顶盒被称为数字电视机顶盒。按照不同的划分方法，数字机顶盒的种类也不尽相同。

5.3.1　机顶盒分类

1. 按照应用范围来划分

按照应用范围，目前市场上的机顶盒基本上可划分为三类：接收数字电视的数字电视机顶盒，接入通信网、计算机网和广播电视网的网络电视(IPTV)机顶盒以及多媒体机顶盒。

（1）数字电视机顶盒。

数字电视机顶盒接收各种传输介质送来的数字电视和各种数字信息，通过解调、解复用、解码和音视频编码转换为模拟电视信号，使用户不用更换电视机就能收看数字电视节目和各种数字信息，但其画面质量低，且无上网功能，因此会影响用户对它的需求。

根据信号传输介质的不同，数字电视机顶盒又分为卫星数字电视机顶盒(DVB-S)、地面数字电视机顶盒(DVB-T)和有线数字电视机顶盒(DVB-C)三种。三种机顶盒的基本原理相同，只是信号的传输平台不同，硬件结构主要区别在解调部分。目前应用较为广泛的是卫星数字电视机顶盒及有线数字电视机顶盒。

① 卫星数字电视机顶盒。卫星数字电视机顶盒又称为数字综合接收解码器(数字IRD)，用来接收数字卫星广播节目。该类机顶盒在几年前就已商业化，有专业的 IRD，也有个人用的 IRD。现在所看的许多卫视节目都是有线电视台通过专业的 IRD 从卫星上接收下来，再通过有线电视送入用户家中的。个人用的 IRD 在我国并不普及，但在国外卫星直播还是具有较好的市场。

该类机顶盒的主要功能是接收数字电视广播，同时也支持数据广播、图文电视等应用。但由于它的传输平台是卫星信道，支持交互式应用比较困难。目前，卫星数字电视机顶盒基本采用 DVB-S 标准，国内外都有商用产品。

② 地面数字电视机顶盒。地面数字电视机顶盒的功能与卫星数字电视机顶盒类似，所不同的只是传输介质由卫星信道变成了地面广播信道。该类机顶盒所使用的频率与有线电视的频率相同，但由于这种无线信道的情况比有线电视网络复杂得多，所以它的信号传输技术与有线数字电视机顶盒有较大的差别。

地面数字电视机顶盒的关键技术是编码正交频分复用 CODFM 技术，该技术可有效地解决地面数字广播中所存在的多径接收、邻频干扰等问题。在模拟电视广播系统中，多径接收会造成图像重影，在数字电视广播系统中，某些特定相位的多径信号可能因信号间相位叠加，导致接收失败。另外，数字广播信号与模拟广播信号之间以及数字广播信号之间会存在邻频干扰，数字广播若要利用邻频技术提高带宽利用率，频道内的有效辐射功率则必须低于模拟电视广播的有效辐射功率，并且应保持频谱功率密度恒定。正交频分复用(COFDM)技术克服了上述的问题，它将串行数据流划分为多个比特的码元，每个码元可有数千比特，然后用这些比特去调制被置于一个频段内间隔很小的数千个相互正交的载波。通过设置这些载波的保护间隔和边带能量的位置，使某一特定载波在邻近频道上的能量为零，从而提供较好的邻频抑制能力。

③ 有线数字电视机顶盒。有线数字电视机顶盒的基本原理与卫星数字电视机顶盒、地面数字电视机顶盒相同，只是信号传输介质是有线电视广播所采用的全电缆网络或光纤/同轴混合网。但由于有线电视网络较好的传输质量以及电缆调制解调器技术的成熟，使得该类机顶盒可以实现各种交互式应用，如数字电视广播接收、电子节目指南(EPG)、准视频点播(NVOD)、按次付费观看(PPV)、软件在线升级、数据广播、Internet 接入、电子邮件、IP 电话和视频点播等，被业界广泛看好。

(2) 网络视频机顶盒。

网络视频机顶盒包括网络电视机顶盒与视频点播数字机顶盒。

网络电视机顶盒是在微软公司"维纳斯计划"和凯思公司"女娲计划"的催化下产生的，主要功能是使现有模拟电视机用户通过 PSTN 网或双向 CATV 网，实现 Internet 接入，收发电子邮件、游戏娱乐、网上学习等。

视频点播数字机顶盒是一种基于宽带网，可实现上网和双向视频点播功能的机顶盒，也是目前国内需求量最大，被业界认为是发展前景最好的新产品。

网络机顶盒由于在主要功能上同数字电视机顶盒有区别，短期内两者基本不构成竞争。但网络电视机顶盒市场空间有限。

（3）多媒体机顶盒。

多媒体机顶盒是对前两种机顶盒功能的综合，有时也称综合业务机顶盒或全功能数字机顶盒。它可以支持几乎所有的广播和交互多媒体应用，包括收看普通电视节目及数字加密电视节目，点播多媒体节目和信息、电子节目指南（EPG）、收发电子邮件、Internet 浏览、网上购物、远程教育等，其应用的条件是双向 CATV 网。

目前，机顶盒技术的发展已不仅仅提供基本音视频业务和数据应用，并将充分利用通信网、计算机网和广播电视网络的较宽带宽实现交互功能，最终发展成为集解压缩、Web浏览、解密收费和交互控制为一体的数字化终端设备。可以说，机顶盒是模拟电视转向数字电视的过渡阶段的桥梁。

2. 按照技术性能来划分

按照技术性能来划分，数字机顶盒通常分为普及型数字机顶盒、增强型数字机顶盒和交互型数字机顶盒三种。

（1）普及型数字机顶盒。普及型数字机顶盒可以有加密或无加密，主要以接收基本的付费数字电视节目为主，能够满足大多数用户需求，具有良好的性价比。

（2）增强型数字机顶盒。在普及型数字机顶盒基础上增加了基本中间件软件系统，超越了以观看数字电视为主的需求，增加了多种增值业务，可以实现数据信息浏览、准视频点播、实时股票接收等多种应用。且具有可升级性，价格容易被接受，对今后的应用发展、业务开发也没有限制。

（3）交互型数字机顶盒。在增强型数字机顶盒基础上，加 CM、硬盘，支持 MPEG - 2 媒体流处理，通过周围的网关可以和客户联网，支持交互式应用、网页信息浏览等多种增值业务。交互型数字机顶盒价格比较高，同时前端也需很多的开发投入。

5.3.2 机顶盒的基本原理

一个完整的数字机顶盒由硬件平台和软件系统组成，可以将其分为 4 层，从底向上分别为硬件、底层软件、中间件和应用软件，如图 5 - 12 所示。

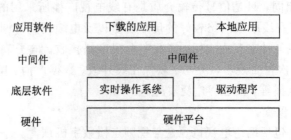

图 5 - 12　数字机顶盒软硬件环境

硬件提供机顶盒的硬件平台；底层软件提供操作系统内核以及各种硬件驱动程序；应

用软件包括本机存储的应用和可下载的应用；中间件将应用软件与依赖于硬件的底层软件分隔开来，使应用不依赖于具体的硬件平台。

1）硬件

有线数字电视机顶盒的硬件逻辑结构框图如图 5-13 所示。它是一种功能齐全的机顶盒，实际上，在具体实现时，厂商可以根据需要对其功能进行裁减。

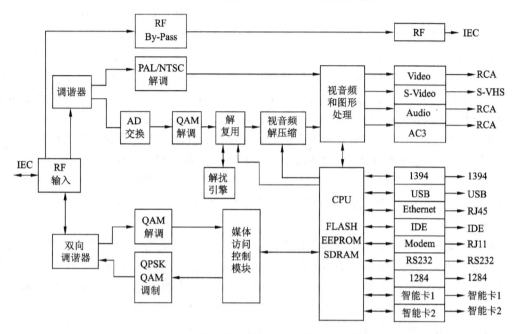

图 5-13　有线数字电视机顶盒硬件逻辑结构框图

有线数字电视机顶盒由以下几部分组成：数字电视广播接收前端、MPEG 解码、视音频和图形处理、电缆调制解调器、CPU、存储器以及各种接口电路。

数字电视广播接收前端包括调谐器和 QAM 解调器，该部分接收射频信号并变频为中频信号，然后进行变换，转换为数字信号，再送入 QAM 解调模块，解调出 MPEG 传输流。

MPEG 解码部分包括解复用、解扰引擎和 MPEG 解压缩，其输出为 MPEG 视音频基本流以及数据净荷。

视音频和图形处理部分完成视音频的模拟编码以及图形处理功能。

电缆调制解调模块由一个双向调谐器、下行 QAM 解调器、上行 QPSK/QAM 调制器和媒体访问控制（MAC）模块组成，该部分实现电缆调制解调的所有功能。

CPU 与存储器模块用来存储和运行软件系统，并对各个模块进行控制。接口电路则提供了丰富的外部接口，包括通用串行接口 USB、高速串行接口 1394、以太网接口、RS232和视音频接口等。

2）驱动程序

硬件之上是底层软件，其中包括驱动程序，主要有：接口驱动，MPEG 解复用接口的设置及监视、MPEG 解码控制寄存器的设置及监视、在屏显示功能的实现、前端的调谐器、解调芯片的驱动，板上数据库的写入及更新、各种表的过滤、解扰部分的驱动等。若有回传信道还包括其驱动。若解复用是由软件实现的话，则包括解复用的软件部分。另外，SI

信息的过滤，电子节目表的过滤与显示也包括在其中。

3）实时操作系统

实时操作系统的主要作用是控制各种资源，包括各种硬件的控制、系统资源的分配等，此部分往往简单而高效。大家对 PC 的操作系统都比较熟悉，如 DOS、Windows98、Windows NT、Unix、MacOS。与这些操作系统不同，机顶盒中的操作系统不是非常的庞大，但却要求可以在实时的环境中工作，并能在较小的内存空间中运行，这种操作系统称为实时操作系统。

目前流行的实时操作系统有 Wind River System 公司的 VxWorks、ST 公司的 OS20、Microware 公司的 DAVID OS-9、Integrated Systems Incorporated 公司的 PSOS、Windows CE 以及专为机顶盒开发的 PowerTV 等。这些操作系统各有所长，在机顶盒中都有应用。其中 VxWorks、OS20、OS-9、PSOS 等是通用的实时操作系统，在其他的嵌入式系统中也有广泛的应用。当开发机顶盒时，实时操作系统应与下面将要介绍的中间件结合使用。PowerTV 是专为机顶盒开发的，并将中间件集成在一起的操作系统，在美国应用较广。另外，随着嵌入式 Linux 的逐渐成熟，不仅为机顶盒厂商提供了一种选择，而且由于 Linux 的开放性和先进的结构，会对现有的实时操作系统构成巨大的威胁。

4）中间件

中间件是一种将应用程序与低层的操作系统、硬件细节隔离开来的软件环境，它通常由各种虚拟机来构成，如 HTML 虚拟机、JavaScript 虚拟机、Java 虚拟机、MHEG-5 虚拟机等。它定义一组较为完整的、标准的应用程序接口，使应用程序独立于操作系统和硬件平台，从而将应用的开发变得更加简捷，使产品的开放性和可移植性更强。中间件提供了完整的功能，便于用户界面的编制及完善，便于用户管理系统，也有利于多功能业务的实现，但代码效率低，而且如果使用，要额外支付不低的软件使用费。

5）上层应用软件

应用软件执行服务商提供的各种服务功能，如电子节目指南、准视频点播、数据广播、IP 电话和可视电话等。它独立于 STB 的硬件，可以用于各种 STB 硬件平台，消除应用软件对硬件的依赖。用户可编程接口由操作系统提供，使用户能够对软件进行修改。

6）加解扰技术

加解扰技术用于对数字节目进行加密和解密。目前，国际上有两种标准：Open Cable 定义的 POD 以及 DVB 定义的 Simul Crypt 与 Multi Crypt 标准。

POD 是一个通过 PCMCIA 接口与机顶盒相连的模块，该模块除了解扰功能外，还要完成与前端的交互功能。DVB 的 Multi Crypt 也是采用 PCMCIA 接口与机顶盒连接，但它只有解扰功能。DVB 的 Simul Crypt 则只要求机顶盒具有 ISO7816 的 Smart Card 接口，但需要机顶盒具有硬件解扰引擎。下面简述 DVB 的"有条件接入"的基本原理。有条件接入的基本原理如图 5-14 所示。

节目在播出前，要经过加扰处理，加扰过程是将复用后的传送流（Transport Stream）与一个伪随机加扰序列做模 2 加，而这个伪随机序列的生成由控制字发生器提供的控制字（Control Word，简称 CW）确定。有条件接入的核心实际上是控制字传输的控制。在 MPEG 传输流中，与控制字传输相关的有两个数据流：授权控制信息（ECMs）和授权管理信息（EMMs）。由业务密钥（SK）加密处理后的控制字在 ECMs 中传送，其中还包括来源、

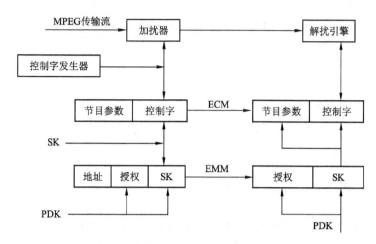

图 5-14　有条件接入基本原理示意图

时间、内容分类和价格等节目信息。对控制字加密的业务密钥在授权管理信息中传送，并且业务密钥在传送前要经过用户个人分配密钥(PDK)的加密处理，EMMs 中还包括地址、用户授权信息、如用户可以看的节目或时间段、用户付的收视费等。用户个人分配密钥(PDK)存放在用户的智能卡(Smart Card)中。

在用户端，机顶盒为了再生出解扰随机序列，必须获取相关的条件接收控制信息。首先，机顶盒根据 PMT 和 CAT 表中的 CA-descriptor，获得 EMM 和 ECM 的 PID 值。然后，从 TS 流中过滤出 ECMs 和 EMMs，并通过 SmardCard 接口送给 SmartCard。Smard-Card 首先读取用户个人分配密钥(PDK)，用 PDK 对 EMM 解密，取出 SK，然后利用 SK 对 ECM 进行解密，取出 CW，并将 CW 通过 SmartCard 接口送给解扰引擎，解扰引擎利用 CW 就可以将已加扰的传输流进行解扰。

5.3.3　机顶盒的发展趋势

我们可以从几个方面来看一看机顶盒的发展趋势。

首先，在机顶盒的硬件平台上，会在几个方面有较大的发展：CPU 越来越强大；存储器容量越来越大；MPEG 解码器将支持同时解码多个 HDTV 的节目；图形功能越来越强大，将从简单的 OSD 发展到强大的 2D、3D 图形引擎；电缆调制解调器功能更加完善，以支持高速 Internet 接入和电子邮件，并将 Web 页面与视频有机地融合。

在应用方面，机顶盒将支持越来越多的应用，并且，下载的应用将越来越多。这些应用包括：电子节目指南、按次付费观看、立即按次付费观看、准视频点播、数据广播、Internet 接入、电子邮件、视频点播以及 IP 电话和可视电话等。当然，还会有许多其他新的应用。

在机顶盒的软件方面，标准化的中间件产品将进一步发展，用户将可以共享丰富的应用软件。

外部接口将更加丰富，可以利用数字机顶盒建立家庭网络，将机顶盒与 PC、打印机、DVD 机等数字设备连接起来，并通过内置的电缆调制解调器与 Internet 相连，真正地成为信息家电。

另外，机顶盒将给用户提供更具个性化和方便的导航系统，机顶盒将可以跟踪用户的观看习惯，扫描宽带网络中的各种数字服务，给用户显示节目和服务的建议时间表。

实践项目　机顶盒的使用情况调研

(1) 机顶盒的类型。

(2) 机顶盒的连接图。

(3) 主流机顶盒的指示灯含义。

～～～～～ 过 关 训 练 ～～～～～

1. 填空题

(1) HFC 网络技术是_____公司在_____年提出的,以_____为基础,采用_____结构。

(2) 根据 GY/T106 - 1999 标准的最新规定,在 HFC 网络中,5～65 MHz 频带为_____,通过_____和_____等技术提供非广播数据通信业务;87～108 MHz 频段,提供_____业务。108～550 MHz 用来传输_____信号,采用_____技术;550～750 MHz 频段采用_____和_____技术提供_____业务。

(3) HFC 网络由_____、_____和_____三部分组成。

(4) Cable modem 系统工作在_____网上,主要由_____和_____两部分组成。

2. 选择题

(1) 在下列频段中用于传送数字电视信号的是(　　　　)。

A. 110～550 MHz　B. 750～1000 MHz　C. 550～750 MHz　D. 860～1000 MHz

(2) 在 HFC 网络中,从局端往用户端看,所部署的设备顺序是(　　　　)。

A. 前端设备　同轴电缆放大器　光节点

B. 前端设备　光节点　同轴电缆放大器

C. 光节点　同轴电缆放大器　前端设备

D. 同轴电缆放大器 光节点　前端设备

(3) Cable Modem 下行数据传输所采用的调制技术有(　　　　)。

A. 16QAM　　　　　　　B. 64QAM　　　　　　　C. 256QAM

D. QPSK　　　　　　　E. 2B1Q

(4) Cable Modem 上行数据传输所采用的调制技术有(　　　　)。

A. 16QAM　　　　　　　B. 64QAM　　　　　　　C. 256QAM

D. QPSK　　　　　　　E. 2B1Q

3. 问答题

(1) 试画图说明 Cable Modem 的参考体系结构。

(2) 简述 Cable Modem 的工作原理。

(3) Cable Modem 是如何实现数据传输的?

(4) Cable Modem 的类型有哪些?

(5) 与 ADSL 接入相比,Cable Modem 接入有哪些特点?

(6) 画图说明如何安装 Cable Modem?

(7) 什么是机顶盒?

(8) 常见的机顶盒有哪些种类?

模块六 无线接入技术

随着通信的飞速发展,在铺设最后一段用户线的时候面临着一系列难以解决的问题:铜线和双绞线的长度在 4~5 km 的时候会出现高环阻问题,通信质量难以保证;山区、岛屿以及城市用户密度较大而管线紧张的地区用户线架设困难而导致耗时、费力、成本居高不下。为了解决这个所谓的"最后一英(公)里"的问题,达到安装迅速、价格低廉的目的,作为接入网技术的一个重要部分——无线接入技术便应运而生了。无线接入是指从交换节点到用户终端之间,部分或全部采用了无线手段。

近年来,随着电信市场的开放和通信与信息产业技术的快速发展,各种高速率的宽带接入不断涌现,而宽带无线接入系统凭借其建设速度快、运营成本低、投资成本回收快等特点,受到了电信运营商的青睐。

目前宽带无线接入技术的发展极为迅速:各种微波、无线通信领域的先进手段和方法不断引入,各种宽带无线接入技术迅速涌现,包括 26 GHz 频段 LMDS 系统、3 GHz 频段 MMDS 系统和无线局域网 WLAN、WiMax、蓝牙技术、UWB 等。宽带无线接入技术的发展趋势是:一方面充分利用过去未被开发、或者应用不是很广泛的频率资源(如 2.4 G、3.5 G、5.7 G、26 G、30 G、38 G 甚至 60 G 的工作频段),实现尽量高的接入速率;另一方面融合微波和有线通信领域成功应用的先进技术如高阶 QAM(如 64 QAM、128 QAM)调制、ATM、OFDM、CDMA、IP 等,以实现更大的频谱利用率、更丰富的业务接入能力和更灵活的带宽分配方法。

【主要内容】

本模块共分四个任务,包括本地多点分配业务(LMDS)、多信道多点分配业务 MMDS、WLAN 技术及蓝牙、WiMax 等内容。

【重点难点】

重点介绍本地多点分配业务(LMDS)、多信道多点分配业务 MMDS、WLAN 技术,难点是 WLAN 原理。

任务1 本地多点分配业务(LMDS)

【任务要求】

识记:LMDS 的含义、LMDA 特点及实现因素。

领会:LMDS 的基本原理。

【理论知识】

6.1.1　LMDS 概述

LMDS 是 Local Multipoint Distribution Service(本地多点分配业务)的缩写,它是一种微波宽带业务,以蜂窝网络的形式向特定区域提供业务,工作在微波频率的高端(10～40 GHz频段),组网灵活方便、使用成本低,是一种非常有前途的宽带固定无线接入技术。它可在较近的距离(3～5 公里)开展点对多点双向传输语音、视频和图像信号等多种宽带交互式数据及多媒体业务,支持 ATM、TCP/IP、MPEG2 等标准。LMDS 为"最后一公里"的宽带接入和交互式多媒体应用提供了经济和便捷的解决方案,因此号称"无线光纤"接入技术。

1. LMDS 几个字母的含义

L(本地):是指在一个小型的覆盖区域内、在其频率范围限度内,信号的传播性。LMDS 基站发射机的范围最大达 10 公里。

M(多点):由基站到用户的信号是以点对多点或广播方式发送的,而由用户到基站的信号回传则是以点对点的方式传送的。

D(分配):是指信号的分配方式,它可同时包括语音、数据、因特网服务和视像业务,将不同的信号分配到不同的用户站(接收设备)。

S(业务):是指网络运营者与用户之间在业务上是供给与使用关系,即用户从 LMDS 网络所能得到的业务服务完全取决于网络运营商对网络业务的选择。

2. LMDS 的特点

与传统的有线接入或者低频段无线接入方式相比,LMDS 具有以下优势:

(1)工作频带宽、可提供宽带接入。目前,各国分配的 LMDS 工作频带带宽至少有1000 MHz,可支持的用户接入数据速率高达 155 Mb/s,能够满足广大用户对通信带宽日益增长的需求。

(2)运营商启动资金较小,后期扩容能力强,投资回收快。在网络建设初期,服务商只需小部分投资建立一个配置较简单的基站,覆盖若干用户即可开始运营。运营者所需的初期投资较少,仅在用户数量增加即有业务收入时才需再增加资金投入,所以投资回收很快。

(3)业务提供速度快。LMDS 系统实施时,不仅避免了有线接入开挖路面的高额补偿费,而且设备安装调试容易、建设周期大大缩短,因此可以迅速为用户提供服务。

(4)在用户发展方面极具灵活性。LMDS 系统具有良好的可扩展性,使容量扩充和新业务提供都很容易,服务商可以随时根据用户需求进行系统设计或动态分配系统资源,添加所需的设备,提供新的服务,也不会因用户变化而造成资金或设备的浪费。

(5)可提供质优价廉的多种业务。LMDS 工作在毫米波波段、10～40 GHz 频率上,被许可的频率是 24 GHz、28 GHz、31 GHz、38 GHz,其中以 28 GHz 获得的许可较多,该频段具有较宽松的频谱范围,最有潜力提供多种业务。LMDS 的宽带特性决定了它几乎可以承载任何业务,包括语音、数据和图像等业务。

（6）频率复用度高、系统容量大。LMDS 基站的容量很可能超过其覆盖区内可能的用户业务总量，因此，LMDS 系统很可能是一个"范围"受限系统而不是"容量"受限系统。所以 LMDS 系统特别适于在高密度用户地区使用。

3. LMDS 系统有如下局限性

（1）LMDS 服务区覆盖范围较小，不适合远程用户使用。LMDS 采用无线通信单元来覆盖半径通常为 3 到 5 公里的地理区域。

（2）由于工作频率高，通信质量受雨、雪等天气影响较大，基站覆盖的范围受"降雨衰减"效应（rain fade）的限制。降雨衰减指的是雨滴对微波的散射和吸收所造成的信号失真。此外，墙壁、山丘乃至枝叶茂盛的树木也会阻挡和反射信号并使信号失真。频率越高，影响越大。因此该技术主要应用于本地接入，是提供"最后一公里"的一种解决方案。

（3）基站设备相对比较复杂，价格较贵，所以在用户少时，平均每个用户成本较高。LMDS 自身的特点，决定了它更适合于大城市的城区或其他人口比较稠密的地区。

6.1.2 LMDS 体系结构

LMDS 提供了一个从用户终端到核心网络的接入平台。一个典型的 LMDS 应用运营系统通常由四部分组成：基础骨干网、基站、用户终端设备和网管系统。骨干网络是指网络的核心层，它不仅提供了一个多业务的网络平台，同时也是各个中心站之间相互连接的物理通道。核心层网络平台可由 ATM（异步转移模式）、IP（因特网协议）、ATM＋IP、SONET（同步光网络）/SDH（同步数字传输体系）/WDM（波分复用）等技术构成，负责与现有各网络之间互联互通，如 PSTN（公共电话交换网）、FR（帧中继）、CATV（公共有线电视）网等，从而使 LMDS 网络能够提供几乎所有现存网络可能提供的业务。

LMDS 系统本身主要由三部分组成：中心站（基站）系统、终端站（远端站）系统和网络管理系统（Network Management System，NMS），如图 6-1 所示。

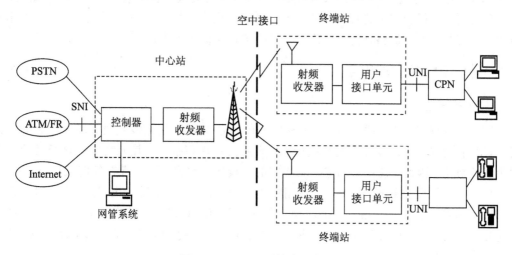

图 6-1 LMDS 系统参考模型

1. 终端站设备

终端站设备放在最靠近用户的一侧，负责将用户通过无线方式连接至中心站并与骨干网络相连。它可以提供多种业务接口，通常有 E1、POTS、10/100BaseT、FR、ATM、ISDN、N×64 kb/s 等，可以支持多种应用。

终端站一般来说都包括室外单元（含定向天线、微波收发设备）与室内单元（含调制与解调模块以及与用户室内设备相连的网络接口模块）。

终端站设备通过 TDM 与 FDM 广播方式，在中心站到终端站的下行链路上接收由中心站传来的数据信息；在终端站到中心站的上行链路上，终端站设备利用 TDMA 或 FDMA 方式共享整个扇区带宽所发送的用户信息。

2. 中心站设备

每个 LMDS 中心站覆盖一个蜂窝小区，在每个蜂窝小区内可划分多个扇区，为覆盖区域内的固定用户提供点对多点的无线链路通信服务。中心站设备在逻辑上分为中心控制站和中心射频站两部分。中心控制站包括调制解调设备、MAC 卡及网络—网络接口板等。MAC 卡主要用来发送、接收终端站的相关业务请求。中心控制站提供与中频电缆相连的接口，并通过中频电缆连接中心射频站。中心射频站可以采用全向天线进行覆盖，也可以采用扇区天线进行扇区化覆盖，增加系统的容量。

目前大多数厂家能够实现 4 个 90°扇区，也有些厂家可以实现 24 个 15°扇区。

中心站设备主要提供 LMDS 系统至核心网络的接口，完成信号在核心网络与无线传输之间的转换，并负责无线资源的管理。中心站将数据送入骨干网络，完成所需的语音交换、ATM 交换和 IP 交换等处理。目前大多数厂家的中心站设备支持到核心网络 STM-1 的 ATM 接口（电接口或光接口），也有能够提供 N×E1（E1＝2.048 Mb/s）的电路仿真接口的设备，从而实现 POTS、ISDN、数字租用线或帧中继等业务。

3. 网络管理系统

网络管理系统的实现多是基于传输控制协议/网际协议（TCP/IP）的简单网络管理协议（SNMP）。主要负责管理多个区域内的用户网络，负责完成告警与故障诊断、系统配置、计费、系统性能分析和安全管理等功能。当由多基站提供区域覆盖时，需要进行频率复用与极化方式规划、无线链路计算、覆盖与干扰的仿真与优化等工作。

6.1.3　LMDS 的实现因素

1. 工作频段

LMDS 系统的工作频段一般为 10～40 GHz，这个频段是微波频段，在毫米波的波段附近，由于该波段的微波在空间直线传输，只能实现视距接入，其无线传输路径必须满足视距通信要求，因此，在基站和终端站之间的无线传输路径上不能存在任何阻挡。

目前，很多国家规划了 LMDS 的应用频段，一般在 10～40 GHz 频段上，主要有 10 GHz、24 GHz、26 GHz、31 GHz 和 38 GHz。例如美国的 LMDS 系统占用频段为 28 GHz 与 31 GHz，带宽为 1.3 GHz，其它国家对 LMDS 占用频段划分各不相同，但一般都在 20 GHz～40 GHz，带宽通常为 1 GHz 以上。

我国信息产业部于 2002 年发布了《接入网技术要求——26 GHz 本地多点分配系统（LMDS）》（YD/T 1186—2002），我国 LMDS 系统占用频段为 26 GHz，按 FDD 双工方式规划的 LMDS 工作频率范围为 24.450～27.000 GHz，具体规定如下：

① 下行射频(基站发、终端站收)为 24.507~25.515 GHz;

② 上行射频(终端站发、基站收)为 25.575~26.765 GHz;

③ 可用带宽为 2×1.008 GHz,双工间隔为 1.25 GHz;

④ 基本信道间隔为 3.5 MHz、7 MHz、14 MHz 和 28 MHz。

2. 多址方式

LMDS 下行主要采用 TDM(时分复用)的方式将信号向相应扇区广播,每个用户终端在特定的频段内接收属于自己的信号。目前绝大多数设备都采用 ATM 信元流的形式来进行下行业务的分配工作,而基站设备主要以 TDMA 和 FMDA 中的一种来接收来自本扇区内多个远端用户的信号。多址方式是指基站设备采用何种办法正确接收来自本扇区内多个远端用户的信号。如果采用 TDMA 方式,则若干远端站可以在相同频段的不同时隙向基站发射信号,需要同步和定时,效率较低(与 FDMA 比),需预先分配时隙,支持按需分配带宽,这种方式更适合为突发性的数据业务提供服务,可以实现灵活的带宽分配,统计复用,如 Internet 接入应用比较有优势。如果采用 FDMA 方式,则相同扇区中不同远端在不同频段上向基站发射信号,彼此互不干扰。这种方式则适合于业务量大、稳定、突发少的租用线业务。

3. 调制解调技术

LMDS 目前较普遍的调制方式为 QPSK(四相相移键控),也可用 16QAM(正交振幅调制),甚至 64QAM。采用 16QAM 或者 64QAM 等高阶调制方式可以有效的扩大系统的容量。简单地说,采用 16QAM,相同频段可以支持的容量是 QPSK 的 2.3 倍,如果采用 64QAM,则为 3.5 倍,但是调制技术越复杂,则在相同条件下覆盖的范围越小。根据用户离基站距离的远近,混合选择多种调制方式可以明显扩大容量,当然采用细化扇区的办法同样也能达到相同的效果,但显然要增加额外的设备费用。

4. 动态带宽分配

LMDS 系统在 TDM 模式下时,带宽的动态分配在通信链路上的上下行方向上可同时进行,即此时的动态分配是基于上下行信道双方向的总带宽之和来实现的,从而能更好地满足用户的需求。LMDS 系统以 FDM 方式工作时,它仅在采用 TDMA 多址方式时才能实现动态带宽分配。此时,通信链路上行或下行单一方向上的总带宽将根据用户的需求进行动态带宽分配。通过实时地向提出需求的终端用户分配所需的带宽,LMDS 系统形成了统计带宽增益,可以最大限度地利用空中的频谱资源。目前,大部分宽带无线接入系统均采用 FDM 的双工模式。

5. 无线 ATM

LMDS 系统的传输主要通过 ATM 与无线技术的结合来实现的,采用 ATM 信元作为基本的无线传输机制。这种方式使 LMDS 网络具有较大的通信容量,能对多种业务进行灵活、综合的处理。它将无线的统计复用功能与 ATM 的统计复用功能相结合,明显提高了频带的利用率。这种实现方式有如下主要特性:可满足各种用户的接入需求,提供用户动态带宽分配功能;为不同的通信业务提供基于标准的 QoS(服务质量)控制机制;可承载语音、数据、视频等多种业务的多媒体无线平台;为有线和无线用户提供端到端的服务;可与现存的宽带网络互联。

作为宽带局域网和广域网的承载系统,ATM 越来越得到大家的认可。在蜂窝无线网络中，中心站可以作为 ATM 的节点，与有线网络进行无缝连接，提供无线宽带业务。目前绝大部分 LMDS 设备提供商都采用 ATM 信元流的方式来进行 LMDS 业务分配工作。与标准的 ATM 信元相比，无线 ATM 信元增加了信元序列号，用来判断信元的连续性和重复性，并在信元的结尾处加入了 CRC(循环冗余码)，用于无线链路的纠错与校验。在无线 ATM 中，由于信道条件相对恶劣，采用 FEC(前向纠错编码)和 ARQ(自动重发请求)可以有效的改善信元丢失率。

6.1.4　LMDS 商用现状

随着通信市场日益开放，电信业务正向数据化、宽带化、综合化、个性化飞速发展。宽带无线接入技术以投资少、见效快、组网灵活等优势，在国内接入市场具有较强的竞争力，并能在日趋激烈的高速数据业务竞争中快速占领市场。

LMDS 技术为人口稠密的市区和郊区通信提供一种低成本、有效的解决方案。利用高容量的无线本地环，运营商能够迅速为大量用户区提供语音和数据业务。中国大城市数量多，人口密集，建设单位成本特别低，对运营商来说效益比别的接入方式显著。因为 LMDS 所具有的大容量、建设与运营成本低廉、周期短等特性使其可以承载各种业务，如在语音方面它不仅语音质量高，无延时，传输速率高，还有 QoS 的保证和较高的可靠性，能够快速进入市场。可以预见，宽带无线技术将逐渐成为用于高速多媒体应用的强大网络接入方案。

各运营商充分利用 LMDS 的技术特点对这种接入方式进行了灵活的应用，例如将 LMDS 作为有线传输接入资源的替代方案，在有线接入方式尚未到位的情况下，迅速实现宽带接入一步到位，获得了良好的应用效果。LMDS 在国内各大运营商试验网主要的应用领域包括：大客户的综合宽带接入、网吧宽带接入、公话超市、移动基站互连以及电路出租等。

各运营商在商用测试中都获得了满意的应用效果，尤其是中国电信在北方的应用。例如：华北某省电信主要面向网吧宽带接入；中国移动在东北某省省会城市主要用于基站互连以及大客户综合接入的应用；中国电信在华北某省几个主要城市面向网吧和话吧的接入以及大客户专线出租业务的应用；中国移动在西南某省主要用于基站互连和无线局域网的接入应用。

在中国，LMDS 应用分配的带宽为 1008 MHz，可用频率资源多、运营商启动资金较小，后期扩容能力强，投资回收快，网络运行、维护费用比较低。另外，从网络规划设计到系统建成，通常只需短短几个月的时间，在用户发展方面极具灵活性且投资沉淀很少。LMDS 还可提供保证 QoS 的混合业务。根据这些技术特点，我们将 LMDS 市场细分为以下几个方面：

(1) 集团用户：对长话及数据有很高的需求，包括政府机关、医疗部门、教育部门、金融、证券集团、工商企业集团等。

(2) 集中型商业用户：对业务量需求较大，对服务质量要求也较高，如写字楼用户，出租的商业大厦。

(3) 住宅智能化小区：智能化小区主要用于满足居民用户的生活娱乐需求，也包括部分在小区内的商业用户。

(4) 网吧/话吧：面向低收入消费群体，业务量大，业务需求相对比较简单，网吧主要需要宽带网络互连，通常可采用 10/100 M 以太网接入方式解决。

(5) 与 3G 基站互连：LMDS 提供宽带接入和基站互连的统一平台。因此，对于已获得

3G 牌照的固网运营商而言,可先建设 LMDS 网络提供宽带接入应用,同时为将来的基站互连做好准备,也可将部分资源出租给其他运营商作为基站互连使用。

从以上分析不难看出,运营商选择 LMDS 作为接入手段,在中国未来发展中必然有十分广阔的应用前景。

上海贝尔阿尔卡特 739OLMDS 系统早在 1999 年就进入中国市场,目前在全球及国内的市场占有率均为第一。2002 年 4 月通过型号核准,同期获得了由信息产业部颁发的全国第一批"产品入网许可证"与"无线电发射设备型号核准证",并参与制定行业标准。2003 年 739OLMDS 已经在四大运营商(电信、移动、联通、网通)广泛运用。

上海贝尔阿尔卡特 739OLMDS 具有以下技术特点。

上海贝尔阿尔卡特享有专利的 ATM/TDM 空中接口技术,在发挥 ATM 支持多业务特性的同时,还结合了 TDM 的专有特性(可高效地传输传统电路业务,并保证其低时延和低抖动的要求),保障了解决方案的灵活性。

高集成度板卡:无需外部机架减少维护难度和故障率,并节约成本;端站体积小,功耗低,适用于终端业务推广,利于基站互联领域的成本控制及大规模运用。

电信级保障:中心站主要单元可配置 1+1 冗余,区别于"冷备份":故障时自动切换,快速恢复业务;高集成度单元,高 MTBF(平均大于 25 年);高可靠性业务,BS-TS 链路可用性为 99.996%。

以 739OLMDS 系统为核心的上海贝尔阿尔卡特宽带无线接入解决方案为电信运营商提供了先进的可管理、易部署、快速赢利的宽带无线接入网络。该方案能够确保扩大客户数量、降低运营成本、加快投资回报。

实践项目　了解 LMDS 应用情况

(1) LMDS 应用场合。

(2) LMDS 的组网结构。

(3) 了解各运营商的 LMDS 应用情况。

任务 2　多信道多点分配业务 MMDS

【任务要求】

识记:MMDS 的含义、MMDA 特点及实现因素。

领会:MMDS 的基本原理。

【理论知识】

6.2.1　MMDS 概念

MMDS 技术是一种无线通信技术,这种技术的英文全名为 Multichannel Microwave Distribution System,中文名字为多信道多点分配系统。这种技术是最近才发展起来的通过无线微波传送有线电视信号的一种新型传送技术,这种技术不但方便安装调试,而且由这种技术组成的系统重量轻、体积小、占地面积少，很适合中小城市或郊区有线电视覆盖不到的地方。这种技术是一种以视距传输为基础的图像分配传输技术，它的正常工作频段一般为 2.5～3.5 GHz，这种技术不需要安装太多的屋顶设备就能覆盖一大片区域，因此利用这种技术人们可以在发射天线周围 50 公里范围内将 100 多路数字电视信号直接传送至用户。一个发射塔的服务区就可以覆盖一座中型城市，同时控制上行和下行的数据流。现在 MMDS 使用了传统的调制技术，但是未来的技术将是基于 VOFDM（Vector Orthogonal Frequency Division Multiplexing）的，接收端与反射的信号相结合，生成一个更强的信号。这种技术成本低廉，常用于远离服务中心的小型企业接入网，它有时被称为 WDSL 或通称为宽带无线技术。

MMDS 是一种新的宽带数据接入业务，在移动用户和数据网络之间提供一种连接，给移动用户提供高速无线宽带接入服务。在系统的更新换代方面，MMDS 技术将会比其他通信技术更容易升级。MMDS 最显著的特点就是各个降频器本振点可以不同，可由用户自选频点，即多点本振，所以，各降频器变频后的信号，可以分别落在电视标准频道的 VHFI、Ⅲ频段；增补的 A、B 频段；UHF 的 13～45 CH（频段），这对于用户避开当地的开路无线电视或 CATV 占用的频道有极大的好处。早期 MMDS 主要是一种单向非分配型图像业务传输系统。现在已可以比 T‑1 更快的速率发送和接收数据信号。在 MMDS 系统中，通常是用以太网与无线 Modem 连接。

MMDS 技术可以为用户提供多种业务功能，这包括点对点面向连接的数据业务、点对多点业务、点对点无连接型网络业务。

（1）点对点面向连接的数据业务是为两个用户或者多个用户之间发送多分组的业务，该业务要求有建立连接、数据传送以及连接释放等工作程序。

（2）点对多点业务可以根据某个业务请求者的要求，把单一信息传送给多个用户，该业务又可以分为点对多点多信道广播业务、点对多点群呼业务等。

（3）点对点无连接型网络业务中的各个数据分组彼此互相独立，用户之间的信息传输不需要端到端的呼叫建立程序，分组的传送没有逻辑连接，分组的交付没有确认保护。

除了提供点对点、点对多点的数据业务外，MMDS 还能支持用户终端业务、补充业务、GSM 短消息业务和各种 GPRS 电信业务。

6.2.2　MMDS 的体系结构

MMDS 系统分为模拟 MMDS 系统与数字 MMDS 系统，早期 MMDS 系统是模拟 MMDS 系统，它是一个单向广播系统，把接收到的电视节目和调频立体声节目，经技术处理后形成载有多路电视节目的微波信号通过无方向性的微波天线或定向天线发送出去。数字 MMDS 系统与模拟 MMDS 系统相比较具有传输容量大、传输质量高、覆盖范围大、可进行信号加密及收视收费控制、可实现双向交互功能和 Internet 接入等特点，随着数字化技术的发展，数字 MMDS 系统正在取代模拟 MMDS 系统。

MMDS 系统的构成与 LMDS 相似，一般由基站、用户站、网管系统组成。一个数字 MMDS 系统主要由 MMDS 发射机、发射天线和接收天线以及机顶盒等设备组成，如图 6‑2 所示。

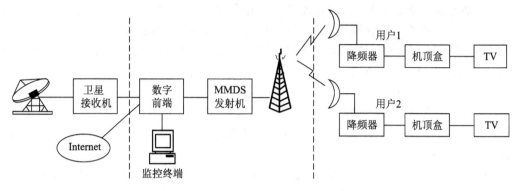

图 6-2　MMDS 系统结构

1．MMDS 发射机

数字 MMDS 发射机的主要任务是将输入的视频、音频和数据信号，经 MPEG-2 数字压缩、数字复接和 QAM 调制、再经过上变频器后输出 MMDS 微波信号。数字 MMDS 发射机分为单频道 MMDS 发射机和宽频 MMDS 发射机。单频道 MMDS 发射系统先将多路信号调制到微波频段，再经频道合成后送入发射天线；宽带 MMDS 发射机是多频道发射机，先将多频道电视信号调制成 VHF 或 UHF 射频频道信号，混合后再在宽带发射机中上变频到微波发射频段及功率放大再送入发射天线。

对于传输距离较远的县、乡、镇，建议用单频道 MMDS 发射系统，每频道发射功率较大，传输距离可达 40～50 km；宽频 MMDS 发射机与单频道 MMDS 发射系统比较，具有性能好、价格低、体积小、安装方便、维护简单、易于扩容等特点。对于自然村来说，采用宽带 MMDS 发射系统，传输距离 1～2 km，如覆盖 2 km 的自然村，只需用 10 W 宽带 MMDS 发射机便可传输十多套节目，采用低价格的喇叭天线覆盖，成本很低。

宽频 MMDS 发射机一般包括室内单元和室外单元两部分。室内单元主要是发射机的监控、监测部分和电源组成，工作人员通过监控单元能全面掌握置于铁塔上的发射机工作状态；室外单元主要是发射机模块、功放模块、电源模块、监测和诊断模块、下变频组件及风机组成。对于小功率宽带 MMDS 发射机，不分室内单元和室外单元，室外主机仅配有 MMDS 下变频器，输出射频测试信号到室内，直接用场强仪或电视机监测、监视，省略了室内单元，降低了设备成本。

MMDS 的传输发射方式分单频点发射机和宽带发射机两种：

1）单频点发射机特点

（1）可靠性比较高。如某一路发射机发生故障中断了发射，不会影响其他路信号的传输。

（2）传输距离较大。覆盖范围最大可达 50 公里以上。通常传输 12 路电视信号的农村有线电视网要覆盖 30 公里以上距离都使用此类发射机。

（3）由于它采用独立发射机，成本造价较高。

（4）发射机置于室内，维护方便。

2）宽带发射机特点

（1）结构简单，使用方便。

（2）覆盖范围较小，一般在 30 公里半径以内。

（3）成本低，很受经济不太发达地区用户的欢迎。

（4）可置于室外天线后部，免去建机房及购买馈管和波导的费用。

由于 MMDS 系统是将前端的电视信号通过无线电波向空中发射，在覆盖范围内，用户借助廉价接收设备便可接收，如何杜绝非法用户就成了一个困扰人的问题。但也并不是没有解决办法，就这种问题有以下几种解决方案：

（1）在前端加上可寻址加扰系统，对信号进行加扰及对用户进行授权。在接收端通过解扰器将信号还原为可收看信号，这样即使盗接信号者有解扰器，由于其未被授权，也只能收到加扰后被扰乱的信号。

（2）在 MMDS 发射机前端加扰（编码），接收用户可向加扰单位购买解码器，安装在接收端的前端就可收到信号。目前加扰有三种方法：视频加扰、音频加扰和音视频全部加扰。

（3）在前端增添一套加扰设备对发送的信号进行加扰，现行的加扰方案有射频加扰和视频基带加扰两种。

2. 天线

数字 MMDS 发射天线即基站天线，提供水平或垂直极化、全向或不同方位角、不同辐射场形，以及不同天线增益的各种 MMDS 发射天线。与波导或同轴电缆连接有多种接口方式，如加压密封或非加压密封、顶端安装或侧面安装等各种形式，可根据各种 MMDS 系统要求进行选择，以求最佳覆盖。一个发射塔的服务区就可以覆盖一座中型城市，同时控制上行和下行的数据流，MMDS 发射天线功率一般为 500 W、800 W，覆盖范围可达 40～50 km 左右。MMDS 接收天线即用户站天线，一般采用比较简单的屋顶天线，天线尺寸一般为 0.5～3.0 m，天线形状一般为矩形栅状或圆形栅状。

3. 降频器

降频器即降频变换器，是数字 MMDS 的下变换器，它将数字 MMDS 信号变换到射频（RF）数字信号，MMDS 最显著的特点就是各个降频器本振点可以不同，可由用户自选频点，即多点本振。对于集体用户接收必须在分前端把已解调解码后输出的视频、音频信号再调制到 VHF 或 UHF 射频频段上，再混合其他模拟电视 RF 信号，再送入 CATV 分配网；对个体用户接收，只要连接一台综合解码器便可使用普通模拟电视接收了。

4. 机顶盒

数字 MMDS 机顶盒是数字 MMDS 接收解码器（又称数字 MMDS 解扰器）。它将数字 MMDS 的下变换器输出的 RF 数字信号转换成模拟电视机可以接收的信号。

机顶盒（STB）一般分为电视机顶盒和网络机顶盒。电视机顶盒通过接收来自卫星或广播电视网、使用 MPEG 数字压缩方式的电视信号，获得更清晰、更稳定的图像和声音质量；网络机顶盒内部包含操作系统和 IE 浏览软件，通过 PSTN 或 CATV 连接到 Internet，使用电视机作为显示器，从而实现没有电脑的上网。

5. MDS 系统的技术要求

按照国际通信标准，MMDS 频道配置应该与国际接轨，在 2503～2687 MHz 频段内，以每频道 8 MHz 带宽邻频道间隔排列 23 个电视信道。并在 2684～2700 MHz 专用频段内，用于数据及语音通信传输及双向传输的上行回传。在 200 MHz 带宽内，以梳状方式分成两个独立组，A 组采用奇数频道号，B 组采用偶数频道号，以隔频道排列。

MMDS 系统作为一级供电发射系统，应有两个独立电源或自备发电机，并备有交流稳压电源。或采用铁磁稳压器，抑制各种浪涌电压和雷击时从电源进入的感应电压。

MMDS 系统微波站必须可靠接地，按国际通信标准要求：收发天线系统接地电阻不应大于 4 Ω；技术用房接地电阻不应大于 4 Ω；设备系统接地电阻应小于 4 Ω；设置在铁塔（或高层建筑）上的设备接地电阻应小于 4 Ω。MMDS 系统的工作接地系统、保护接地系统和防雷接地系统应分设接地体，再将三个接地体汇接成一个总接地系统。

MMDS 系统必须有良好的防雷设施，供电线路和通信线路也必须有防雷措施；雷击放电时产生巨大的能量，除直接通到地面外，还可通过长传输线产生感应电进入电子设备。所以 MMDS 系统的发射机房的主发射天线的传输线要每隔 1～2 米安装不锈钢接地夹子。上、下端应与铁塔金属结构连接，然后在塔底接至接地系统。

MMDS 系统的发射机与频道合成器之间的传输线应尽量短，频道合成器波导输出口距离墙面至少 0.6 米。为保护发射机系统正常运行（尤其是大功率发射机），应保证机房内通风和室温的条件，机房的温度应保证在 0～45℃ 之间。有条件的最好采用空调设备，以保持机房内的温度为 +20℃～+27℃ 的理想温度。因为频道合成器及波导元件的尺寸直接影响发射频率稳定度及发射机的可靠性。发射机内部过热会自动保护而暂时停机，直到温度恢复为止。另外，低温会引起设备内部的冷凝，会影响电气性能。此外，MMDS 系统的房屋与天线铁塔应尽量靠近，MMDS 机房最好设在楼顶上，以缩短馈线长度；拐弯要少，并要有馈线架。MMDS 系统的机房通往室外的走线沟槽、孔洞及穿墙处，应加以密封，防止雨水、风、雪、霜、雾进入系统机房。

在使用 MMDS 系统来接受信号时，大家需要注意的是接收点的选择，面对发射台方向不能有遮挡，要避开通信、雷达等干扰源。在对 MMDS 信号接受系统调试时，只要使用场强仪，用连接线与下变频器、馈电器连接起来。先把场强仪或电视机调到欲收的频道上，然后调节天线的方向角与仰角找到主信号后再微调场强仪的频率，反复调整使信号最强。MMDS 系统的接收天线高度尽量安装在高层建筑物顶上。考虑到周围树木的影响，在冬天安装时，信号电平调整得要高些，留有余量，夏季信号电平要弱些。MMDS 系统的下变频器输出，可对个体信号进行接收，也能集体接收进入 CATV（有线电视）分配网；倘若要集体接收信号，有的系统直接进 CATV 分配网，有的系统在 MMDS 接收后，再与本地卫星接收信号及地面电视广播信号在 CATV 分前端中混合进入分配网。另外，在混合接受信号时，一定要注意考虑频道的分配、交互调干扰、电平均衡等问题。

6.2.3　MMDS 的商用现状

我国有的大城市已经成功地建成了数字 MMDS 系统，并且已经投入使用。不仅传送多套电视节目，同时还将传送高速数据，成为我国数字 MMDS 应用的先驱。数字 MMDS 不应该单纯为了多传电视节目，而应该充分发挥数字系统的功能，同时传送高速数据，开展增值业务。高速数据业务能促进地区经济的发展，同时也为 MMDS 经营者带来更大的经济效益。随着 3G 的商用，MMDS 技术还有望成为移动网络的重要的接入补充手段，充分发挥 3.5 GHz 频段的效率。

从目前我国有线电视网的实际情况出发，MMDS 电缆传输混合网的分类如下：

（1）一级传输网：各省、市把卫星信号及微波干线传送来的中央加密节目，通过微波骨干网传送到全省的地(州)、县微波站。

(2) 二级传输网:各地(州)、县有线台接收本省微波传送来的加密节目,并插入本地区的自办节目,在人口密集的地区和地势最高点设立 MMDS 发射台。

(3) 三级传输网:各乡、镇、村定向接收 MMDS 微波信号后,再加上来自卫星的多套电视节目,建立 CATV 分前端,再用同轴电缆传输到各集体用户或个体用户。

MMDS 无线传输网与有线电视光纤网一样,可采用加/解扰技术,可实现寻址收费系统和计算机用户管理系统。MMDS 无线传输网与光纤网一样,可实现双向传送话务和数据信息,视频点播、电视会议等。

近来,高速数据接入的发展促进了 MMDS 的发展。1998 年 9 月,FCC 批准运营商采用双向的数据业务传输,允许更加灵活地使用 MMDS 频段。同时 MMDS 的数字化发展也使得它更具竞争力。数字压缩技术最终解决 MMDS 频道容量少的缺陷。可将 4~10 路电视节目压缩在一个模拟的 8 MHz 通道中传输,这能扩展更多的频道容量,提高频谱利用率。因此,在信息高速公路时代来临之际,MMDS 无线传输技术,仍然是信息高速公路联接我国广大山区、农村的有效手段。

6.2.4　MMDS 与 LMDS 的比较

MMDS 与 LMDS 是目前主流的两种固定宽带无线接入方式,但各自侧重的应用领域不同,技术性能也不完全一样。

(1) 工作频段不一样。MMDS 的频率是 2.5~2.7 GHz,相对于 LMDS 10 GHz 以上的频率来说,频率低很多,所以雨衰也比 LMDS 小许多。它的不足是带宽有限,仅 200 MHz。许多通信公司看中 LMDS 技术来作为数据、语音和视频的双向无线高速接入网。

(2) 主要应用不同。LMDS 主要应用于数据通信,为本地区域用户提供宽带接入;而 MMDS 则主要用于电视节目的无线传输。尽管 LMDS 可以应用于无线电视节目的传输,而 MMDS 也可应用于宽带网络传输。

(3) 接入性能不同。LMDS 的工作频率在 10~40 GHz 之间,可用频带宽度至少是 1 GHz 以上,而 MMDS 因为工作于 2~5 GHz 频段,相对而言,这个频率段的资源比较紧张,各国能够分配给 MMDS 使用的频率要比 LMDS 少得多,一般一个国家所分配的可用 MMDS 频带最多 200 MHz,这也决定了 MMDS 的传输性能要远小于 LMDS。LMDS 所支持的用户数也要远多于 MMDS。与 LMDS 相比,MMDS 适于用户相对分散、容量小的地区。

(4) 成本不同。因为 MMDS 设备可以非常小型化,生产和安装成本都要远低于 LMDS,技术也比 LMDS 更成熟,因而许多通信公司愿意从 MMDS 入手,通过数字 MMDS 开展无线双向高速数据业务。

实践项目　　了解 MMDS 应用情况

(1) MMDS 应用场合。

(2) MMDS 的组网结构。

(3) 了解各运营商的 MMDS 应用情况。

任务 3 WLAN 技术

【任务要求】

识记：WLAN 的概念、WLAN 的特点、WLAN 的标准、WLAN 的组成。

领会：WLAN 系统组成及工作原理、WLAN 组网。

【理论知识】

6.3.1 WLAN 概述

无线局域网（Wireless Local Area Network，WLAN）可定义为使用射频（RF - Radio Frequency）、微波（Microwave）或红外线（Infrared），在一个有限的地域范围内互连设备的通信系统。一个无线局域网可当作有线局域网的扩展来使用，也可以独立作为有线局域网的替代设施。因此，无线局域网提供了很强的组网灵活性。

1. 无线局域网的特点

近年来随着个人数据通信的发展，功能强大的便携式数据终端以及多媒体终端得到了广泛的应用。为了使用户能够在任何时间、任何地点均能实现数据通信的目标，要求传统的计算机网络由有线向无线、由固定向移动、由单一业务向多媒体业务发展，由此无线局域网技术得到了快速的发展。在互联网高速发展的今天，可以认为无线局域网将是未来发展的趋势，必将最终代替传统的有线网络。无线局域网也被称为 WLAN（Wireless LAN），一般用于宽带家庭、大楼内部以及园区内部，典型距离覆盖几十米至几百米，目前采用的技术主要是 802.11a/b/g 系列。

WLAN 利用无线技术在空中传输数据、语音和视频信号，作为传统布线网络的一种替代方案或延伸，无线局域网的出现使得原来有线网络所遇到的问题迎刃而解，它可以使用户任意对有线网络进行扩展和延伸。只要在有线网络的基础上通过无线接入点、无线网桥、无线网卡等无线设备使无线通信得以实现。在不进行传统布线的同时，提供有线局域网的所有功能，并能够随着用户的需要随意的更改扩展网络，实现移动应用。无线局域网把个人从办公桌边解放了出来，使他们可以随时随地获取信息，提高了员工的办公效率。一般而言，对比于传统的有线网络，无线局域网的应用价值体现在：

（1）可移动性：由于没有线缆的限制，用户可以在不同的地方移动工作，网络用户不管在任何地方都可以实时地访问信息。

（2）布线容易：由于不需要布线，消除了穿墙或过天花板布线的繁琐工作，因此安装容易，建网时间可大大缩短。

（3）组网灵活：无线局域网可以组成多种拓扑结构，可以十分容易地从少数用户的"点对点"模式扩展到上千用户的基础架构网络。

（4）成本优势：这种优势体现在用户网络需要租用大量的电信专线进行通信的时候，自行组建的 WLAN 会为用户节约大量的租用费用。在需要频繁移动和变化的动态环境中，无线局域网的投资回报更佳。

另外，无线网络通信范围不受环境条件的限制，室外可以传输几十公里、室内可以传输数十、几百米。在网络数据传输方面也有与有线网络等效的安全加密措施。

2．无线局域网的应用

（1）移动办公的环境：大型企业、医院等移动工作人员的应用环境；

（2）难以布线的环境：历史建筑、校园、工厂车间、城市建筑群、大型的仓库等不能布线或者难于布线的环境；

（3）频繁变化的环境：活动的办公室、零售商店、售票点、医院以及野外勘测、试验、军事、公安和银行金融等，以及流动办公、网络结构经常变化或者临时组建的局域网；

（4）公共场所：航空公司、机场、货运公司、码头、展览和交易会等；

（5）小型网络用户：办公室、家庭办公室（SOHU）用户；

3．WLAN 协议

1985 年，美国联邦通信委员会（FCC）授权普通用户可以使用 ISM 频段而把无线局域网推向商业化发展。这里的 ISM 分别取自 Industrial（工业）、Scientific（科研）及 Medical（医疗）的第一个字母，许多工业、科研和医疗设备使用的无线频率集中在该频段。FCC 定义的 ISM 频段为 902～928 MHz、2.4～2.4835 GHz 和 5.725～5.875 GHz 三个频段。

目前世界上大部分国家的无线电管理机构也分别设置了各自的 ISM 频段，1996 年中国无线电管理委员会开放了 2.4～2.4835 GHz 的 ISM 频段。ISM 频段为无线网络设备供应商提供了产品频段，如果发射功率及带外辐射满足无线电管理机构的要求，则无需提出专门的申请即可使用这些 ISM 频段。ISM 频段对无线产业产生了巨大的积极影响，保证了无线局域网网元器件的顺利开发。

国际电子电气工程师协会（IEEE）802 工作组负责局域网标准的开发，如以太网和令牌网等。1990 年 11 月 IEEE 召开了 802.11 委员会会议，开始制定无线局域网络标准。1997 年 11 月 26 日正式发布。

IEEE802.11 无线局域网标准的制定是无线网络技术发展的一个里程碑。IEEE802.11 规范了无线局域网网络的媒体访问控制（Mediun Access Control，MAC）层及物理（physical - PHY）层。IEEE802.11 标准除了介绍无线局域网的优点及各种不同特性外，还使得各种不同厂商的无线产品得以互联。IEEE802.11 标准的颁布，使得无线局域网在各种有移动要求的环境中被广泛采用。1998 年各供应商推出了大量基于 IEEE802.11 标准的无线网卡和访问节点。

由于 IEEE 802.11 在速率和传输距离上都不能满足人们的需要，因此，IEEE 小组又相继推出了 IEEE 802.11b 和 IEEE 802.11a 两个新标准。历经十几年的发展，IEEE802.11 家族已经从最初的 IEEE 802.11 发展到了目前 IEEE 802.11a、IEEE 802.11b、IEEE 802.11i 等，具体如下：

（1）IEEE 802.11。IEEE 802.11 工作在 2.4 GHz 频段，支持数据传输速率为 1 Mb/s、2 Mb/s，用于短距离无线接入，支持数据业务。

该标准主要定义物理层和媒体访问控制（MAC）层规范，允许无线局域网及无线设备制造商建立互操作网络设备。物理层定义了数据传输的信号特征和调制方法，定义了两个射频（RF）的传输方法和一个红外线传输方法，其中 RF 传输方法采用跳频扩频（FHSS）和直接序列扩频(DSSS)，DSSS 采用 B/SK 和 QPSK 调制方式，FHSS 采用 GFSK 调制方式。MAC 层使用载波侦听多路访问/避免冲突(CSMA/CA)方式来让用户共享无线媒体，原因是在 RF 传输网络中冲突检测比较困难，所以该协议用避免冲突检测代替在 802.3 协议使用的冲突检测。

(2) IEEE 802.11a。IEEE 802.11a 工作在 5 GHz 频段，数据传输速率为 6 Mb/s～54 Mb/s 动态可调，支持语音、数据和图像业务，适用室内、室外无线接入。

该标准在 IEEE 802.11 基础上扩充了标准的物理层，可采用正交频分复用(OFDM)、B/SK、DQPSK、16QAM、64 QAM 调制方式，可提供无线 ATM 接口、以太网无线帧结构接口、TDD/TDMA 空中接口，一个扇区可接入多个用户，每个用户可带多个用户终端。

(3) IEEE 802.11b。WIFI 全称 Wireless Fidelity，又称 802.11b 标准，工作在 2.4 GHz 频段，数据传输速率可在 1 Mb/s、2 Mb/s、5.5 Mb/s、11 Mb/s 之间自动切换，支持数据和图像业务，适用于在一定范围内移动办公的要求。

该标准在 IEEE 802.11 基础上扩充了标准的物理层，可采用直接序列扩频(DSSS)和补码键控(CCK)调制方法。在网络安全机制上，IEEE 802.11b 提供了 MAC 层的接入控制和加密机制，达到与有线局域网相同的安全级别。

(4) IEEE 802.11e。该标准主要为了改进和管理 WLAN 的服务质量，保证能在 IEEE802.11 无线网络上进行语音、音频、视频的传输，可视会议、媒体流的传送，增强的安全应用及移动访问应用等。在一些对时间敏感、有严格要求的业务(如语音、视频)中，QOS 是非常重要的指标，因此 IEEE 802.11e 在 MAC 层加入了 QOS 功能，其中的混合协调功能可以单独使用或综合使用以下两种信道接入机制：一种是基于竞争式的，一种是基于轮询式的。MAC 层采用的是与以太网不同的时分多址(TDMA)协议，并对重要通信增加额外纠错功能。

(5) IEEE 802.11f。IEEE 802.11f 即接入点内部协议，该标准目的是改善 IEEE 802.11 协议的切换机制，使用户能够在不同的交换区间(无线信道)或者在接入设备间漫游。这就使无线局域网能够提供与移动通信同样的移动性。IEEE 802.11f 就是专门针对接入点之间的漫游而制定的协议。

通常 WLAN 的接入点设备可能来自不同的提供商，在没有 IEEE 802.11f 的条件下，为确保用户漫游时的互通性，运营商只能安装同一提供商的产品。若在接入点设计中加入 IEEE 802.11f 就能消除产品选择的限制，确保不同提供商产品的互操作性。

(6) IEEE 802.11g。由于 IEEE 802.11b 和 IEEE 802.11a 工作在不同的频段上，物理层调制方式也不同，IEEE 802.11a 不能兼容目前的 IEEE 802.11b 的产品。同时 5 GHz 频段在许多国家还没有获得正式批准，而且 11 Mb/s 的传输满足不了视频服务带宽的需求。IEEE 802.11g 标准方案在确保兼容现有使用 2.4 GHz 频带的 IEEE 802.11b 的同时，实现了 54 Mb/s 的数据传送速度。IEEE 802.11g 中规定的调制方式有两种，包括 IEEE 802.11a 中采用的 OFDM 与 IEEE 802.11b 中采用的 CCK。通过规定这两种调制方式，既达到了用 2.4 GHz 频带实现 IEEE 802.11a 水平的数据传送速率，也确保了与装机数量超过了 1100 万台的 IEEE 802.11b 产品的兼容。

(7) IEEE 802.11h。其比 IEEE 802.11a 能更好地控制发送功率和选择无线信道，与 802.11e 一起适应欧洲更严格的标准。

（8）IEEE 802.11i。其可改善 802.11 明显的安全缺陷。

（9）IEEE 802.11j。目的是使 IEEE 802.11a 和 HierLAN2 网络互通。

6.3.2　WLAN 系统结构

根据不同的应用环境和业务需求，WLAN 可通过无线电、采取不同网络结构来实现互连，通常将相互连接的设备称为站，将无线电波覆盖的范围称为服务区。WLAN 中的站有三类：固定站、移动站、半移动站，如装有无线网卡的台式 PC 机、装有无线网卡的笔记本电脑、个人数字助理（PDA）、802.11 手机等。

1. 无线局域网常用设备

1）无线接入点

无线接入点（Access Point）即通常所说的 AP，也被称为无线访问点。它是大多数无线网络的中心设备。无线路由器、无线交换机和无线网桥等设备都是无线接入点定义的延伸，因为它们所提供的最基础作用仍是无线接入。AP 在本质上是一种提供无线数据传输功能的集线器，它在无线局域网和有线网络之间接收、缓冲存储和传输数据，以支持一组无线用户设备。接入点通常是通过一根标准以太网线连接到有线主干线路上，并通过内置或外接天线与无线设备进行通信的。

2）无线路由器

无线路由器是一种带路由功能的无线接入点，它在家庭及小企业中经常应用。无线路由器具备无线 AP 的所有功能，如支持 DHCP、防火墙、支持 WEP/WPA 加密等，除此之外还包括了路由器的部分功能，如网络地址转换（NAT）功能，通过无线路由器能够实现跨网段数据的无线传输，例如实现 ADSL 或小区宽带的无线共享接入。

无线路由器通常包含一个若干端口的交换机，可以连接若干台使用有线网卡的电脑，从而实现有线和无线网络的顺利过渡。在接入速度上，目前符合 11 Mb/s、54 Mb/s 的无线路由器产品在市场上都是主流产品。

3）无线网卡

使用无线网络接入技术的网卡可以统称为无线网卡，它们是操作系统与天线之间的接口，在功能上相当于有线局域网设备中的网卡。无线网卡由网络接口卡（NIC）、扩频通信机和天线组成，NIC 在数据链路层负责建立主机与物理层之间的连接，扩频通信机通过天线实现无线电信号的发射与接收。

无线网卡是用户站的收发设备，一般有 USB、PCI、CF 和 PCMCIA 无线网卡。无线网卡支持的 WLAN 协议标准有 802.11 b、802.11 a/b、802.11 g。

要将计算机终端连接到无线局域网，必须先在计算机终端上安装无线网卡，安装过程是：① 将无线网卡插入到计算机的扩展槽内；② 在操作系统中安装该无线网卡的设备驱动程序；③ 对无线网卡进行参数设置，如网络类型、ESSID、加密方式及密码等。

4）天线

无线天线相当于一个信号放大器，主要用于解决无线网络中因传输距离、环境影响等造成的信号衰减。与接收广播电台时在增加天线长度后声音会清晰很多相同，无线设备（如 AP）本身的天线由于国家对功率有一定的限制，它只能传输较短的距离，当超出这个有限的距离时，可以通过外接天线来增强无线信号，达到延伸传输距离的目的。

天线的参数：频率范围，增益值和极化。

（1）频率范围：是指天线工作的频段。这个参数决定了它适用于哪个无线标准的无线设备，如802.11b标准的无线设备就需要频率范围在2.4 GHz以内的天线来匹配。

（2）增益值：表示天线功率放大的倍数，数值越大就表示信号的放大倍数越大，也就是说当增益数值越大，信号越强，传输质量就越好。通俗地讲就是功率，天线在指定方向上辐射功率的集中程度，通常以dBi为衡量。

（3）极化：即电磁波的传输方向，是指天线辐射时形成的电场强度方向，分为水平极化或垂直极化。据此，一般天线可分为两类：全向天线和定向天线。

2. WLAN拓扑结构

无线接入网的拓扑结构通常分为无中心拓扑结构和有中心拓扑结构，前者用于少量用户的对等无线连接，后者用于大量用户之间的无线连接，是WLAN应用的主要结构模式。

1）无中心拓扑结构

无中心拓扑结构是最简单的对等互连结构，基于这种结构建立的自组织型WLAN至少有两个站，各个用户站（STA）对等互连成网型结构，称为Ad－hoc网络，在每个站的计算机终端均配置无线网卡，终端可以通过无线网卡直接进行相互通信。

无中心拓扑结构WLAN的主要特点是：无须布线、建网容易、稳定性好，但容量有限，只适用于个人用户站之间互连通信，不能用来开展公众无线接入业务。

点对点Ad－Hoc对等结构就相当于有线网络中的多机（一般最多是3台机）直接通过网卡互联，中间没有集中接入设备（没有无线接入点AP），信号是直接在两个通信端点对点传输的，如图6－3所示。

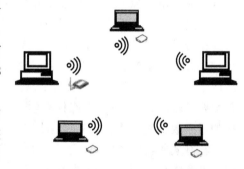

图6－3　WLAN无中心拓扑结构图

在有线网络中，因为每个连接都需要专门的传输介质，所以在多机互连中，一台机可能要安装多块网卡。而在WLAN中，没有物理传输介质，信号不是通过固定的传输作为信道传输的，而是以电磁波的形式发散传播的，所以在WLAN中的对等连接模式中，各用户无须安装多块WLAN网卡，相比有线网络来说，组网方式要简单许多。

Ad－Hoc对等结构网络通信中没有一个信号交换设备，网络通信效率较低，所以仅适用于较少数量的计算机无线互连（通常是在5台主机以内）。同时由于这一模式没有中心管理单元，所以这种网络在可管理性和扩展性方面受到一定的限制，连接性能也不是很好。而且各无线节点之间只能单点通信，不能实现交换连接，就像有线网络中的对等网一样。这种无线网络模式通常只适用于临时的无线应用环境，如小型会议室，SOHO家庭无线网络等。由于这种网络模式的连接性能有限，所以此种方案的实际效果可能会差一些。

2）有中心拓扑结构

有中心拓扑结构是WLAN的基本结构，至少包含一个访问接入点（AP）作为中心站构成星型结构，在AP覆盖范围内的所有站点之间的通信和接入Internet均由AP控制。一个AP一般有两个接口，即支持IEEE802.3协议的有线以太网接口和支持IEEE802.11协议的 WLAN 接口。

这种基于无线 AP 的结构模式其实与有线网络中的星型交换模式差不多，也属于集中式结构类型，其中的无线 AP 相当于有线网络中的交换机，起着集中连接和数据交换的作用。在这种无线网络结构中，除了需要像 Ad-Hoc 对等结构中在每台主机上安装无线网卡，还需要一个 AP 接入设备，俗称"访问点"或"接入点"。这个 AP 设备就是用于集中连接所有无线节点，并进行集中管理的。一般的无线 AP 还提供了一个有线以太网接口，用于与有线网络、工作站和路由设备的连接。有中心拓扑基础结构网络如图 6-4 所示。

无线AP

图 6-4　WLAN 有中心拓扑结构图

这种网络结构模式的特点主要表现在网络易于扩展、便于集中管理、能提供用户身份验证等优势，另外数据传输性能也明显高于 Ad-Hoc 对等结构。在这种 AP 网络中，AP 和无线网卡还可针对具体的网络环境调整网络连接速率，如 11 Mb/s 的使用速率可以调整为 1 Mb/s、2 Mb/s、5.5 Mb/s 和 11 Mb/s 4 种；54 Mb/s 的 IEEE 802.11a 和 IEEE 802.11g 的则更是有 54 Mb/s、48 Mb/s、36 Mb/s、24 Mb/s、18 Mb/s、12 Mb/s、11 Mb/s、9 Mb/s、6 Mb/s、5.5 Mb/s、2 Mb/s、1 Mb/s 共 12 种不同速率可动态转换，以发挥相应网络环境下的最佳连接性能。

理论上一个 IEEE 802.11b 的 AP 最大可连接 72 个无线节点，实际应用中考虑到更高的连接需求，我们一般建议为 10 个节点以内。其实在实际的应用环境中，连接性能往往受到许多方面因素的影响，所以实际连接速率要远低于理论速率，如上面所介绍的 AP 和无线网卡可针对特定的网络环境动态调整速率，原因就在于此。当然还要看具体应用，对于带宽要求较高（如学校的多媒体教学、电话会议和视频点播等）的应用，最好单个 AP 所连接的用户数少些；对于简单的网络应用可适当多些。同时要求单个 AP 所连接的无线节点要在其有效的覆盖范围内，这个距离通常为室内 100 米左右，室外则可达 300 米左右。当然，如果是 IEEE 802.11a 或 IEEE 802.11g 的 AP，因为它的速率可达到 54 Mb/s，有效覆盖范围比 IEEE 802.11b 大 1 倍以上，理论上单个 AP 的理论连接节点数在 100 个以上，但实际应用中所连接的用户数最好在 20 个左右。

另外，基础结构的无线局域网不仅可以应用于独立的无线局域网中，如小型办公室无线网络、SOHO 家庭无线网络，也可以它为基本网络结构单元组建成庞大的无线局域网系统，如 ISP 在"热点"位置为各移动办公用户提供的无线上网服务，即在宾馆、酒店、机场为用户提供的无线上网区等。

在基本结构中，不同站点之间不能直接进行相互通信，只能通过访问接入点（AP）建立连接，而在 Ad-Hoc 网络的 BSS 中，任一站点可与其他站点直接进行相互通信。一个 BSS 可配置一个 AP，多个 AP 即多个 BSS 就组成了一个更大的网络，称为扩展服务集（ESS）。

AP 在理论上可支持较多用户，但实际应用只能支持 15~50 个用户，这是因为一个 AP 在同一时间只能接入一个用户终端，当信道空闲时，再由其它的用户终端争用，如果一个所支持的用户过多，则网络接入速率将会降低。AP 覆盖范围是有限的，室内一般为 100 m 左右，室外一般为 300 m 左右，对于覆盖较大区域范围时，需要安装多个 AP，这时需要勘察确定 AP 的安装位置，避免邻近 AP 的干扰，考虑频率重用。这种网络结构与目前蜂窝移动通信网相似，用户可以在网络内进行越区切换和漫游，当用户从一个 AP 覆盖区域漫游到另一个 AP 覆盖区域时，用户站设备自动搜索并试图连接到信号最好的信道，同时还可随时进行切换，由 AP 对切换过程进行协调和管理。为了保证用户站在整个 WLAN 内自由移动时，保持与网络的正常连接，相邻 AP 的覆盖区域需存在一定范围的重叠。

有中心拓扑结构 WLAN 的主要特点是：无须布线、建网容易、扩容方便，但网络稳定性差，一旦中心站点出现故障，网络将陷入瘫痪，另外，AP 的引入增加了网络成本。

根据不同的应用环境和业务需求，WLAN 可采取不同网络结构来实现互连，主要有以下三种类型：

（1）网桥连接型，不同局域网之间互连时，可利用无线网桥的方式实现点对点的连接，无线网桥不仅提供物理层和数据链路层的连接，而且还提供高层的路由与协议转换。

（2）基站接入型，当采用移动蜂窝方式组建 WLAN 时，各个站点之间的通信是通过基站接入、数据交换方式来实现互连的。

（3）AP 接入型，利用无线 AP 可以组建星型结构的无线局域网，该结构一般要求无线 AP 具有简单的网内交换功能。

6.3.3　WLAN 的组网

1. 通过无线网卡组建无线局域网

以两块或多块无线网卡相互连接的方式称为 Ad-Hoc。Ad-Hoc 模式用于在没有提供无线 AP 时组建无线网络，无线客户端直接相互通信，如图 6-5 所示。

它由无线网卡（通常叫无线工作站）直接组成，用于一台无线工作站和另一台或多台其他无线工作站的直接通信，该网络不能直接接入有线网络，而必须在某台计算机上使用网关或路由方可接入 Internet。使用 Ad-Hoc 模式通信的两个或多个无线客户端形成一个独立基础服务集

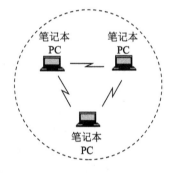

图 6-5　Ad-Hoc 组网模式

（IBSS）。因为不需要 AP，所以安全由各个客户端自行维护，且它们依赖于无线网卡内置的低增益天线使其覆盖存在较大的局限。点对点模式中的一个节点必须能同时"看"到网络中的其他节点，否则就认为网络中断，因此对等网络只能用于少数用户的组网环境，比如2~5 个用户。家庭用户可以使用 Ad-Hoc 玩网络游戏，或者将一个特定的文件快速地从一台计算机移动到另一台计算机。

2. 通过无线 AP 组建无线局域网

1）AP 模式

该模式由无线访问点（AP），无线工作站（STA）覆盖的称为基本服务区（BSS）的区域组成。无线访问点在这充当集线器的功能，故称无线 Hub，用于在无线 STA 和有线网络之间接收、缓存和转发数据，所有的用户都是通过 AP 才能转发数据包。实际中，家用 AP 能连接 25 个客户端（并发数），而电信级 AP 的并发数则大得多，价格也相对高昂。AP 覆盖半

径可达上百米，各厂家各型号的 AP 实际覆盖范围各不相同。AP 可以连接到有线网络，实现无线网络和有线网络的互联。其网络拓扑图如图 6-6 所示。

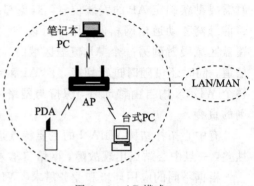

图 6-6　AP 模式

2）多个 AP 模式

扩展服务区（ESS）内的每个 AP 都是一个独立的无线网络基本服务区（BSS），所有 AP 共享同一个扩展服务区标示符（ESSID）。相同的 ESSID 的无线网络间可以进行漫游，不同 ESSID 的无线网络形成逻辑子网。

多 AP 的应用一般都出现在企业中。企业应用多个 AP，大多都是因为单 AP 覆盖面积有限，为了扩展无线网络的覆盖范围，达到客户端能够在网络中无缝漫游的目的。这种情况多是由于原有的 WLAN 覆盖范围比较小，而现在需要增大覆盖范围，所以要再加入 1 个 AP 来扩大无线覆盖范围（加入多个 AP 时解决方式相同），使客户端能在整个 WLAN 中漫游，在改变接入 AP 时能无缝切换，如图 6-7 所示。

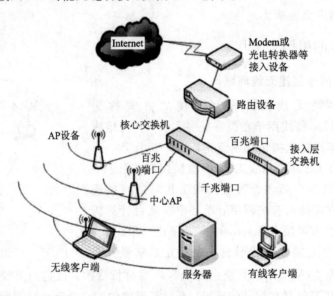

图 6-7　多个 AP 模式

此模式下，多台 AP 都通过网线连接入局域网的交换机中，此时所有的 AP 都采用"AP（Access Point）模式"，所有的 AP 构成一个无线工作组，因此它们的 SSID 必须相同，其他的认证、加密模式的设置也都需要相同。而由于相同或相邻的信道（Channel）存在相互干扰，有必要将相邻的 AP 使用不同的信道，而且最好信道号间隔 5 个，这样干扰最少，如 1、6、11 等。

如果 AP 默认开启了 DHCP 功能，要将其关闭，最好在所有 AP 连接的交换机上层另外设置一台 DHCP 服务器。因为用户切换 AP 时，不同的 AP 各自启用了 DHCP，很可能造成 IP 冲突。这种漫游模式不仅能扩展无线覆盖范围，还能在信号重叠区域提供冗余性保障，设置相对简单，所以被广泛采用。

3）无线网桥模式

网桥就是将两个或多个独立的网络之间搭起通信的桥，使网络连接起来，利用无线通信技术，在空气中以无线电波为媒介进行网络数据的传输，达到连接不同网段的目的。在传统布线中，两栋建筑物内的网络要实现互联时需要使用光纤或铜线连接，而图 6-8 中则是利用无线网桥技术实现互联互通的。

（1）点对点桥接模式：这种模式多应用于两个局域网距离并不很远，但由于中间的地带有阻碍，不方便布线连接的情况（如隔河相对的两栋建筑物）。这时，利用无线来替代有线的连接是简单易行的低成本解决方案。

其应用如图 6-8 所示，两栋建筑物内各有一个局域网：LAN1 和 LAN2，两个 AP（AP-A和AP-B）使用点对点桥接模式相连。两个 AP 都各自连入本地 LAN 的交换机中，此时这两个 AP 起到的作用其实就相当于一根"无形的网线"的桥接器了。A 和 B 两个 AP 的设置方式相同，都是在 AP 的管理界面中选择"桥接模式"，并在"远程桥接 MAC 地址（Remote Bridge MAC）"中输入对方 AP 的 MAC 地址。注意两个 AP 的 IP 要在同一网段，且使用相同的信道。

由于这种应用一般都是将 AP 置于室外，其环境多变，使用专用的室外无线 AP，并建议安装定向天线，它的高集中定向传输，适合这种应用环境，有利于提高信号强度保障稳定性。同时，AP 之间不要有障碍物阻挡，否则衰减会比较严重。

（2）点对多点桥接模式：这种点对多点的模式，相对于上面的点对点模式，每个 AP 都能对应更多的连接点，类似于有线网络中的两两互联结构。这种模式多应用于多个不便布线的建筑物之间互联，具体应用如图 6-9 所示。

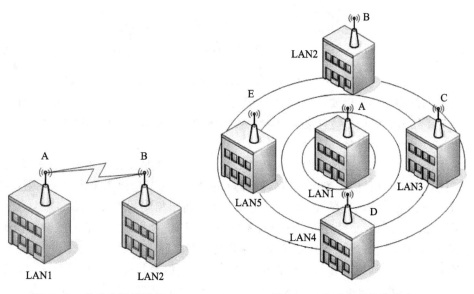

图 6-8　点对点桥接模式　　　　　图 6-9　点对多点桥接模式

在这种模式下工作的所有 AP 设置都一样，都选择"点对多点桥接（Multi-Point Bridge）"模式即可。其他的参数类似于无线漫游设置，所有 AP 使用相同的 SSID，各 AP 的 IP 地址位于同一 IP 段。在信道设置上，点对多点桥接模式下的所有 AP 必须使用相同的信道。

4）无线中继模式

无线中继模式是在两个独立的无线网络之间增加一个设备，两个网络的数据均由该设备转发。当需要连接的两个局域网之间有障碍物遮挡而不可视时，可以考虑使用无线中继的方法绕开障碍物，来完成两点之间的无线桥接。无线中继点的位置应选择在可以同时看到网络 A 与网络 B 的位置，无线网桥 A 与无线网桥 B 的通信通过无线中继器来完成。无线中继器用来在通信路径的中间转发数据，从而延伸系统的覆盖范围。

这种"中继模式"不是所有的 AP 都支持，一般的 SOHO 级 AP 都不支持此模式，高端商用 AP 则大多支持。此方案中，一个接入有线局域网的 AP 作为中心 AP，根据需要可采用"AP 模式"或"桥接模式（Wireless Bridge）"，如图 6 – 10 所示。

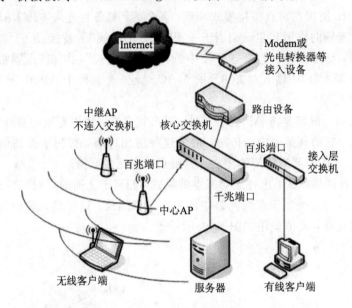

图 6 – 10　无线中继模式

一般我们的中心 AP 也要提供对客户端的接入服务，所以选择"AP 模式"，而充当中继器的 AP 不接入有线网络，只接电源，使用"中继模式（Repeater）"，并填入"远程 AP 的 MAC 地址（Remote AP MAC）"即可。

中继 AP 将可与中心 AP 之间进行桥接（注意中继 AP 要放置在中心 AP 的覆盖范围内），同时也可提供自身信号覆盖范围内的客户端接入，从而延伸覆盖范围。一般中心 AP 最多支持四个远端中继 AP 接入。此时，全部 AP 须使用相同的 SSID、认证模式、密钥和信道，还要将 AP 的 IP 设置为同一网段且不要开 DHCP。这样，客户端还是会被认为是一个大范围 AP，所以客户端设置还是跟单一 AP 的情况相同。

这种中继模式虽然使无线覆盖变得更容易和灵活，但是却需要高档 AP 支持，而且如果中心 AP 出了问题，则整个 WLAN 将瘫痪，冗余性无法保障，所以在应用中最常见的是"无线漫游模式"，而这种"中继模式"则只用在没法进行网络布线的特殊情况下，如空旷的厂房和露天广场类的地方。

在一些高端商用 AP 中（如 CISCO 的 Aironet 1200 系列），如果 AP 身处 WLAN 覆盖中，且只连接电源没有接入有线网络，则会自动设置为"AP 中继模式"，十分智能化。

另外，上面方案的中继应用目的是增大无线覆盖面积，拓展无线接入范围。而中继模式更多的应用是在单纯延长无线传输的距离方面，这种应用多用于两个局域网相隔比较远，或者中间有障碍无法直接做桥接的情况，所以需要在中间加一个中继 AP，如图 6-11 所示。

图 6-11 中两栋建筑物各有一个局域网 LAN 1 和 LAN 2 需要互联在一起，但是由于信号传输距离的原因无法连接，这时就可以通过加入一个中继 AP 来达到成倍延长传输距离的目的。此时中继 AP-B 只需要设置成"中继模式（Repeater）"即可。而其他两个 AP-A 和 AP-C 则应接入各自局域网的交换机中并设置为点对点桥接模式。此时，所有 AP 必须同在一个 IP 段内，且使用相同的信道。

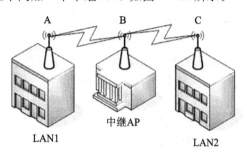

图 6-11 无线中继模式

6.3.4 WLAN 应用实例

【应用实例 1】 WLAN 在机场接入方案中的应用。

机场 WLAN 建设的目的是为机场旅客提供方便快捷的上网服务，重点保证机场旅客在候机厅、中心广场、餐厅和休息室等地方能使用个人笔记本电脑、PDA 等终端快速接入 Internet。对于机场环境，由于用户流动性很大且停留时间较短，因此提供一个简便的上网认证方式是机场 WLAN 接入方案中需要重点考虑的问题。

机场 WLAN 系统构成主要由用户无线网卡、多个无线 AP、1 个 AC 和相关设备等组成，如图 6-12 所示。

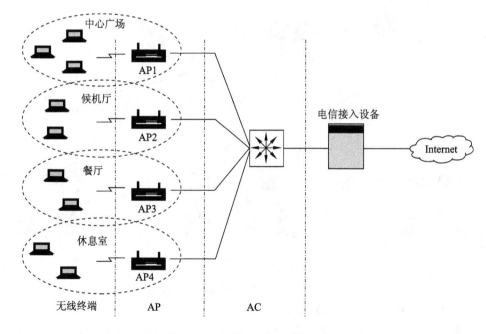

图 6-12 机场 WLAN 系统组成

（1）针对机场的实际环境情况，布放一定数量的无线接入点（AP）设备，根据机场大小的不同，可能需要几十到上百个无线 AP，每个无线 AP 与接入控制器（AC）设备通过有线以太网连接；

（2）用户站设备配置无线网卡，通过空中接口与无线 AP 相连，机场 WLAN 系统采用远程供电方式，直流电通过以太网的 5 类双绞线传送到 AP。

（3）AC 通过网络交换机或路由器等设备与电信接入设备相连。机场 WLAN 系统选用的 AC 应具有以下功能：

① 即插即用，这是机场 WLAN 系统中的 AC 必须具备的功能；

② 方便的认证、计费、授权性能；

③ 支持 RADIUS；

④ 用户站不需要安装任何软件，不需要更改任何网络配置；

⑤ 广告服务。

【应用实例 2】　**电信运营级 WLAN 系统建设方案。**

电信运营级 WLAN 系统建设方案不仅需要考虑用户的认证、计费、漫游、用户数据的安全性和提供业务的可靠性等问题，同时还需要解决客户定位、赢利模式、业务模型等运营问题。

电信运营级 WLAN 系统由用户站设备、多个无线 AP、多个 AC 和局端后台管理设备、认证计费中心等组成，如图 6 - 13 所示。

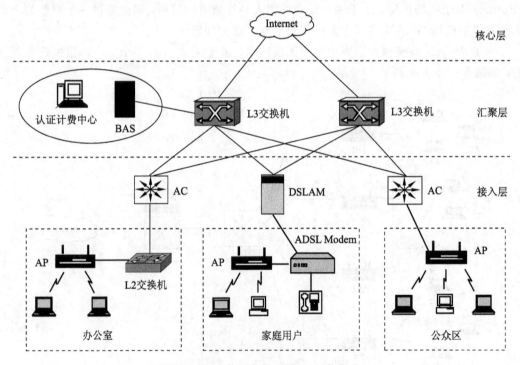

图 6 - 13　电信运营级 WLAN 系统组成

（1）用户站设备：PCMCIA/PCI/USB 无线网卡。

（2）接入点设备：无线 AP 作为用户站的接入设备，在热点地区合理布放无线 AP，在做到尽可能覆盖所有区域并保证用户接入性能的情况下，合理规划 AP 的个数，以降低投资。

（3）接入控制器：AC 可以有效地控制接入的用户，实现用户认证，并且为每个用户提供安全的数据接入通道。

（4）局端后台管理设备、认证计费中心：进行无线用户管理，系统监控，并对用户进行 RADIUS 认证和计费。

在电信运营级 WLAN 系统中，与上层网络联系最紧密的是宽带接入网关。它是用来实现用户控制，给后台传递用户认证和计费信息的设备，如支持 PPPoA 的宽带接入服务器、支持 Web 认证或 802.1x 认证的 3 层交换机和无线接入控制网关等。宽带接入网关必须具有区分接入手段的功能，并且能够根据不同的接入手段把不同的业务属性通过 RADIUS 协议传递给后台服务器，后台服务器要求具有针对不同业务属性进行分别处理的功能。

为了充分覆盖，WLAN 中的无线 AP 呈蜂窝分布，将运营商所要提供服务的范围划分为若干个区域，每个区域设若干个 AP，覆盖一个类似于蜂窝的区域，每个微蜂窝内的设备都使用同一个频段通信，相邻蜂窝使用不同的频段，蜂窝与蜂窝之间采用以太网或无线设备连接。当无线用户从一个蜂窝移动到使用不同频段的另一个蜂窝内时，该蜂窝的网管中心首先会识别该无线用户是否为合法用户，如果是，网管中心会向该无线用户设备发送一个识别信息，用户站设备在收到信息后自动地改变工作频段，从而实现跨蜂窝的移动通信。

实践项目　AP、AC 设备认知

（1）AP 热点接口。

（2）AP 热点指示灯。

（3）AP 的信道。

（4）AC 设备的接口和指示灯。

（5）AC、AP 所用电源。

任务 4　其他技术简介

【任务要求】

识记：蓝牙的概念及作用、蓝牙的组成；蓝牙的关键技术、WiMax 的概念及特点。

领会：蓝牙的关键技术。

【理论知识】

6.4.1　蓝牙

Internet 和移动通信的迅速发展，使人们对电脑以外的各种数据源和网络服务的需求日益增长。近年来，随着各种短距离无线通信技术的发展，人们提出了一个新的概念，即个人局域网（Personal Area Network，PAN）。PAN 核心思想是用无线电或红外线代替传统的有线电缆，实现个人信息终端的智能化互联，组建个人化的信息网络。从计算机网络的角度来看，PAN 是一个局域网；而从电信网络的角度来看，PAN 是一个接入网。

PAN 定位在家庭与小型办公室的应用场合，其主要应用范围包括语音通信网关、数据通信网关、信息电器互联与信息自动交换等。

PAN 的实现技术主要有：Bluetooth、IrDA、Home RF 与 UWB(Ultra‑Wideband Radio)四种。其中，蓝牙(Bluetooth)技术是一种支持点到点、点到多点的语音、数据业务的短距离无线通信技术，蓝牙技术的发展极大地推动了 PAN 技术的发展，IEEE 专门成立了IEEE802.15 小组负责研究基于蓝牙的 PAN 技术。

1. 蓝牙出现的背景

早在 1994 年，瑞典的 Ericsson 公司便已经着手蓝牙技术的研究开发工作，意在通过一种短程无线链路，实现无线电话用 PC 机、耳机及台式设备等之间的互联。1998 年 2 月，Ericsson、Nokia、Intel、Toshiba 和 IBM 共同组建特别兴趣小组。在此之后，3Com、Lucent、Mirosoft 和 Motorola 也相继加盟蓝牙计划。它们的共同目标是开发一种全球通用的小范围无线通信技术，即蓝牙。它是针对目前近距离的便携式器件之间的红外线链路(Infrared link，简称 IrDA)而提出的。应用红外线收发器链接虽然能免去电线或电缆的连接，但是使用起来有许多不便，不仅距离只限于 1~2 m，而且必须在视线上直接对准，中间不能有任何阻挡，同时只限于在两个设备之间进行链接，不能同时链接更多的设备。"蓝牙"技术的目的是使特定的移动电话、便携式电脑以及各种便携式通信设备的主机之间在近距离内实现无缝的资源共享。

蓝牙是一个开放性的无线通信标准，它将取代目前多种电缆连接方案，通过统一的短程无线链路，在各信息设备之间可以穿过墙壁或公文包，实现方便快捷、灵活安全、低成本小功耗的语音和数据通信。它推动和扩大了无线通信的应用范围，使网络中的各种数据和语音设备能互连互通，从而实现个人区域内的快速灵活的数据和语音通信。

2. 蓝牙中的主要技术

蓝牙技术是一种无线数据与语音通信的开放性全球规范，它以低成本的近距离无线连接为基础，为固定与移动设备通信环境建立一个特别连接的短程无线电技术。其实质内容是要建立通用的无线电空中接口(Radio Air Interface)及其控制软件的公开标准，使通信和计算机进一步结合，使不同厂家生产的便携式设备在没有电线或电缆相互连接的情况下，能在近距离范围内具有互用、互操作的性能。

"蓝牙"技术的作用是简化小型网络设备(如移动 PC、掌上电脑、手机)之间以及这些设备与 Internet 之间的通信，免除了在无绳电话或移动电话、调制解调器、头套式送/受话器、PDA、计算机、打印机、幻灯机、局域网等之间加装电线、电缆和连接器。此外，蓝牙无线技术还为已存在的数字网络和外设提供通用接口以组建一个远离固定网络的个人特别连接设备群。

蓝牙支持点到点和点到多点的连接，可采用无线方式将若干蓝牙设备连成一个微微网，多个微微网又可互连成特殊分散网，形成灵活的多重微微网的拓扑结构，从而实现各类设备之间的快速通信。

1) 跳频技术

蓝牙的载频选用全球通用的 2.45 GHz ISM 频段，由于 2.45 GHz 的频段是对所有无线电系统都开放的频段，因此使用其中的任何一个频段都有可能遇到不可预测的干扰源。采用跳频扩谱技术是避免干扰的一项有效措施。跳频技术是把频带分成若干个跳频信道，在一次连接中，无线电收发器按一定的码序列不断地从一个信道跳到另一个信道，只有收发双方是按这个规律进行通信的，而其他的干扰不可能按同样的规律进行干扰。跳频的瞬时带宽是很窄的，但通过扩展频谱技术使这个窄带宽成百倍地扩展成宽频带，使干扰可能产生的影响变得很小。

依据各国的具体情况，以 2.45 GHz 为中心频率，最多可以得到 79 个 1 MHz 带宽的信道。在发射带宽为 1 MHz 时，其有效数据速率为 721 kb/s，并采用低功率时分复用方式发射。蓝牙技术理想的连接范围为 10 mm～10 m，但是通过增大发射功率可以将距离延长至 100 m。跳频扩谱技术是蓝牙使用的关键技术之一。对应于单时隙分组，蓝牙的跳频速率为 1600 跳/秒；对应于时隙包，跳频速率有所降低；但在建立链路时则提高为 3200 跳/秒。使用这样高的跳频速率，蓝牙系统具有足够高的抗干扰能力。它采用以多级蝶形运算为核心的映射方案，与其他方案相比，具有硬件设备简单、性能优越、便于 79/23 频段两种系统的兼容以及各种状态的跳频序列使用统一的电路来实现等特点。与其他工作在相同频段的系统相比，蓝牙跳频更快，数据包更短，因此更稳定。

2）微微网和分散网

当两个蓝牙设备成功建立链路后，一个微微网便形成了，两者之间的通信通过无线电波在 79 个信道中随机跳转而完成。

微微网信道由一主单元标识（提供跳频序列）和系统时钟（提供跳频相位）来定义，其他为从单元。每一蓝牙无线系统有一本地时钟，没有通常的定时参考。当一微微网建立后，从单元进行时钟补偿，使之与主单元同步，微微网释放后，补偿亦取消，但可存储起来以便再用。一条普通的微微网信道的单元数量为 8（1 主 7 从），可保证单元间有效寻址和大容量通信。实际上，一个微微网中互联设备的数量是没有限制的，只不过在同一时刻只能激活 8 个，其中 1 个为主，7 个为从。蓝牙系统建立在对等通信的基础上，主从任务仅在微微网生存期内有效，当微微网取消后，主从任务随即取消。每一单元皆可为主/从单元，可定义建立微微网的单元为主单元。除定义微微网外，主单元还控制微微网的信息流量，并管理接入。蓝牙给每个微微网提供特定的跳转模式，因此它允许大量的微微网同时存在，同一区域内多个微微网的互联形成了分散网。不同的微微网信道有不同的主单元，因而存在不同的跳转模式。

蓝牙系统可优化到在同一区域中有数十个微微网运行，而没有明显的性能下降。蓝牙时隙连接采用基于包的通信，使不同微微网可互联。欲连接单元可加入到不同微微网中，但因无线信号只能调制到单一跳频载波上，任一时刻单元只能在一微微网中通信。通过调整微微网信道参数（即主单元标志和主单元时钟），单元可从一微微网跳到另一微微网中，并可改变任务。例如某一时刻在微微网中的主单元，另一时刻在另一微微网中为从单元。由于主单元参数标示了微微网信道的跳转模式，因此一单元不可能在不同的微微网中都为主单元。跳频选择机制应设计成允许微微网间可相互通信，通过改变标志和时钟输入到选择机制，新微微网可立即选择新的跳频。为了使不同微微网间的跳频可行，数据流体系中有保护时间，以防止不同微微网的时隙差异。在蓝牙系统中，引入了保留（HOLD）模式，允许一单元暂时离开一微微网而访问另一微微网。

3) 时分多址(TDMA)的调制技术

在 1.0 版本的技术标准中，蓝牙的基带比特速率为 1 Mb/s，采用 TDD 方案来实现全双工传输，因此蓝牙的一个基带帧包括两个分组，首先是发送分组，然后是接收分组。蓝牙系统既支持电路交换也支持分组交换，支持实时的同步定向联接(SCO)和非实时的异步不定向联接(ACL)。

SCO 链路是微微网中单一主单元和单一从单元之间的一种点对点对称的链路。主单元采用按照规定间隔预留时隙(电路交换类型)的方式可以维护 SCO 链路。主单元可以支持多达三条并发 SCO 链路，而从单元则可以支持两条或者三条 SCO 链路，SCO 链路上的数据包不会重新传送。SCO 链路主要用于 64 kb/s 的语音传输。

ACL 链路是微微网内主单元和全部从单元之间点对多点链路。在没有为 SCO 链路预留时隙的情况下，主单元可以对任意从单元在某一时隙的基础上建立 ACL 链路，其中也包括了从单元已经使用某条 SCO 链路的情况(分组交换类型)。对大多数 ACL 数据包来说都可以应用数据包重传。ACL 链路主要以数据为主，可在任意时隙传输。

4) 编址技术

蓝牙有四种基本类型的设备地址：

(1) BD_ADDR。BD_ADDR 是一个 48 位长地址，该地址符合 IEEE 802 标准，可划分为 LAP(24 位地址低端部分)、UAP(8 位地址高端部分)和 NAP(16 位无意义地址部分)三部分。

(2) AM_ADDR。AM_ADDR 是 3 位长的活动成员地址，所有的 0 信息 AM_ADDR 都用于广播消息。

(3) PM_ADDR。PM_ADDR 是 8 位长的成员地址，分配给处于暂停状态的从单元使用。

(4) AR_ADDR。AR_ADDR 是访问请求地址(Access Request Address)，被暂停状态的从单元用该地址来确定访问窗口内从单元—主单元的半时隙，通过它发送访问消息。

任一蓝牙设备，都可根据 IEEE 802 标准得到一个唯一的 48 bit 的 BD_ADDR。它是一个公开的地址码，可以通过人工或自动进行查询。在 BD_ADDR 基础上，使用一些性能良好的算法可获得各种保密和安全码，从而保证了设备识别码(ID)在全球的唯一性，以及通信过程中设备的鉴权和通信的安全保密。

5) 安全性

蓝牙技术的无线传输特性使它非常容易受到攻击，因此安全机制在蓝牙技术中显得尤为重要。虽然蓝牙系统所采用的跳频技术已经提供了一定的安全保障，但是蓝牙系统仍然需要链路层和应用层的安全管理。在链路层中，蓝牙系统使用认证、加密和密钥管理等功能进行安全控制。在应用层中，用户可以使用个人标识码(PIN)来进行单双向认证。

6) 纠错技术

蓝牙系统的纠错机制分为 FEC 和包重发。FEC 支持 1/3 率和 2/3 率 FEC 码。1/3 率仅用 3 位重复编码，大部分在接收端判决，既可用于数据包头，也可用于 SCO 连接的包负载。2/3 率码使用一种缩短的汉明码，误码捕捉用于解码，它既可用于 SCO 连接的同步包负载，也可用于 ACL 连接的异步包负载。在 ACL 连接中，可用 ARQ 结构。在这种结构中，若接收方没有响应，则发端将包重发。每一负载包含有一 CRC，用来检测误码。ARQ

结构分为：停止等待 ARQ、向后 N 个 ARQ、重复选择 ARQ 和混合结构。

为了减少复杂性，使开销和无效重发为最小，蓝牙执行快 ARQ 结构：即发送端在 TX 时隙重发包，在 RX 时隙提示包接收情况。若加入 2/3 率 FEC 码，将得到 I 类混合 ARQ 结构的结果。ACK/NACK 信息加载在返回包的包头里，在 RX/TX 的结构交换时间里，判定接收包是否正确。在返回包的包头里，生成 ACK/NACK 域，同时，接收包包头的 ACK/NACK 域可表明前面的负载是否正确接收，决定是否需要重发或发送下一个包。由于处理时间短，当包接收时，解码选择在空闲时间进行，并要简化 FEC 编码结构，以加快处理速度。快速 ARQ 结构与停止等待 ARQ 结构相似，但时延最小，实际上没有由 ARQ 结构引起的附加时延。该结构比向后 N 个 ARQ 更有效，并与重复选择 ARQ 效率相同，但由于只有失效的包被重发，可减少开销。在快速 ARQ 结构中，仅有一位序列号就够了（为了滤除在 ACK/NACK 域中的错误而正确接收两次数据包）。

3. 蓝牙系统的组成

蓝牙系统一般由天线单元、链路控制（固件）单元、链路管理（软件）单元和蓝牙软件（协议栈）单元四个功能单元组成，如图 6-14 所示。

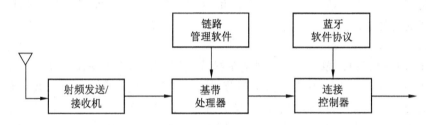

图 6-14　蓝牙系统结构

1）天线单元

蓝牙要求其天线部分体积十分小巧、重量轻，因此，蓝牙天线属于微带天线。蓝牙空中接口是建立在天线电平为 0 dB 的基础上的。空中接口遵循 FCC（即美国联邦通信委员会）有关电平为 0 dB 的 ISM 频段的标准。如果全球电平达到 100 MW 以上，可以使用扩展频谱功能来增加一些补充业务。频谱扩展功能是通过起始频率为 2.402 GHz，终止频率为 2.48 GHz，间隔为 1 MHz 的 79 个跳频频点来实现的。出于某些本地规定的考虑，日本、法国和西班牙都缩减了带宽，最大的跳频速率为 1660 跳/s，理想的连接范围为 100 mm～10 m，但是通过增大发送电平可以将距离延长至 100 m。蓝牙工作在全球通用的 2.4 GHz-ISM（即工业、科学、医学）频段，蓝牙的数据速率为 1 Mb/s。ISM 频带是对所有无线电系统都开放的频带，因此使用其中的某个频段都会遇到不可预测的干扰源。例如某些家电、无绳电话、汽车房开门器、微波炉等，都可能是干扰源。为此，蓝牙特别设计了快速确认和跳频方案以确保链路稳定。

与其他工作在相同频段的系统相比，蓝牙跳频更快，数据包更短，这使蓝牙比其他系统都更稳定。FEC（前向纠错）的使用抑制了长距离链路的随机噪音，应用了二进制调频（FM）技术的跳频收发器被用来抑制干扰和防止衰落。

2）链路控制（固件）单元

链路控制固件单元主要包括连接控制器、基带处理器以及射频传输/接收器，此外还有单独调谐元件。基带链路控制器负责处理基带协议和其它一些低层常规协议，它有三种纠错方案：1/3 比例前向纠错(FEC)码、2/3 比例前向纠错码和数据的自动请求重发方案。采用 FEC(前向纠错)方案的目的是为了减少数据重发的次数，降低数据传输负载。但是，要实现数据的无差错传输，FEC 就必然要生成一些不必要的开销比特而降低数据的传送效率。这是因为数据包对于是否使用 FEC 是弹性定义的。报头占有 1/3 比例的 FEC 码起保护作用，其中包含了有用的链路信息。在无编号的 ARQ 方案中，在一个时隙中传送的数据必须在下一个时隙得到"收到"的确认。只有数据在收端通过了报头错误检测和循环冗余检测后认为无错才向发端发回确认消息，否则将返回一个错误消息。比如蓝牙的语音信道采用 CVSD(即连续可变斜率增量调制技术)语音编码方案，以获得高质量传输的音频编码。CVSD 编码擅长处理丢失和被损坏的语音采样，即使比特错误率达到 4%，CVSD 编码的语音还是可听的。

3) 链路管理(软件)单元

链路管理(LM)软件模块携带了链路的数据设置、鉴权、链路硬件配置和其他一些协议。LM 能够发现其他远端 LM 并通过 LMP(链路管理协议)与之通信。LM 模块提供如下服务：发送和接收数据、请求名称、链路地址查询、建立连接、鉴权、链路模式协商和建立、决定帧的类型等。

4) 软件(协议栈)单元

蓝牙的软件(协议栈)单元是一个独立的操作系统，不与任何操作系统捆绑，它符合已经制定好的蓝牙规范。蓝牙规范包括两部分：第一部分为核心部分，用以规定诸如射频、基带、连接管理、业务发现、传输层以及与不同通信协议间的互用、互操作性等组件；第二部分为应用规范(Profile)部分，用以规定不同蓝牙应用所需的协议和过程。分别完成数据流的过滤和传输、跳频和数据帧传输、连接的建立和释放、链路的控制、数据的拆装、业务质量(QoS)、协议的复用和分用等功能。

蓝牙设备依靠专用的蓝牙微芯片使设备在短距离范围内发送无线电信号，来寻找另一个蓝牙设备。一旦找到，相互之间便开始通信。目前，蓝牙的研制者主要寻求其 ASIC 的解决方案，包括射频和基带部分。现在已有多种将基带 ASIC 电路和射频 ASIC 电路做成一个电路模块的方案，预计很快将会进入批量生产的阶段。蓝牙系统的通信协议大部分可用软件来实现，加载到 Flash RAM 中即可进行工作。

4. 蓝牙系统与 PAN

蓝牙系统和 PAN 的概念相辅相成，事实上，蓝牙系统已经是 PAN 的一个雏形。在 1999 年 12 月发布的蓝牙 1.0 版的标准中，定义了包括使用 WAP 协议连接互联网的多种应用软件。它能够使蜂窝电话系统、无绳通信系统、无线局域网和互联网等现有网络增添新功能，使各类计算机、传真机、打印机设备增添无线传输和组网功能，在家庭和办公自动化、家庭娱乐、电子商务、无线公文包应用、各类数字电子设备、工业控制、智能化建筑等场合开辟了广阔的应用。

随着 PAN 的发展，IEEE 802.15 的一个工作小组正在制订速率可达 20 Mb/s 以上的 PAN 标准，这一标准也是基于蓝牙规范的。因此，PAN 和蓝牙必然会趋于融合。正如人们常说的："前途是光明的，道路是曲折的"。在蓝牙系统真正广泛地投入到商业应用之前，还有许多问题需要解决。例如，尽管蓝牙技术是一种可以随身携带的无线通讯连接技术，但是它不支持漫游功能。它可以在微网络或扩大网之间切换，但是每次切换都必须断开与当前 PAN 的连接。这对于某些应用是可以忍受的，然而对于手提通话、数据同步传输和信息提取等要求自始至终保持稳定的数据连接的应用来说，这样的切换将使传输中断，是不能允许的。要解决这一问题，当务之急就是将移动 IP 技术与蓝牙技术有效地结合在一起。除此之外，蓝牙技术的安全保密性、蓝牙系统与有线网络的互连等问题也将会影响蓝牙技术的推广应用。

蓝牙技术在电信业、计算机业、家电业有着极其广阔和诱人的应用前景，它也将对未来的无线移动数据通信业务产生巨大的推动作用。蓝牙技术会有突飞猛进的发展。但是，它仍然有大量的应用技术细节问题需要解决，仍然是一项发展中的技术。例如，为了防止语音和数据信息误传或被截收，用户必须事先为自己应用的各种设备设定某个共同的频率，即不同的用户有不同的频率，这样才能保证无线连接时不发生误传或被滥用。蓝牙标准还无法解决硬件兼容性问题，无法扩展到运行在蓝牙技术之上的软件。另外，蓝牙标准本身能否解决好安全问题，也是蓝牙技术能否获得成功的关键因素。

6.4.2　WiMax

随着移动通信技术和宽带技术的发展，WiMax(全球微波接入互操作性)已经成为全球电信运营商和设备制造商关注的热点问题之一。技术的发展使得越来越多的多媒体应用进入到人们的生活，运营商提供的服务也随之变化。但是从现在的实践来看，大量的多媒体应用给现有移动网络资源造成巨大消耗，远远超过了相关收入的增加。所以解决如何在保证服务质量的前提下，有效的降低每比特成本以更好的满足用户需求对运营商意义重大。WiMax 正是这样一种极具潜力的应用。

1. IEEE 802.16 标准和 WiMax 组织

IEEE 802.11 系列标准在无线 WLAN 领域获得巨大成功之后，IEEE 进而希望将这种成功的应用模式推向更广阔的无线城域网(WMAN)的领域。1999 年，IEEE 专门成立了 IEEE 802.16 工作组，为固定/移动模式下宽带无线接入定义 WMAN 的空中接口规范。

IEEE 802.16 标准于 2001 年 12 月发布时，因为仅支持 10～66 GHz 的工作频段，只能提供可视范围内的承载服务，市场应用受到很大限制。经过进一步完善，IEEE 在 2003 年 1 月又发布了新的扩展协议 IEEE 802.16a。IEEE 802.16a 引入了新的物理层技术，如利用 OFDM 来抵抗多径效应等，并对 MAC 层做了进一步的强化，工作频段也扩展到 2～11 GHz 的许可频段和非许可频段支持非可视(NLOS)的接入方式。IEEE 802.16a 具有了很强的市场竞争力，真正成为可用于城域网的无线接入手段。IEEE 802.16-2004 是 10～66 GHz 固定宽带无线接入系统的标准，是对 IEEE 802.16、IEEE 802.16a 和 IEEE 802.16c 的整合和修订。IEEE 802.16-2004 也是目前 IEEE 802.16 家族中最成熟的、商用化产品最多的标准。IEEE 802.16 标准的下一步演进方向是 IEEE 802.16e。IEEE 802.16e 在继承 IEEE 802.16-2004 能力的基础上增加了对全移动性的支持，理论移动速度可以达到 120 km/h。IEEE 802.16 系列主要规范的特性见表 6-1 所示。

IEEE 802.16 系列规范提供了统一的空中接口标准，为规范设备能力、实现不同厂家设备之间的互联和技术的全球化打下了坚实的基础，但是对于运营商而言将 IEEE 802.16 标准推向市场还需要诸多的要素支持。因此一个由运营商、设备制造商、周边部件供应商和研究机构组成的非盈利组织 WiMax 论坛成立起来。WiMax 论坛的宗旨是在全球范围内推广遵循 IEEE 802.16 标准和 ETSI HIPERMAN 标准的宽带无线接入设备,并且对设备的兼容性和互操作性做统一的认证以保证系统互联,方便运营商部署。为此,WiMax 论坛专门成立了 WiMax 产品认证的工作组和实验室,保证不同厂商 WiMax 设备间的互操作性和兼容性。这样,经认证后的 WiMax 设备能具有良好的互操作性和对规范的顺从性。目前WiMax 几乎成为了 IEEE 802.16 标准的别称。

表 6 - 1　IEEE 802.16 系列主要规范的特性

标准编号	发布时间	负责的技术领域	信道条件	信道带宽	调制方式	传输速率	额定小区半径
IEEE 802.16	已完成	10～66 GHz 固定宽带无线接入系统空中接口标准	视距	25/28 MHz	QPSK, 16 QAM, 64 QAM	32～134 Mb/s (以 28 MHz 为载波带宽)	<5 km
IEEE 802.16a	已完成	2～11GHz 固定宽带无线接入系统空中接口标准	非视距	1.25/20 MHz	256 OFDM (B/SK/QPSK/16 QAM/64QAM) 2048 OFDMA	在 20 MHz 信道上提供约 75Mb/s 的速率	5～10 km
IEEE 802.16 - 2004	已完成	固定宽带无线接入系统空中接口标准(<10～66 GHz 及<11GHz)	视距+非视距	1.25/20 MHz	256 OFDM (B/SK/QPSK/16QAM/64QAM) 2048 OFDMA	在 20 MHz 信道上提供约 75Mbp 的速率	5～15 km
IEEE 802.16e - 2005	已完成	固定和移动宽带无线接入系统空中接口标准(<6GHz)	非视距	1.25/20 MHz	256 OFDM B/SK/QPSK/16QAM/64QAM 128/512/1024/2048 OFDMA	在 10 MHz 的信道上提供 30 Mb/s 的速率	几 km

2. WiMax 技术特点

　　WiMax 是采用无线方式代替有线实现"最后一公里"接入的宽带接入技术。WiMax 的优势主要体现在这一技术集成了 WiFi 无线接入技术的移动性、灵活性,以及 xDSL 等基于线缆的传统宽带接入技术的高带宽特性,其技术优势可以概括如下:

　　(1) 传输距离远、接入速度高。WiMax 采用 OFDM 技术,能有效对抗多径干扰;同时采用自适应编码调制技术可以实现覆盖范围和传输速率的折衷;此外,还利用自适应功率控制,可以根据信道状况动态调整发射功率。从而使得 WiMax 具有更大的覆盖范围以及更高的接入速率。例如,当信道条件较好时,可以将调制方式调整为 64QAM,同时采用编码效率更高的信道编码,提高传输速率,WiMax 最高传输数率可以达到 75 Mb/s;反之,当信道传输条件恶劣,基站无法基于 64QAM 建立连接时,可以切换为 16QAM 或 QPSK调制,同时采用编码效率更低的信道编码,这样可以提高传输的可靠性、增大覆盖范围。

　　(2) 无"最后一公里"瓶颈限制、系统容量大。作为一种宽带无线接入技术,WiMax 接入灵活、系统容量大。服务提供商无需考虑布线、传输等问题，只需要在相应的场所架设 WiMax 基站即可。WiMax 不仅支持固定无线终端也支持便携式和移动终端，能适应城区、郊区以及农村等各种地形环境。一个 WiMax 基站可以同时为众多具体的客户提供服务，为每个客户提供独立的带宽请求支持。

（3）提供广泛的多媒体通信服务。WiMax 可以提供面向连接的、具有完善 QoS 保障的电信级服务，满足用户的各种应用需要。按照优先级由高到低依次提供：

① 主动授予服务（UGS）：提供固定带宽的实时服务，例如 E1、T1 以及 VoIP 等。

② 实时轮询服务（RtPS）：RtPS 为可变带宽的实时服务，例如 MPEG 视频流。

③ 非实时轮询服务（NrtPS）：速率可变的非实时服务，例如大的文件传输。

④ 尽力投递服务（BE）：根据网络状况提供最大可能的服务，如 E-mail。

（4）提供安全保证。WiMax 系统安全性较好。WiMax 空中接口专门在 MAC 层上增加了私密子层，不仅可以避免非法用户接入，保证合法用户顺利接入，而且提供加密功能，充分保护用户隐私，如提供 EAP - SIM 认证。

（5）互操作性好。运营商在网络建设时能够从多个设备制造商处购买 WiMax Certified 设备，而不必担心兼容性的问题。

（6）应用范围广。WiMax 可以应用于广域接入、企业宽带接入、家庭"最后一公里"接入、热点覆盖、移动宽带接入以及数据回传（Backhaul）等所有宽带接入市场。值得提出的是，在有线基础设施薄弱的地区，尤其是广大农村和山区，WiMax 更加灵活、成本低，是首选的宽带接入技术。

3. WiMax 技术应用场景

WiMax 论坛给出 WiMax 技术的五种应用场景定义，即固定、游牧、便携、简单移动和全移动。

（1）固定应用场景：固定接入业务是 802.16 运营网络中最基本的业务模型，包括用户因特网接入、传输承载业务及 Wi - Fi 热点回程等。

（2）游牧应用场景：游牧式业务是固定接入方式发展的下一个阶段。这种应用场景的终端可以从不同的接入点接入到一个运营商的网络中；在每次会话连接中，用户终端只能进行站点式的接入；在两次不同网络的接入中，传输的数据将不被保留。在游牧式及其以后的应用场景中均支持漫游，并应具备终端电源管理功能。

（3）便携应用场景：在这一场景下，用户可以步行连接到网络，除了进行小区切换外，连接不会发生中断。便携式业务在游牧式业务的基础上进行了发展，从这个阶段开始，终端可以在不同的基站之间进行切换。当终端静止不动时，便携式业务的应用模型与固定式业务和游牧式业务相同。当终端进行切换时，用户将经历短时间（最长为 2 s）的业务中断或者感到一些延迟。切换过程结束后，TCP/IP 应用对当前 IP 地址进行刷新，或者重建 IP 地址。

（4）简单移动应用场景：在这一场景下，用户在使用宽带无线接入业务中能够步行、驾驶或者乘坐公共汽车等，但当终端移动速度达到 60～120 km/h 时，数据传输速度将有所下降。这是能够在相邻基站之间切换的第一个场景。在切换过程中，数据包的丢失将控制在一定范围内，最差的情况下，TCP/IP 会话不中断，但应用层业务可能有一定的中断。切换完成后，QoS 将重建到初始级别。简单移动和全移动网络需要支持休眠模式、空闲模式和寻呼模式。移动数据业务是移动场景（包括简单移动和全移动）的主要应用，包括目前被业界广泛看好的移动 E-mail、流媒体、可视电话、移动游戏、移动 VoIP(MVoIP)等业务,同时它们也是占用无线资源较多的业务。

(5)全移动应用场景:在这一场景下,用户可以在移动速度为 120 km/h 甚至更高的情况下无中断地使用宽带无线接入业务,当没有网络连接时,用户终端模块将处于低功耗模式。

4. 空中接口技术特征

目前,IEEE 802.16 标准主要包括 IEEE 802.16d 和 IEEE 802.16e。IEEE 802.16d 的初衷是统一固定无线接入的空中接口,该标准可以应用于 2~11GHz 非视距(NLOS)传输和 10~66 GHz 视距(LOS)传输。而 IEEE 802.16e 的目标是能够向下兼容 IEEE 802.16d,为了支持移动特性,在 IEEE 802.16d 的基础上加入了切换、QoS、安全等新的特性。802.16e 标准于 2005 年 10 月通过了 IEEE 802.16 工作组投票,并提交 IEEE 802 SA 审批。相对于上面描述的几种典型应用场景:IEEE 802.16d 用于固定和游牧应用场景;IEEE 802.16e 用于便携和移动场景,同时支持固定场景。802.16d/e 的主要技术特征见表 6-2。

表 6-2 802.16d/e 主要技术特征

技术参数	802.16d	802.16e
子载波数	256(OFDM) 2048(OFDMA)	256(OFDM) 128、512、1024、2048(OFDMA)
带宽/MHz	1.75~20	1.25~20
频段/GHz	2~11	<6
移动性	固定或便携	中低车速(<120 km/h)
传输技术	单载波、OFDM	
多址方式	OFDMA 结合 TDMA(上行)、TDM(下行)	
频谱分配单位	子信道	
双工方式	FDD 或 TDD	
峰值速率/(Mb/s)	75(20 MHz)	15(5 MHz)
实际吞吐量/(Mb/s)	38(10 MHz)	6~9(车速下)
调制方式	QPSK、16QAM、64QAM	
信道编码	卷积码、块 Turbo 码、卷积 Turbo 码、LDPC 码	
链路自适应	AMC、功率控制、HARQ	
小区间切换	不支持	支持
增强型技术	智能天线、空时码、空分多址、宏分集(16e)、Mesh 网络拓扑	
接入控制	主动带宽分配、轮询、竞争接入相结合	
QoS	支持 UGS、RtPS、NrtPS 和 BE 共 4 种 QoS 等级	
省电模式	不支持	支持空闲(Idle)、睡眠模式

　　IEEE 802.16d/e 的物理层可选用单载波、OFDM 和 OFDMA 共三种技术。单载波这个选项主要是为了兼容 10～66 GHz 频段的视距传输(OFDM 和 OFDMA 只用于＜11 GHz 频段)。虽然在 IEEE 802.16d/e 协议中，单载波物理层也可以用于 2～11 GHz 频段，但通常认为 IEEE 802.16d 的典型物理层技术是 OFDM，IEEE 802.16e 的典型物理层技术是 OFDMA。

　　IEEE 802.16d OFDM 物理层采用 256 个子载波，OFDMA 物理层采用 2048 个子载波，信号带宽从 1.25～20 MHz 可变。IEEE 802.16e 对 OFDMA 物理层进行了修改，使其可支持 128、512、1024 和 2048 共四种不同的子载波数量，但子载波间隔不变，信号带宽与子载波数量成正比，这种技术称为可扩展的 OFDMA(Scalable OFDMA)。采用这种技术，系统可以在移动环境中灵活适应信道带宽的变化。

　　在多址方式方面，IEEE 802.16d/e 在上行采用 TDMA(时分多址)，下行采用 TDM(时分复用)支持多用户传输。另一种多址方式是 OFDMA，以 2048 个子载波的情况为例，系统将所有可用的子载波分为 32 个子信道，每个子信道包含若干子载波。多用户多址采用和跳频类似的方式实现，只是跳频的频域单位为一个子信道，时域单位为 2 或 3 个符号周期。

　　在调制技术方面，IEEE 802.16d/e 支持的最高阶调制方式为 64QAM，相对于蜂窝移动通信系统(3GPP HSDPA 最高支持 16QAM)，IEEE 802.16d/e 更强调在信道条件较好时实现极高的峰值速率。为适应高质量数据通信的要求，IEEE 802.16d/e 选用了块 Turbo 码、卷积 Turbo 码等纠错能力很强但解码延时较大的信道码，同时也考虑使用低复杂度、低延时的 LDPC 码。

　　在双工方式方面，IEEE 802.16d/e 支持 FDD 和 TDD 两种方式，其物理层技术基本相同。相对而言，3G 技术中 FDD 和 TDD 模式采用的物理层有较大不同。IEEE 802.16d/e 在 5 MHz 频带上可以实现约 15 Mb/s 的速率，频谱效率为 3 b·s^{-1}/Hz，与 HSDPA 相似。但 IEEE 802.16d/e 在固定或低速环境下可以使用更大带宽(20 MHz)，实现高达 75 Mb/s 的峰值速率，这是现有蜂窝移动通信系统难以达到的。这充分体现出 OFDM 技术在使用更宽频带方面的优势。

　　IEEE 802.16d/e 标准支持全 IP 网络层协议，IEEE 802.16d/e 设备可以作为一个路由器接入现有的 IP 网络。但现有 IP 核心网缺乏有效的移动性管理能力。WiMax 论坛已经开始开发网络层协议，IEEE 802.16 NetMAN 工作组也已开展这方面的工作。同时，IEEE 802.16 协议也可以通过一个 ATM 汇聚子层将 ATM 信元映射到 IEEE 802.16d/e MAC 层，具备支持 3G 核心网的潜力。也就是说，WiMax 支持和 3G 系统的互通和融合。IEEE 802.16d/e 的 MAC 层支持多种 QoS 等级以适应 VoIP、可视电话、流媒体、在线游戏、浏览、下载等不同的业务类型，包括主动分配带宽(UGS)、实时轮询(RtPS)、非实时轮询(NrtPS)和尽力投递服务(BE)，其中最后一种为竞争接入的调度机制。IEEE 802.16e 增加了节电模式的内容，以支持移动终端。除正常工作状态外，还支持空闲状态(即用户处于激活状态但暂时没有数据交换)和睡眠状态。

5. WiMax 系统结构

　　整个网络可以分为接入服务网络(ASN)、连接性服务网络(CSN)和终端(TE)三大部分。如图 6-15 所示。

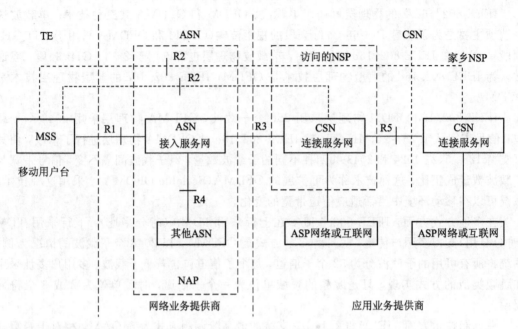

图 6-15　WiMax 网络架构参考模型

1) ASN 的功能

ASN 主要为 WiMax 用户提供相应的无线接入和控制，完成以下一些功能：

① 建立和维护 WiMax 基站与用户的层 2(数据链路层)连接；

② 作为 AAA 代理，协同 AAA 服务器一起完成用户的鉴权、授权以及计费；

③ 网络发现和选择；

④ 协助核心网与 WiMax 终端建立层 3(网络层)连接，如 IP 地址管理；

⑤ 无线资源管理；

⑥ 接入网内的移动性管理；

⑦ 寻呼和位置管理；

⑧ 接入网和核心网隧道建立和维护。

ASN 可以包含基站(BS)和 ASN 接入网关(ASN-GW)等相关网元设备。BS 主要负责 WiMax 的无线接入和无线资源管理功能。ASN-GW 负责用户的接入管理、移动性管理和数据通道管理功能，根据功能需求，还可以将 ASN-GW 分解成控制面网元和用户面网元两部分。位置服务器主要用于管理 WiMax 用户的位置信息。

2) CSN 的功能

CSN 是 WiMax 核心网，为 WiMax 用户提供 IP 连接服务。主要包含以下功能：

① IP 地址分配；

② Internet 接入；

③ AAA 代理或者服务器；

④ 基于用户属性的能力控制和管理；

⑤ 接入网和核心网隧道建立和维护；

⑥ WiMax 用户计费；

⑦ 满足漫游需要的 CSN 之间隧道的建立和维护；

⑧ 接入网之间移动性管理；

⑨ 为用户提供 WiMax 业务（例如基于位置的服务、点对点业务、多媒体多播组播业务、IP 多媒体业务和紧急呼叫服务等）。

CSN 包含很多功能实体：例如，AAA 代理/服务器负责用户的接入认证和计费，简单文件传输协议（TFTP）服务器负责业务配置信息的管理，动态主机配置协议（DHCP）服务器负责地址的分配，归属代理（HA）服务器负责通过 MIP 方式实现层 3 的业务切换等。

WiMax 基站覆盖范围与移动通信网络基站在相同数量级，因此借鉴和采纳了与移动通信网络类似的网络架构。网络分为连接服务网（CSN）和接入服务网（ASN）两部分，R1 - R5 是标准的参考点，如图 6 - 15 所示。CSN 和 ASN 可以看成是 WiMax 网络的核心网和接入网，一个或多个接入网 ASN 可由单独的网络接入提供商运营，提供 WiMax 接入服务；网络业务提供商（NSP）管理 CSN，并向用户提供 WiMax 业务。

6.4.3 UWB

1. UWB 概述

UWB(Ultra Wideband) 是超宽带无线技术的缩写。UWB 无线通信是一种不用载波，而采用时间间隔极短（小于 1 ns）的脉冲进行通信的方式，也称做脉冲无线电（Impulse Radio）、时域（Time Domain）或无载波（Carrier Free）通信。与普通二进制移相键控（BSK）信号波形相比，UWB 方式不利用余弦波进行载波调制而发送许多小于 1ns 的脉冲，因此这种通信方式占用带宽非常之宽，且由于频谱的功率密度极小，它具有通常扩频通信的特点。

UWB 是一种无载波通信技术，利用纳秒至微微秒级的非正弦波窄脉冲传输数据。通过在较宽的频谱上传送极低功率的信号，UWB 能在 10 m 左右的范围内实现数百 Mb/s 至数 Gb/s 的数据传输速率。UWB 具有抗干扰性能强、传输速率高、带宽极宽、消耗电能小、发送功率小等诸多优势，主要应用于室内通信、高速无线 LAN、家庭网络、无绳电话、安全检测、位置测定、雷达等领域。

UWB 技术最初是被作为军用雷达技术开发的，早期主要用于雷达技术领域。2002 年 2 月，美国 FCC 批准了 UWB 技术用于民用，UWB 的发展步伐开始逐步加快。

2. UWB 技术特点

与蓝牙和 WLAN 等带宽相对较窄的传统无线系统不同，UWB 能在宽频上发送一系列非常窄的低功率脉冲。较宽的频谱、较低的功率、脉冲化数据，意味着 UWB 引起的干扰小于传统的窄带无线解决方案，并能够在室内无线环境中提供与有线相媲美的性能。UWB 具有以下特点：

（1）抗干扰性能强。UWB 采用跳时扩频信号，系统具有较大的处理增益，在发射时将微弱的无线电脉冲信号分散在宽阔的频带中，输出功率甚至低于普通设备产生的噪声。接收时将信号能量还原出来，在解扩过程中产生扩频增益。因此，与 IEEE 802.11a、IEEE 802.11b 和蓝牙相比，在同等码速条件下，UWB 具有更强的抗干扰性。传输速率高，UWB 的数据速率可以达到几十 Mb/s 到几百 Mb/s，有望高于蓝牙 100 倍，也可以高于 IEEE 802.11a 和 IEEE 802.11b。

（2）带宽极宽。UWB 使用的带宽在 1 GHz 以上，高时达几个 GHz。超宽带系统容量大，并且可以和目前的窄带通信系统同时工作而互不干扰。这在频率资源日益紧张的今天，开辟了一种新的时域无线电资源。

（3）消耗电能小。通常情况下，无线通信系统在通信时需要连续发射载波，因此要消耗一定电能。而 UWB 不使用载波，只是发出瞬间尖波形电波即脉冲电波，也就是直接按 0 和 1 发送出去，并且在需要时才发送脉冲电波。UWB 系统使用间歇的脉冲来发送数据，脉冲持续时间很短，一般在 0.20 ns～1.5 ns 之间，有很低的占空因数，系统耗电可以做到很低，在高速通信时系统的耗电量仅为几百 μW～几十 mW。民用的 UWB 设备功率一般是传统移动电话所需功率的 1/100 左右，是蓝牙设备所需功率的 1/20 左右。军用的 UWB 电台耗电也很低。因此，UWB 设备在电池寿命和电磁辐射上，相对于传统无线设备有着很大的优越性。

（4）保密性好。UWB 保密性表现在两方面：一方面是采用跳时扩频，接收机只有已知发送端扩频码时才能解出发射数据；另一方面是系统的发射功率谱密度极低，有用信息完全淹没在噪声中，被截获概率很小，被检测的概率也很低。由于 UWB 信号一般把信号能量弥散在极宽的频带范围内，对一般通信系统，UWB 信号相当于白噪声信号，并且大多数情况下，UWB 信号的功率谱密度低于自然的电子噪声，从电子噪声中将脉冲信号检测出来是一件非常困难的事。采用编码对脉冲参数进行伪随机化后，脉冲的检测将更加困难。

（5）发送功率非常小。UWB 系统发射功率非常小，通信设备可以用小于 1 mW 的发射功率就能实现通信。低发射功率大大延长了系统电源的工作时间。而且，发射功率小，其电磁波辐射对人体的影响也会很小，应用面就广。

（6）系统结构的实现比较简单。当前的无线通信技术所使用的通信载波是连续的电波，载波的频率和功率在一定范围内变化，从而利用载波的状态变化来传输信息。而 UWB 则不使用载波，它通过发送纳秒级脉冲来传输数据信号。UWB 发射器直接用脉冲小型激励天线，不需要传统收发器所需要的上变频，从而不需要功用放大器与混频器，因此，UWB 允许采用非常低廉的宽带发射器。同时在接收端，UWB 接收机也有别于传统的接收机，不需要中频处理，因此，UWB 系统结构的实现比较简单。

（7）定位精确。冲激脉冲具有很高的定位精度，采用超宽带无线电通信，很容易将定位与通信合一，而常规无线电难以做到这一点。超宽带无线电具有极强的穿透能力，可在室内和地下进行精确定位，而 GPS 定位系统只能工作在 GPS 定位卫星的可视范围之内；与 GPS 提供的绝对地理位置不同，超短脉冲定位器可以给出相对位置，其定位精度可达厘米级，此外，超宽带无线电定位器更为便宜。

（8）工程简单造价便宜。在工程实现上，UWB 比其它无线技术要简单得多，可全数字化实现。它只需要以一种数学方式产生脉冲，并对脉冲产生调制，而这些电路都可以被集成到一个芯片上，设备的成本将很低。

UWB 系统特点适合于高速移动环境下使用。更重要的是，UWB 通信又被称为是无载波的基带通信，UWB 通信系统几乎是全数字通信系统，所需要的射频和微波器件很少，这样可以减小系统的复杂性，降低成本。可以说，低成本、低功耗、高速率、简单有效的 UWB 通信正是人类所期望的无线通信方式。

3. 关键技术

1) 频带方案设计

UWB 可选择单频带方案或多子带方案。单频带方案采用亚纳秒级的基带脉冲进行通信，无须载波调制，实现简单；多子带方案将纳秒级的基带脉冲调制到一个或多个子带的载波上进行传输。多子带方案增加了系统的复杂度，但频谱利用率高，能够实现更高速率传输。

2) 脉冲信号的设计及产生

从本质上讲，产生脉冲宽度为纳秒级($10 \sim 9$ s)的信号源是 UWB 技术的前提条件，单个无载波窄脉冲信号有两个特点：一是激励信号的波形为具有陡峭前后沿的单个短脉冲，二是激励信号包括从直流到微波的很宽的频谱。目前产生脉冲源的两类方法为：

(1) 光电方法，基本原理是利用光导开关的陡峭上升/下降沿获得脉冲信号。由激光脉冲信号激发得到的脉冲宽度可达到秒($10 \sim 12$ s)量级，是最有发展前景的一种方法。

(2) 电子方法，基本原理是利用晶体管 PN 结反向加电，在雪崩状态的导通瞬间获得陡峭上升沿，整形后获得极短脉冲，是目前应用最广泛的方案。受晶体管耐压特性的限制，这种方法一般只能产生几十伏到上百伏的脉冲，脉冲的宽度可以达到 1 ns 以下，实际通信中使用一长串的超短脉冲。

3) UWB 的调制与编码

UWB 的传输功率受传输信号的功率谱密度限制，因而在两个方面影响调制方式的选择：一是对于每比特能量调制需要提供最佳的误码性能；二是调制方案的选择影响了信号功率谱密度的结构，因此有可能把一些额外的限制加在传输功率上。

在 UWB 中，信息是调制在脉冲上传递的，脉冲可以单个发送，也可以一起发送，还可以连续脉冲流的形式发送。编码时也可以对幅度、极性和位置进行编码。

下面是一些已经商用的 UWB 脉冲调制技术，从中可以看出调制技术的多样性：脉冲调制(PPM)、M 元相互正交键控(M – BOK)调制、脉幅调制(PAM)、传输参考(TR)调制等。

4) 天线

能够有效辐射时域短脉冲的天线是 UWB 研究的另一个重要方面。UWB 天线应该达到以下要求：一是输入阻抗具有超宽带特性，即要求天线的输入阻抗在脉冲能量分布的主要频带上保持一致，以保证信号能量能够有效地辐射出去和不引起脉冲特性的改变或下降。二是天线相位中心具有超宽频带不变特性。即要求天线的相位中心在脉冲能量分布的主要频带上保持一致，以保证信号的有效发射和接收。

对于时域短脉冲辐射技术，早期采用双锥天线、V -锥天线、扇形偶极子天线，这几种天线存在馈电难、辐射效率低、收发耦合强、无法测量时域目标的特性，只能用作单一收发用途。随着微波集成电路的发展，研制出了 UWB 平面槽天线，它的特点是能产生对称波束、可平衡 UWB 馈电、具有 UWB 特性。由于利用光刻技术，所以，UWB 天线可以制成毫米、亚毫米波段的集成天线。

5) UWB 接收技术

尽管 UWB 信道的时延扩展很大，但是在信号占空比很低的情况下，前后两个接收波形之间的干扰可以忽略不计，早期的 UWB 接收机很简单，在接收端，天线收集的信号经放大后通过匹配滤波或相关接收机处理，再经高增益门限电路恢复原来信息。但是当对传输速率的要求达到了上百 Mb/s 后，不理想的信道特性对接收信号的影响变的严重起来，信号的占空比不足以避免前后波形之间的重叠现象，如何解决符号间干扰，就需要通过 Rake 接收机来加以均衡，通过 Rake 接收机收集各条路径的能量以抵抗衰落，同时利用均衡来消除符号间的干扰。

UWB 系统对定时技术提出了很高的要求，因为 UWB 系统中载波频率较高（子带传输）、脉冲宽度很窄、单个脉冲能量非常小。要求同步码有良好的自相关特性、结构简单、易于实现；同步算法快速、易于实现。

4. UWB 信号的频谱管理

从超宽带信号来看，由于其占据了极宽的频带，很容易对其他无线电设备产生干扰，必须指定规范以避免超宽带系统对现有窄带系统造成影响。

1998 年 9 月，FCC 就发布了对在 FCC：PART15 规范（针对非故意发射体的规范）下应用超宽带产品的可能性进行调查的文件，就超宽带无线设备对原有窄带无线通信系统的干扰及其相互共容的问题开始广泛征求业界的意见并委托相关机构进行评估。2002 年 8 月 20 日，FCC 正式修改了 PRAT15，允许了 UWB 以无许可证的方式使用很宽的一端频带。

但 FCC 对可利用的带宽和信号发射功率附加了若干限制。对使用 UWB 时发送输出功率标准值按三个用途分别作出了决定，这三个用途分别是：

（1）成像系统，如地质勘探及可穿透障碍物的传感器等，包括地面穿透雷达（GPR）、墙内、穿墙和医用成像、救生系统及监视系统等。

（2）车辆雷达系统，如汽车防冲撞传感器等。

（3）通信与测量系统，如家用设备及便携终端之间的无线数据通信等。

我们通常对 UWB 设备采用有余量的辐射限制规范：限制成像系统、车载雷达系统和手持设备上 UWB 设备的户外使用；并且限制 UWB 设备工作在许可的频带内。工作频带基于 UWB 设备辐射的 -10dB 带宽。规范具体采取以下措施：

① 面穿透雷达系统：GPR 必须工作在低于 960 MHz 或 3.1～10.6 GHz 频带。GPR 只有当与大地相接或与大地非常接近时才能工作，为了探测或获得埋藏物的图像。使用限制在执法、防火和救援组织、商业采矿公司和建筑公司。

② 墙壁成像系统：墙壁成像系统必须工作在低于 960 MHz 或 3.1～10.6 GHz 频带。设计墙壁成像系统是为了检测"墙"物体的位置，如混泥土结构、桥面或矿井的墙壁。使用限制在执法、防火和救援组织、商业采矿公司和建筑公司。

③ 墙壁穿透成像系统：此类系统必须工作在低于 960 MHz 或 1.99～10.6 GHz 频带。墙壁穿透成像系统检测位于类似墙的结构另一侧的人或物的位置或活动。使用限制在执法、消防和救援组织。

④ 监视系统：允许工作在 1.99～10.6 GHz 频带内。通过建立一个固定的射频区域并检测该区域内人或物的侵扰。使用限制在执法、消防和救援组织、公共事业和工业实体。

⑤ 医疗系统：此类设备必须工作在 3.1～10.6 GHz 频带。医疗系统通过透视人或动物的体内情况来进行各种健康检查。

⑥ 车载雷达系统：假如发射的中心频率和最高辐射电平点的频率高于 24.075 GHz，规定使用定向天线的路上交通工具的雷达工作在 22～29 GHz 频带。这些设备能检测车辆

附近物体的位置和活动，可以避免近距离碰撞，改进刹车系统，使之更好地响应路况。

⑦ 通信和测量系统：规定种类繁多的其他 UWB 设备，如高速家用及商用网络设备和委员会规定的第 15 部分的储藏库测量设备受频率和功率的限制。设备必须工作在 3.1～10.6 GHz 频带内。设备必须设计成确保只能在室内使用或在点对点应用中用到的手持设备。

规范允许使用室内 UWB 系统和手持设备的发射限制如表 6-3 所示。

表 6-3　FCC 对室内和手持 UWB 设备的发射限制

频率(MHz)	室内 EIRP(dBm)	手持 EIRP(dBm)
960～1610	-75.3	-75.3
1610～1990	-53.3	-63.3
1990～3100	-51.3	-61.3
3100～10600	-41.3	-41.3
10600 以上	-51.3	-61.3

实践项目　了解 WiMax 的应用情况

（1）调研各大运营商中 WiMax 用户数。

（2）WiMax 基本配置。

过关训练

1. LMDS 的含义？LMDS 系统由哪些部分组成？

2. 比较 LMDS 与 MMDS 的区别？

3. WLAN 常用的设备有哪些？

4. WLAN 拓扑结构有哪几类？并说明它们之间的区别？

5. WLAN 提供业务的模式有哪几种？

6. 简述 WLAN 的协议标准。

7. 蓝牙系统由哪些部分组成？

8. WiMax 系统结构由哪几部分组成？

9. UWB 的含义？UWB 技术特点？

附录　英文缩略语

A

AAA	Authentication Authorization and Accounting	认证、鉴权和计费
ACL	Asynchronous Connection Less Link	异步不定向联接
ADSL	Asymmetric Digital Subscriber Line	非对称数字用户环路
AN	Access Network	接入网
AON	Active Optical Network	有源光网络
AP	Access Point	接入点
ARP	Address Resolution Protocol	地址解析协议
AES	Advanced Encryption Standard	高级加密算法
ASN	Access Service Network	接入服务网络
ASP	Application Service Provider	应用服务提供商
ATM	Asynchronous Transfer Mode	异步传送模式
ATU - C	ADSL Transceiver Unit - Centroloffice side	局端 ADSL 传送单元
ATU - R	ADSL Transceiver Unit - Remote side	远端 ADSL 传送单元

B

2B1Q 2	Binary 1 Quaternary	两个二进制一个四进制编码
BAS	Broadband Access Server	宽带接入服务器
BGP	Border Gateway Protocol	边界网关协议
BPON	Broadband Passive Optical Network	宽带无源光网络
BRAS	Broadband Remote Access Server	宽带远程接入服务器
BBS	Base Station Subsystem	基站子系统

C

CAP	Carrierless Amplitude & Phase modulation	无载波幅度/相位调制
CATV	Cable Television	有线电视
CDM	Code Division Multiplexing	码分复用
CDMA	Code Division Multiple Access	码分多址
CM	Cable Modem	电缆调制解调器
CMTS	Cable Modem Termination System	电缆调制解调器终端设备系统
COFDM	Coded Orthogonal Frequency Division Multiplexing	编码正交频分复用
CPN	Customer Premises Network	用户驻地网
CRC	Cyclic Redundancy Check	循环冗余码校验
CSMA/CD	Carrier Sense Multiple Access/Collision Detection	载波监听多路访问/冲突检测
CSN	Connectivity Service Network	连通性服务网络

D

DBA	Dynamic Bandwidth Allocation	动态带宽分配
DBS	Direct Broadcasting Satellite	直播卫星系统
DDN	Digital Data Network	数字数据网
DNS	Domain Name System	域名系统
DHCP	Dynamic Host Configuration Protocol	动态主机配置协议
DMT	Discrete Multi Tone	离散多音频
DOCSIS	Data Over Cable Service Interface Specification	电缆传输数据业务的接口规范
DSL	Digital Subscriber Loops	数字用户环路
DSLAM	Digital Subscriber Line Access Multiplexer	数字用户线接入复用器
DWDM	Dense Wavelength Division Multiplexing	密集波分复用

E

EC	Echo Cancellation	回波消除
EFM	Ethernet for the First Mile	第一英里以太网
EPG	Electronic Program Guide	电子节目指南
EPON	Ethernet Passive Optical Network	以太无源光网络

F

FCC	Federal Communications Commission	美国联邦通信委员会
FDM	Frequency Division Multiplexing	频分复用
FDMA	Frequency Division Multiple Access	频分多址
FEC	Forward Error Correction	前向纠错
FR	Frame Relay	帧中继
FTP	File Transfer Protocol	文件传输协议
FTTB	Fiber To The Building	光纤到大楼
FTTC	Fiber To The Curb	光纤到路边
FTTD	Fiber To The Desktop	光纤到桌面
FTTH	Fiber To The Home	光纤到家庭
FTTO	Fiber To The Office	光纤到办公室
FTTP	Fiber To The Premise	光纤到用户所在地
FTTZ	Fiber To The Zone	光纤到小区
FSAN	Full Service Access Networks	全业务接入网论坛

G

GE	Gigabit Ethernet	千兆以太网
GEM	GPON Encasulation Method	GPON 封装方法
GEPON	Gigabit Ethernet Passive Optical Network	千兆以太无源光网络
GFP	Generic Framing Procedure	通用成帧规程
GPON	Gigabit – Capable PON	千兆无源光网络
GPRS	General Packet Radio Service	通用无线分组业务
GSM	Global System For Mobile Communication	全球移动通信系统

GTC　　　　GPON Transmission Convergence　　　　千兆无源光网络传输汇聚层

H

HDSL　　　High data rate Digital Subscriber Loop　　　高速率数字用户环路
HFC　　　　Hybrid Fiber Coaxial　　　　　　　　　　混合光纤同轴电缆
HTTP　　　Hypertext Transfer Protocol　　　　　　　超文本传输协议

I

IBSS　　　Integrated Business Support System　　　　综合业务支撑系统
ICMP　　　Internet Control Message Protocol Internet　控制消息协议
IEEE　　　Institute of Electrical and Electronics Engineers　美国电气和电子工程师协会
IGMP　　　Internet Group Management Protocol Internet　组管理协议
IP　　　　Internet Protocol　　　　　　　　　　　　网际协议
ISDN　　　Integrated Services Digital Network　　　　综合业务数字网
ISM　　　　Industrial Scientific Medical　　　　　　　工业科研医疗
ITU　　　　International Telecommunication Union　　　国际电信联盟
ITU - T　　ITU Telecommunication Standardization Sector　国际电联电信标准化部门

L

L2TP　　　Layer Two Tunneling Protocol　　　　　　二层隧道协议
LAN　　　　Local Area Network　　　　　　　　　　　局域网
LE　　　　　Local Exchange　　　　　　　　　　　　　本地交换局
LLC　　　　Logical Link Control　　　　　　　　　　　逻辑链路控制
LMDS　　　Local Multipoint Distribution Service　　　本地多点分配业务
LMSP　　　Local Management Service Point　　　　　　本地管理和业务点

M

MAC　　　　Medium Access Control　　　　　　　　　介质访问控制
MAN　　　　Metropolitan Area Network　　　　　　　　城域网
MCNS　　　Multimedia Cable Network System　　　　　多媒体电缆网络系统
MDF　　　　Main Distribution Frame　　　　　　　　　主配线架
MMDS　　　Multichannel Multipoint Distribution Service　多信道多点分布业务
MPLS　　　Multi - Protocol Label Switching　　　　　　多协议标记交换
MPEG　　　Moving Picture Coding Experts Group　　　　活动图像专家组
MSCP　　　Multi - Service Confluence Point　　　　　　多业务汇接点
MSAP　　　Multi - Service Access Point　　　　　　　　多业务专线接入点
MSTP　　　Multi - Service Transmission Platform　　　　多业务传输平台
MVDSL　　Multiple Virtual Digital Subscriber Loop　　多虚拟数字用户环路

N

NAP　　　　Network Access Provider　　　　　　　　　网络接入提供商
NAS　　　　Network Access Server　　　　　　　　　　网络接入服务器
NAT　　　　Network Address Translation　　　　　　　网络地址转换

NMS	Network Management System	网络管理系统
NNI	Network-Node Interface	网络—节点接口
NVOD	Near Video On Demand	准视频点播
NSP	Network Server Provider	网络服务提供商

O

OAM	Operation Administration and Maintenance	操作管理维护
OAN	Optical Access Network	光接入网
ODN	Optical Distribution Network	光配线网
OFDM	Orthogonal Frequency Division Multiplexing	正交频分复用
OFDMA	Orthogonal Frequency Division Multiple Access	正交频分多址
OLC	Optical Line Card	光线路卡
OLT	Optical Line Terminal	光线路终端
ONT	Optical Network Terminal	光网络终端
ONU	Optical Network Unit	光网络单元
OSI	Open Systems Interconnection	开放系统互连
OSPF	Open Shortest Path First	开放式最短路径优先协议

P

PAN	Personal Area Network	个人局域网
PCM	Pulse Code Modulation	脉冲编码调制
PDH	Plesiochonous Digital Hierarchy	准同步数字系列
PMD	Physical Medium Dependent	物理介质相关子层
PDU	Protocol Data Unit	协议数据单元
PLOAM	Physical layer OAM	物理层 OAM
POD	Point Of Deployment	配置点
PON	Passive Optical Network	无源光网络
POP	Post Office Protocol	邮局协议
POTS	Plain Old Telephone Service	普通电话业务
PPP	Point to Point Protocol	点到点协议
PPPoA	PPP over ATM	ATM 网的点对点协议
PPPoE	PPP over Ethernet	以太网上的点到点协议
PPV	Pay Per View	按次付费节目
PSTN	Public Switched Telephone Network	公用电话交换网
PVC	Permanent Virtual Circuit	永久虚电路

Q

QAM	Quadrature Amplitude Modulation	正交幅度调制
QoS	Quality of Service	服务质量
QPSK	Quadrature Phase Shift Keying	正交键控调相

R

| RADSL | Rate – Adaptive Digital Subscriber Loop | 速率自适应非对称数字用户环路 |

RARP	Reverse Address Resolution Protocol	逆向地址解析协议
RF	Radio Frequency	射频
RIP	Routing Information Protocol	路由器信息协议
RLU	Remote Line Unit	远端用户线单元

S

SCM	Subcarrier Multiplexing	副载波复用
SCMA	Subcarrier Multiple Access	副载波多址
SCO	Synchronous Connection Oriented	同步定向联接
SDH	Synchronous Digital Hierarchy	同步数字系列
SDM	Space Division Multiplexing	空分复用
SDMA	Space Division Multiple Access	空分多址
SDSL	Single-pair/Symmetric Digital Subscriber Loop	单对线路/对称数字用户环路
SDV	Switched Digital Video	交换式数字视频
SLA	Service Level Agreement	服务水平协议
SMTP	Simple Mail Transfer Protocol	简单邮件传输协议
SNMP	Simple Network Management Protocol	简单网络管理协议
SNI	Service Node Interface	业务节点接口
SONET	Synchronous Optical NETwork	光纤同步网络
STB	Set Top Box	机顶盒
STM	Synchronous Transport Module	同步传送模式

T

TC	Transmission Convergence	传输汇聚
TCM	Time Compression multiplexing	时间压缩复用
TCMA	Time Compression Multiple Access	时间压缩多址
TCP	Transmission Control Protocol	传输控制协议
TDD	Time Division Duplexing	时分双工
TDM	Time Division Multiplexing	时分复用
TDMA	Time Division Multiple Access	时分多址
TELNET	Telecommunication Network	远程通信网
TFTP	Trivial File Transfer Protocol	简单文件传输协议
TMN	Telecommunication Management Network	电信管理网
TPID	Tag Protocol Identifier	标签协议标识

U

UCD	Uplink Channel Descriptor	上行链路信道描述符
UDP	User Datagram Protocol	用户数据报协议
UGS	Unsolicited Grant Service	主动授予服务
UNI	User-Network Interface	用户—网络接口
UWB	Ultra Wide Band	超宽带

V

| VDSL | Very-high-bit-rate Digital Subscriber Loop | 甚高速率数字用户环路 |

VLAN	Virtual LAN	虚拟 LAN
VOD	Video On Demand	视频点播
VoIP	Voice Over IP	IP 语音
VPN	Virtual Private Network	虚拟专用网
VSB	Vestigial Side Band	残留边带调制
VTP	VLAN Trunking Protocol	VLAN 中继协议

W

WAN	Wide Area Network	广域网
WAP	Wireless Application Protocol	无线应用协议
WDM	Wavelength Division Multiplexing	波分复用
WDMA	Wavelength Division Multiple Access	波分多址
WiMax	World Interoperability for Microwave Access	全球微波接入互操作性
WLAN	Wireless Local Area Network	无线局域网

参 考 文 献

[1]　郭世满，马蕴颖，郭苏宁. 宽带拉入技术及应用. 北京：北京邮电大学出版社，2006.

[2]　韩玲，等. XDSL 宽带接入技术. 北京：北京邮电大学出版社，2002.

[3]　李征，王晓宁，金添. 接入网与接入技术. 北京：清华大学出版社，2003.

[4]　刘剑波，等. 有线电视网络. 北京：中国广播电视出版社，2003.

[5]　蒋清泉. 接入网技术. 北京：人民邮电出版社，2005.

[6]　陶智勇，等. 综合宽带接入技术. 北京：北京邮电大学出版社，2002.

[7]　田瑞雄，环飘，贾振生. 宽带 IP 组网技术. 北京：人民邮电出版社，2003.

[8]　王金龙，王呈贵. 无线超宽带通信原理与应用. 北京：人民邮电出版社，2005.

[9]　王慧玲. 现代电视网络技术. 北京：人民邮电出版社，2005.

[10]　吴成树，汤胜浩. 局域网组建精讲. 北京：人民邮电出版社，2007.

[11]　谢希仁. 计算机网络. 北京：电子工业出版社，2003.

[12]　张应辉，等. 路由器交换机原理及应用. 北京：北京航空航天大学出版社，2006.

[13]　张民，潘勇，徐荣. 宽带城域网. 北京：北京邮电大学出版社，2006.

[14]　张应辉，饶云波. 路由器交换机原理及应用. 北京：北京航空航天大学出版社，2006.

[15]　张中荃. 接入网技术. 北京：人民邮电出版社，2003.

[16]　阎德升，等. 新一代宽带光接入技术与应用. 北京：机械工业出版社，2007.

[17]　Jim Geier. 无线局域网. 北京：人民邮电出版社，2001.

[18]　朗为民，郭东生. EPON/GPON 从原理到实践. 北京：人民邮电出版社. 2010.

[19]　王庆，胡卫，等. 光纤接入网规划设计手册. 北京：人民邮电出版社. 2009.